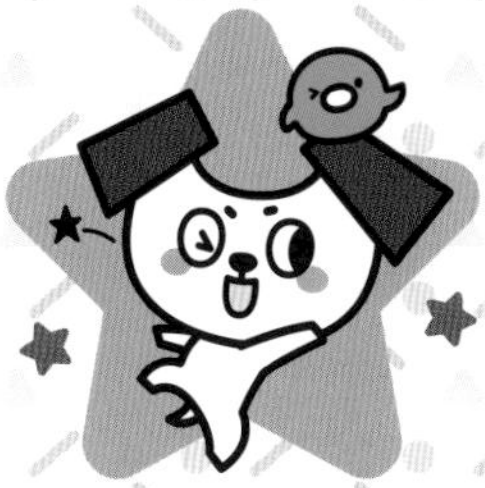

バッチリポスター

自由研究にチャレンジ！

「自由研究はやりたい，でもテーマが決まらない…。」
そんなときは，この付録を参考に，自由研究を進めてみよう。
この付録では，『いろいろな種子のつくり』というテーマを例に，説明していきます。

①研究のテーマを決める

「インゲンマメの種子のつくりを調べたけど，ほかの植物の種子はどのようなつくりをしているのか，調べてみたい。」など，身近なぎもんからテーマを決めよう。

②予想・計画を立てる

「いろいろな植物の種子を切って観察して，どのようなつくりをしているのか調べる。」など，テーマに合わせて調べる方法と準備《じゅんび》するものを考え，計画を立てよう。わからないことは，本やコンピュータで調べよう。

③調べたりつくったりする

計画をもとに，調べたりつくったりしよう。結果だけでなく，気づいたことや考えたことも記録しておこう。

④まとめよう

調べたことや気づいたことなどを文でまとめよう。
観察したことは，図を使うとわかりやすいです。

インゲンマメとちがい，子葉に養分をふくまない種子もあるよ。

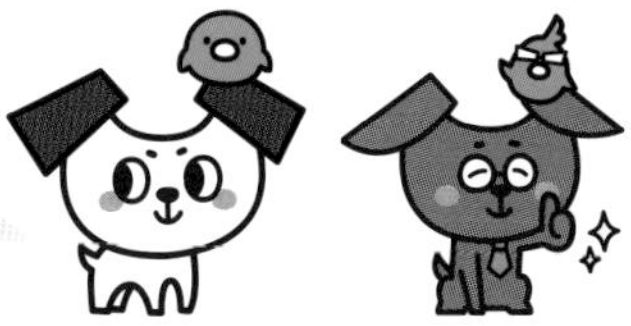

右は自由研究をまとめた例だよ。自分なりにまとめてみよう。

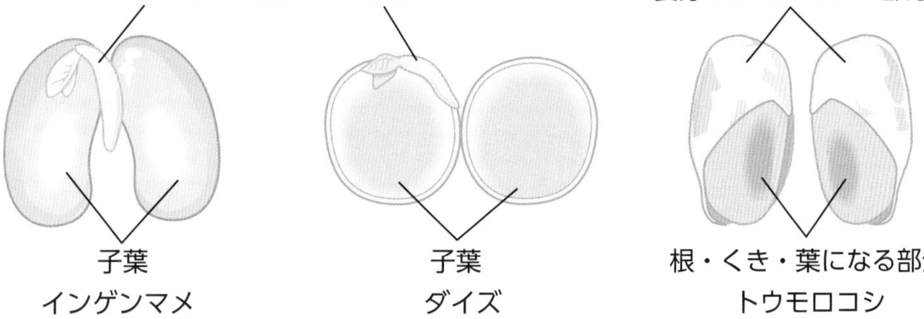

根・くき・葉になる部分
子葉
インゲンマメ
子葉
ダイズ
養分をふくんでいる部分
根・くき・葉になる部分
トウモロコシ

いろいろな種子のつくり

年　　組

】研究のきっかけ

学校で，インゲンマメの種子のつくりを観察して，根・くき・葉になる部分
養分をふくむ子葉があることを学習した。それで，ほかの植物の種子も，同
くりをしているのか調べてみたいと思った。

】調べ方

菜や果物などから，種子を集める。
子をカッターナイフなどで切って，種子のつくりを調べる。

】結果

イズ

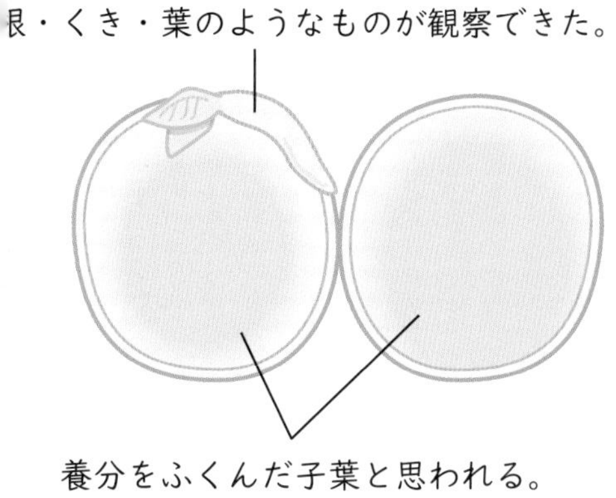

・くき・葉のようなものが観察できた。
養分をふくんだ子葉と思われる。

・トウモロコシ

根・くき・葉になる部分がどこか，
よくわからなかった。

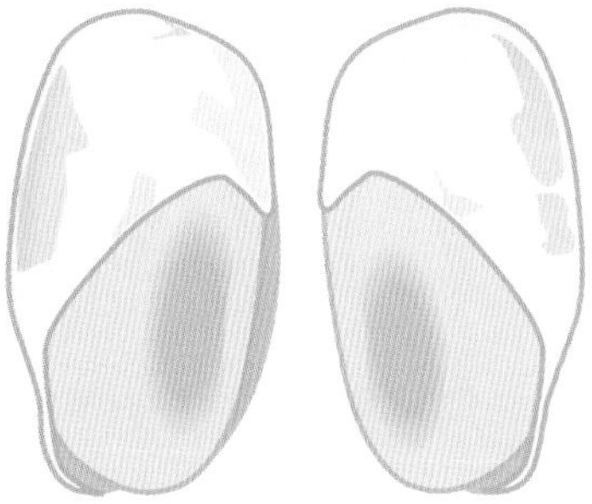

】わかったこと

イズの種子のつくりは，インゲンマメによく似ていた。トウモロコシの種子
くりを観察してもよくわからなかったので，図鑑で調べたところ，インゲン
などとちがい，子葉に養分をふくんでいないことがわかった。

教科書ぴったりトレーニング

理科 5年 がんばり表

いつも見えるところに、この「がんばり表」をはっておこう。
この「ぴたトレ」を学習したら、シールをはろう！
どこまでがんばったかわかるよ。

スタート

1. 天気の変化

① 雲と天気
② 天気の予想

2〜3ページ	4〜5ページ	6〜7ページ
ぴったり1 2	ぴったり1 2	ぴったり3
できたらシールをはろう	できたらシールをはろう	できたらシールをはろう

2. 植物の発芽と成長

① 種子が発芽する条件
② 種子の発芽と養分
③ 植物が成長する条件

8〜9ページ	10〜11ページ	12〜13ページ	14〜15ページ
ぴったり1 2	ぴったり1 2	ぴったり1 2	ぴったり3
できたらシールをはろう	できたらシールをはろう	できたらシールをはろう	できたらシールをはろう

7. 物のとけ方

① 物が水にとけるとき
② 物が水にとける量
③ 水にとけた物をとり出す

52〜53ページ	50〜51ページ	48〜49ページ	46〜47ページ	44〜45ページ
ぴったり3	ぴったり1 2	ぴったり1 2	ぴったり1 2	ぴったり1 2
できたらシールをはろう	できたらシールをはろう	できたらシールをはろう	できたらシールをはろう	できたらシールをはろう

8. 人のたんじょう

① 人の生命のたんじょう

54〜55ページ	56〜57ページ	58〜59ページ
ぴったり1 2	ぴったり1 2	ぴったり3
できたらシールをはろう	できたらシールをはろう	できたらシールをはろう

9. 電流がうみ出す力

① 電磁石の性質
② 電磁石の強さ

60〜61ページ	62〜63ページ	64〜65ページ
ぴったり1 2	ぴったり1 2	ぴったり3
できたらシールをはろう	できたらシールをはろう	できたらシールをはろう

好きななまえをつけてね！

なまえ

ぴた犬
（おとも犬）
シールを
はろう

シールの中から好きなぴた犬を選ぼう。

おうちのかたへ

がんばり表のデジタル版「デジタルがんばり表」では、デジタル端末でも学習の進捗記録をつけることができます。1冊やり終えると、抽選でプレゼントが当たります。「ぴたサポシステム」にご登録いただき、「デジタルがんばり表」をお使いください。LINE または PC・ブラウザを利用する方法があります。

LINE用

PC・ブラウザ用

★ ぴたサポシステムご利用ガイドはこちら ★
https://www.shinko-keirin.co.jp/shinko/news/pittari-support-system

3. 魚のたんじょう

❶ たまごの変化

16〜17ページ	18〜19ページ	20〜21ページ
ぴったり12	ぴったり12	ぴったり3
できたらシールをはろう	できたらシールをはろう	できたらシールをはろう

4. 花から実へ

❶ 花のつくり
❷ 花粉のはたらき

22〜23ページ	24〜25ページ	26〜27ページ	28〜29ページ
ぴったり12	ぴったり12	ぴったり12	ぴったり3
できたらシールをはろう	できたらシールをはろう	できたらシールをはろう	できたらシールをはろう

5. 台風と天気の変化

❶ 台風の動きと天気の変化
❷ わたしたちのくらしと災害

30〜31ページ	32〜33ページ
ぴったり12	ぴったり3
できたらシールをはろう	できたらシールをはろう

6. 流れる水のはたらき

❶ 川原の石
❷ 流れる水のはたらき
❸ 流れる水のはたらきの大きさ
❹ わたしたちのくらしと災害

34〜35ページ	36〜37ページ	38〜39ページ	40〜41ページ	42〜43ページ
ぴったり12	ぴったり12	ぴったり12	ぴったり12	ぴったり3
できたらシールをはろう	できたらシールをはろう	できたらシールをはろう	できたらシールをはろう	できたらシールをはろう

10. ふりこのきまり

❶ ふりこの1往復する時間

66〜67ページ	68〜69ページ	70〜72ページ
ぴったり12	ぴったり12	ぴったり3
できたらシールをはろう	できたらシールをはろう	できたらシールをはろう

ゴール

最後までがんばったキミは「ごほうびシール」をはろう！

ごほうびシールをはろう

（キリトリ線）

興味を広げる・深める！

観察・実験カード

5年

雲

何という
雲かな？

雲

何という
雲かな？

雲

何という
雲かな？

雲

何という
雲かな？

雲

何という
雲かな？

雲

何という
雲かな？

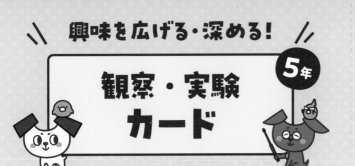

雲

何という
雲かな？

雲

何という
雲かな？

雲

何という
雲かな？

雲

何という
雲かな？

生物

メダカの
おすとめすの
どちらかな？

積乱雲《せきらんうん》(入道雲)

雨や雪をふらせるとても大きな雲。山やとうのような形をしている。かみなりをともなった大雨をふらせることもある。

使い方

● 切り取り線にそって切りはなしましょう。

説 明

● 「雲」「生物」「器具等」の答えはうら面に書いてあります。

巻層雲《けんそううん》(うす雲)

空をうすくおおう白っぽいベールのような雲。この雲が出ると、やがて雨になることが多い。

積雲《せきうん》(わた雲)

ドームのような形をした厚《あつ》い雲。この雲が大きくなって積乱雲《せきらんうん》になると、雨や雪になることが多い。

巻雲《けんうん》(すじ雲)

せんい状《じょう》ではなればなれの雲。上空の風が強い、よく晴れた日に出てくることが多い。

巻積雲《けんせきうん》(いわし雲・うろこ雲)

白い小さな雲の集まりのように見える。この雲がすぐに消えると、晴れることが多い。

高積雲《こうせきうん》(ひつじ雲)

小さなかたまりが群れをなした、まだら状《じょう》、または帯状の雲。この雲がすぐに消えると、晴れることが多い。

高層雲《こうそううん》(おぼろ雲)

空の広いはんいをおおう。うすいときは、うっすらと太陽や月が見えることがある。この雲が厚《あつ》くなると、雨になることが多い。

層積雲《そうせきうん》(うね雲)

波打ったような形をしている。この雲がつぎつぎと出てくると、雨になることが多い。

乱層雲《らんそううん》(雨雲)

黒っぽい色で空一面に広がっている。雨や雪をふらせることが多い。青空は見えない。

めす

めすとおすは、体の形で見分けることができる。

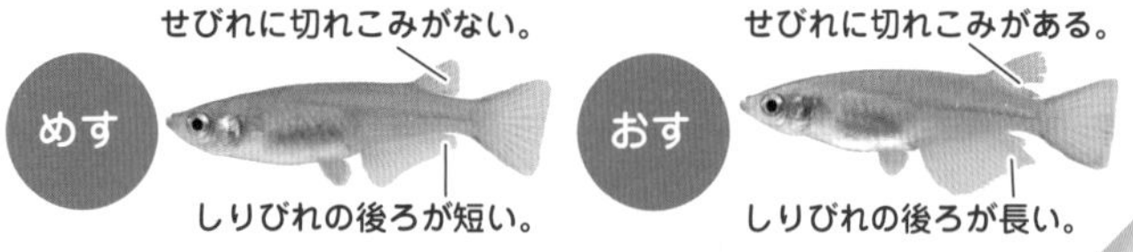

めす
せびれに切れこみがない。
しりびれの後ろが短い。
おす
せびれに切れこみがある。
しりびれの後ろが長い。

層雲《そううん》(きり雲)

きりのような雲で、低いところにできる。雨上がりや雨のふり始めに、山によくかかっている。

生物

アブラナの花の★は、おしべかなめしべかな?

器具等

何という器具かな?

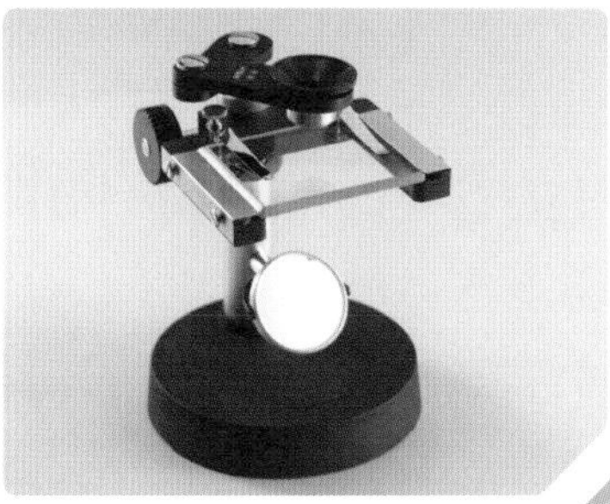

器具等

何という器具かな?

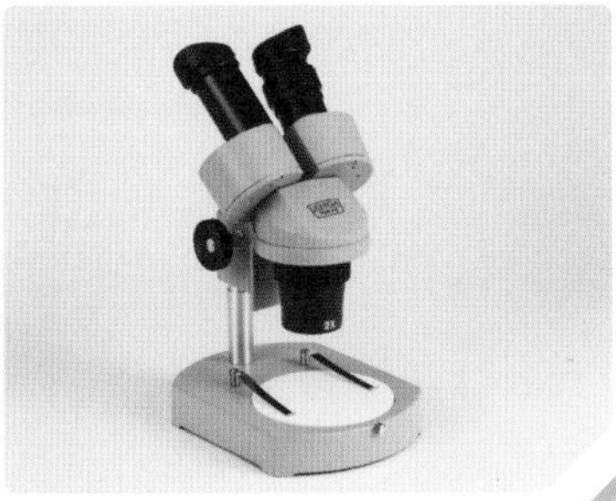

器具等

何という器具かな?

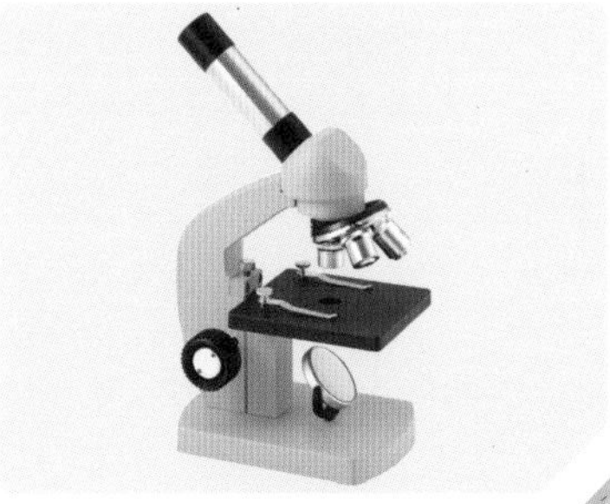

器具等

何という器具かな?

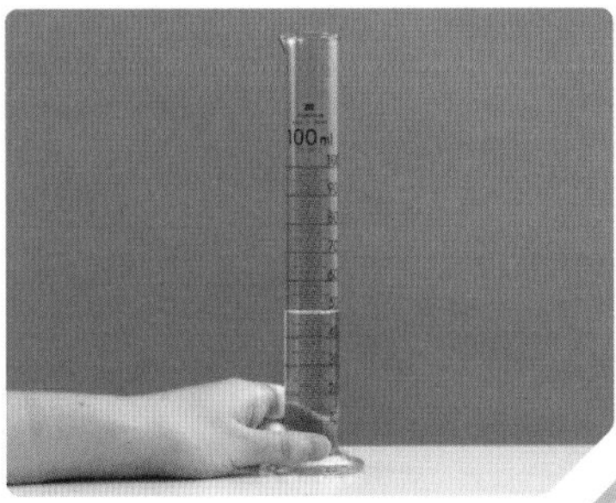

器具等

ろ過《か》に使う、★のガラス器具と紙を何というかな?

器具等

何という器具かな?

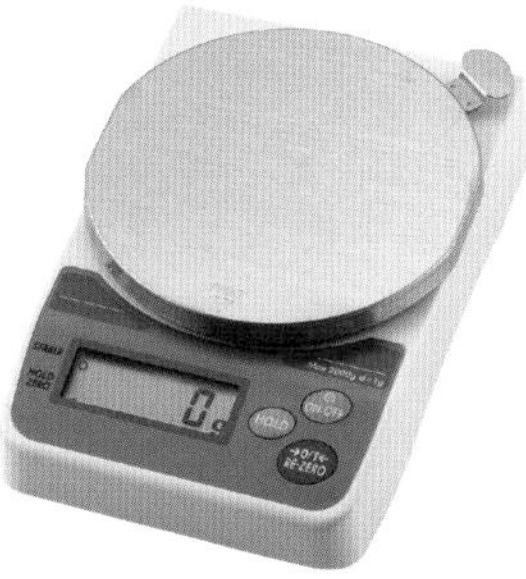

器具等

導線《どうせん》(エナメル線)をまいたもの(★)を何というかな?

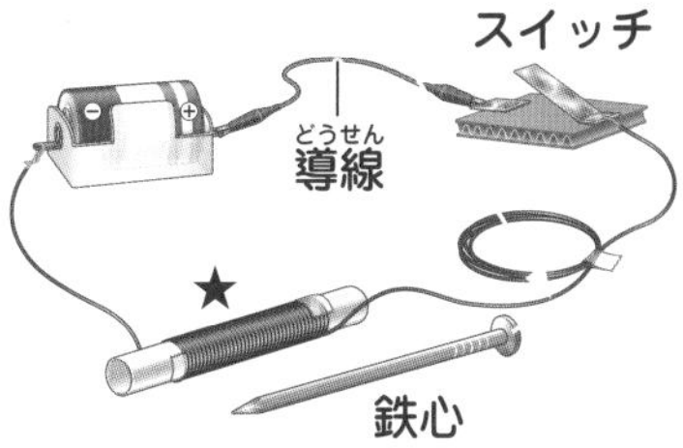

器具等

何という器具かな?

器具等

写真のような回路に電流を流す器具を何というかな?

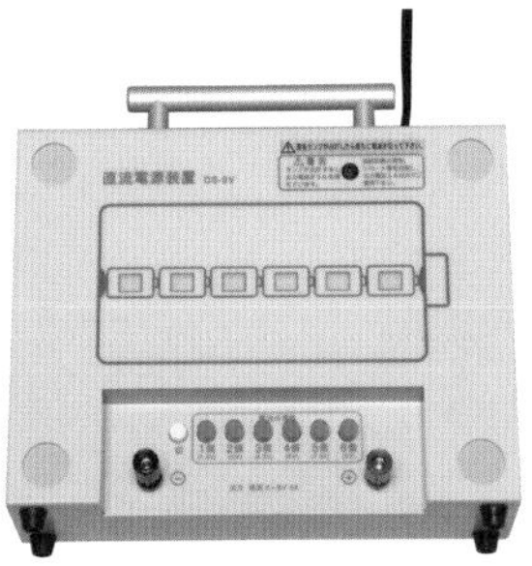

器具等

でんぷんがあるか調べるために、何を使うかな?

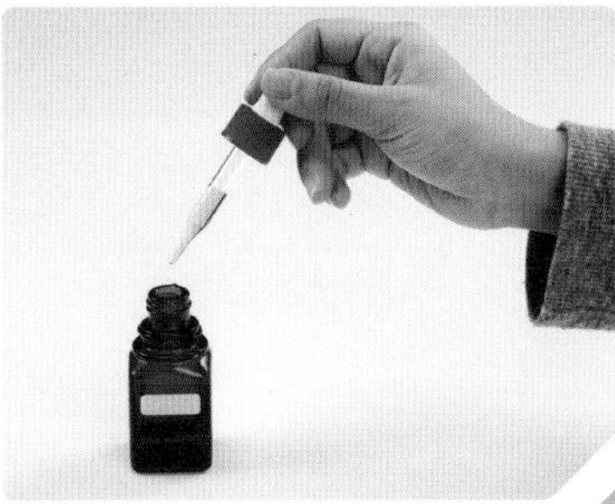

器具等

スライドガラスに観察するものをはりつけたものを何というかな?

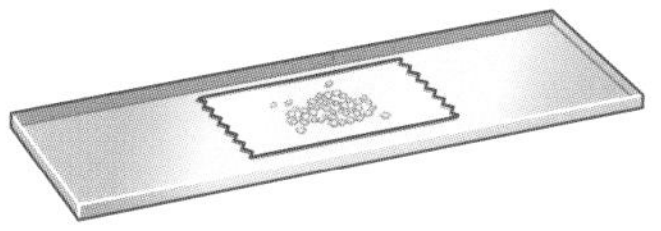

かいぼうけんび鏡

観察したいものを、10～20倍にして観察するときに使う。観察したいものとレンズがふれてレンズをよごさないようにして使う。

めしべ

アブラナの花には、めしべやおしべ、花びらやがくがある。

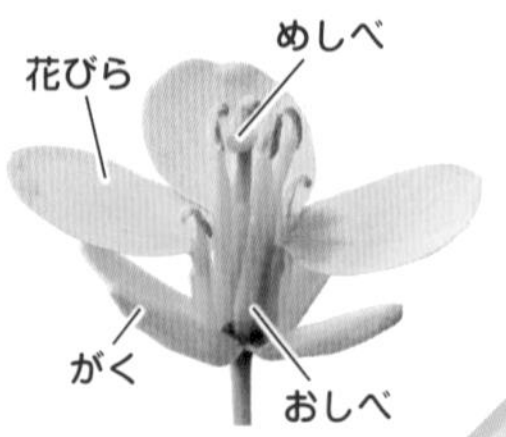

けんび鏡

観察したいものを、50～300倍にして観察するときに使う。日光が当たらない、明るい水平なところに置いて使う。

そう眼《がん》実体けんび鏡

観察したいものを、20～40倍にして観察するときに使う。両目で見るため、立体的に見ることができる。

ろうと、ろ紙

液《えき》の中にとけ切れなかったつぶがあるときは、ろ紙でこして、つぶと水よう液を分けることができる。ろ紙などを使って固体と液体を分けることをろ過《か》という。

メスシリンダー

液体《えきたい》の体積を正確《せいかく》にはかるときに使う。目もりは、液面のへこんだ下の面を真横から見て読む。

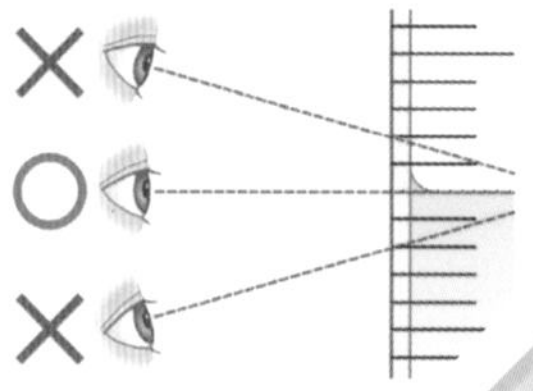

コイル

コイルに鉄心を入れ、電流を流すと、鉄心が鉄を引きつけるようになる。これを電磁石《てんじしゃく》という。

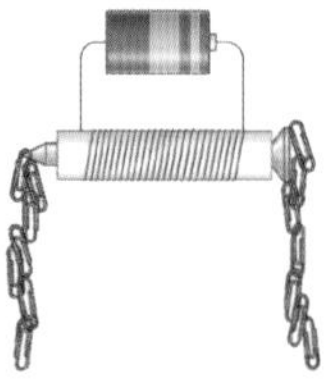

電子てんびん

ものの重さを正確《せいかく》にはかることができる。電子てんびんは水平なところに置き、スイッチを入れる。はかるものをのせる前の表示《ひょうじ》が「0g」となるように、ボタンをおす。はかるものを、静かにのせる。

電源《てんげん》そうち

かん電池の代わりに使う。回路に流す電流の大きさを変えることができ、かん電池とはちがって、使い続けても電流が小さくなることがない。

電流計

回路を流れる電流の大きさを調べるときに使う。電流の大きさはA（アンペア）という単位で表す。

プレパラート

スライドガラスに観察したいものをのせ、セロハンテープやカバーガラスでおおって、観察できる状態《じょうたい》にしたもの。
けんび鏡のステージにのせて観察する。

ヨウ素液《そえき》

でんぷんがあるかどうかを調べるときに使う。でんぷんにうすめたヨウ素液をつけると、（こい）青むらさき色になる。

もくじ

理科５年

東京書籍版
新編 新しい理科

教科書ぴったりトレーニング

▶ ３分でまとめ動画

【写真提供】
NNP／コーベット・フォトエージェンシー／シンコーフォト／フォトライブラリー

ぴったり1 準備

1. 天気の変化

①雲と天気

3分でまとめ

学習日　　月　　日

めあて
天気の変化と雲のようすにどのような関係があるのかを確認しよう。

教科書　7～11ページ　　答え　2ページ

次の(　　)にあてはまる言葉をかこう。

1　天気の変化と雲のようすには、どのような関係があるのだろうか。　教科書　7～11ページ

▶天気の見分け方

- 「晴れ」と「くもり」の天気は、空全体を(①　　　　　)としたときの、およその雲の量で決める。
- 雲の量が0～(②　　　　　)のときを「晴れ」、(③　　　　　)～10のときを「くもり」とする。
- それぞれの天気をかこう。

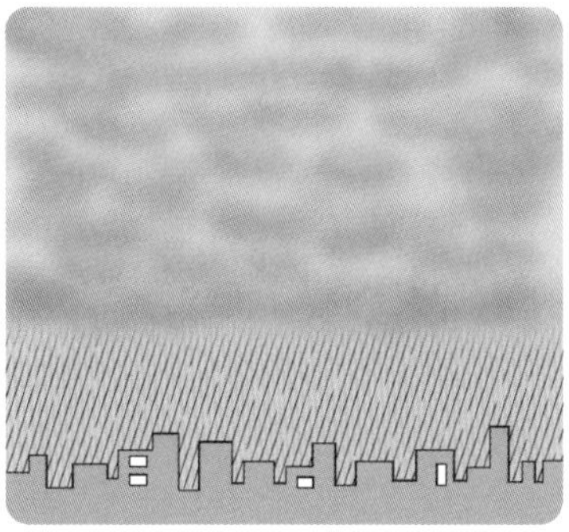
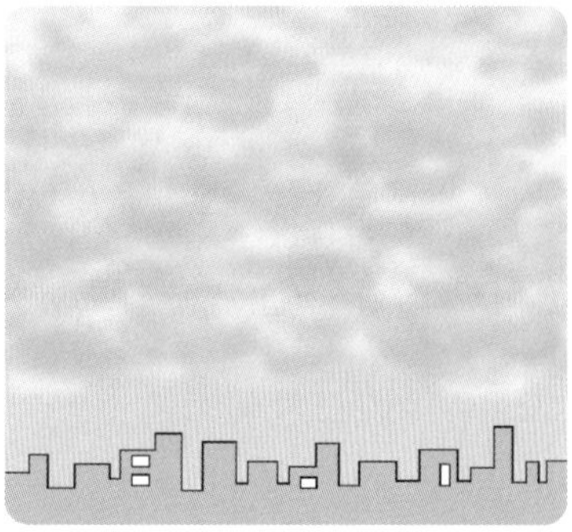

(④　　　　　)　(⑤　　　　　)　(⑥　　　　　)

▶天気が変わるときの雲のようすを調べる。

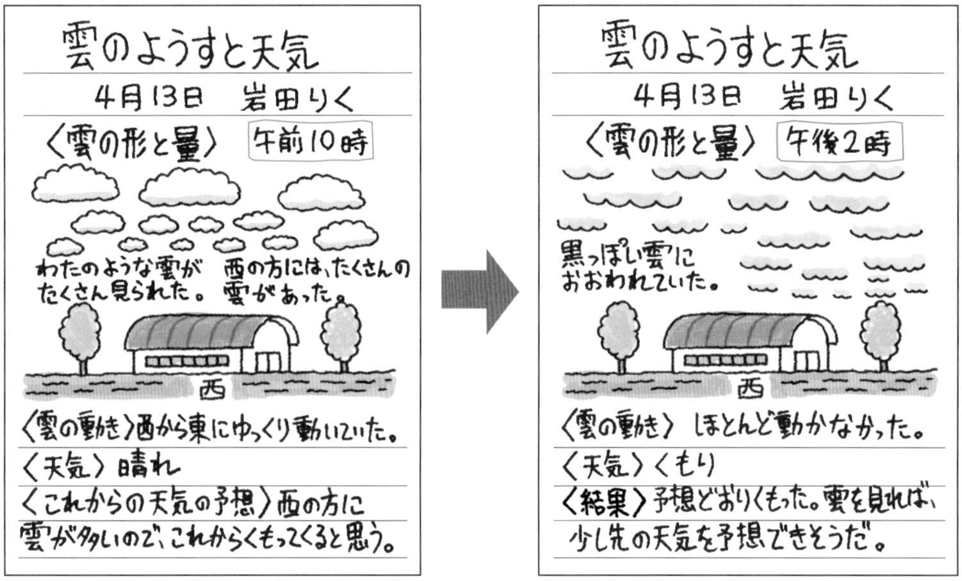
雲のようすと天気
4月13日　岩田りく
〈雲の形と量〉　午前10時
わたのような雲がたくさん見られた。
西の方には、たくさんの雲があった。
西
〈雲の動き〉西から東にゆっくり動いていた。
〈天気〉晴れ
〈これからの天気の予想〉西の方に雲が多いので、これからくもってくると思う。
雲のようすと天気
4月13日　岩田りく
〈雲の形と量〉　午後2時
黒っぽい雲におおわれていた。
西
〈雲の動き〉ほとんど動かなかった。
〈天気〉くもり
〈結果〉予想どおりくもった。雲を見れば、少し先の天気を予想できそうだ。

- 天気の変化には、雲の(⑦　　　　　)や(⑧　　　　　)が関係している。
- 天気が変化するときには、(⑨　　　　　)のようすが変化する。

ここがだいじ！
①天気の変化には、雲の量や動きが関係している。
②天気が変化するときには、雲のようすが変化する。

ぴたトリビア　黒っぽい色で空一面に広がっている、雨や雪をふらせる雲を「らんそう雲《うん》(雨雲《あまぐも》)」とよびます。

1. 天気の変化

①雲と天気

教科書　7～11ページ
答え　2ページ

1 雲のようすを観察しました。

(1) 雲の色が白っぽいのは、あ、いのどちらですか。
（　　　）

(2) 雲が空の広い部分をおおっているのは、あ、いのどちらですか。
（　　　）

(3) 雨がふっているときに、よく見られる雲は、あ、いのどちらですか。
（　　　）

(4) 天気が「晴れ」なのは、あ、いのどちらですか。
（　　　）

2 1日のうちの時こくを変えて、雲の形と量を調べました。図は、その記録の一部です。

(1) 記録された雲のようすから考えて、この日の午前10時と午後2時の天気は、それぞれ何でしたか。
午前10時（　　　　　）
午後2時（　　　　　）

(2) 午前10時と午後2時の雲の動きは、どのようなものでしたか。正しいものに○をつけましょう。
ア（　　）どちらもあまり動かなかった。
イ（　　）午前10時はゆっくり動いていたが、午後2時にはあまり動かなかった。
ウ（　　）どちらも動いていた。

(3) 午後2時に空をおおった雲は、どのようにしてできましたか。正しいほうに○をつけましょう。
ア（　　）雲が大きくなった。
イ（　　）ほかのところにあった雲が動いてきた。

1. 天気の変化

②天気の予想

学習日　　月　　日

めあて
天気の変化のしかたにきまりのようなものがあるのかを確認しよう。

教科書 12〜16ページ　答え 3ページ

次の(　)にあてはまる言葉をかこう。

1 天気の変化のしかたには、きまりのようなものがあるのだろうか。

教科書 12〜16ページ

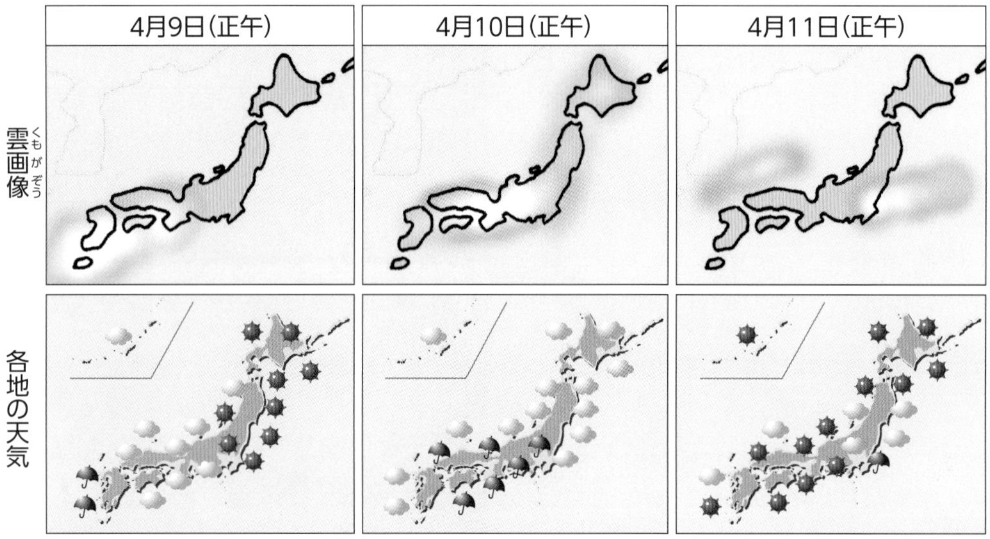
4月9日(正午)
4月10日(正午)
4月11日(正午)
雲《くも》画《が》像《ぞう》
各地の天気

- 全国各地の雨量や風向・風速、気温などのデータを、自動的に計測《けいそく》し、そのデータをまとめるシステムを(①　　　　)という。
- 春のころの日本付近では、雲は、およそ(②　　　　)から(③　　　　)へ動いていく。
- 天気も、雲の動きにつれて、およそ(④　　　　)の方から変わっていく。
- ４月21日から４月23日のアメダスの雨量情報《じょうほう》をもとに、雲のようすや天気を予想する。
  - ４月(⑤　　　　)日に大阪あたりにあった雨をふらせる雲が、(⑥　　　　)日には東京あたりに動いている。
  - 東京あたりにあった雨雲は、24日には(⑦　　　　)の方に動き、東京の雨はふりやむ。

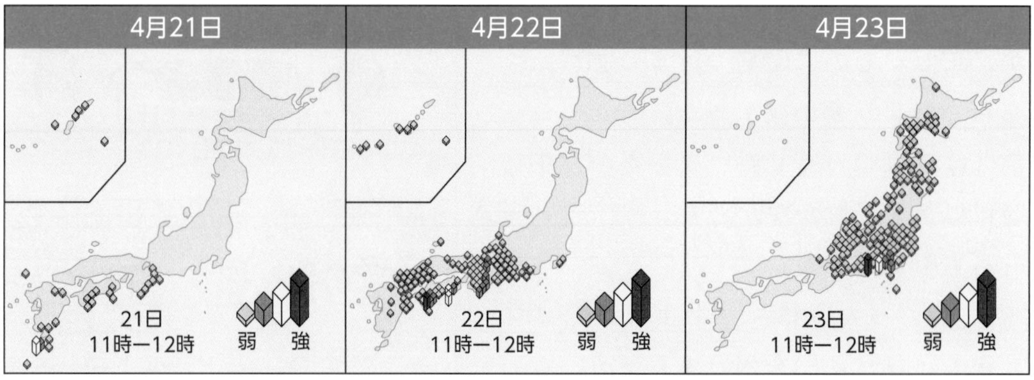
4月21日
4月22日
4月23日
21日
11時ー12時
22日
11時ー12時
23日
11時ー12時
弱
強

ここがだいじ！

①春ごろの日本付近では、雲は、およそ西から東へ動いていく。
②春ごろの日本付近では、雲の動きにつれて、天気もおよそ西の方から変わる。
③雲を観察したり、さまざまな気《き》象情報《しょうじょうほう》をもとにしたりして、天気を予想できる。

ぴたトリビア
雲は、できる高さと形によって、10種類に分けられます。雲の種類によって特ちょうがあり、雨がふるかどうかを知るのに、役立てることができます。

1. 天気の変化

②天気の予想

教科書 12〜16ページ　答え 3ページ

1 ある年の５月２日から５月４日の正午の雲画像《がぞう》が、次のようになりました。

5月2日（正午）

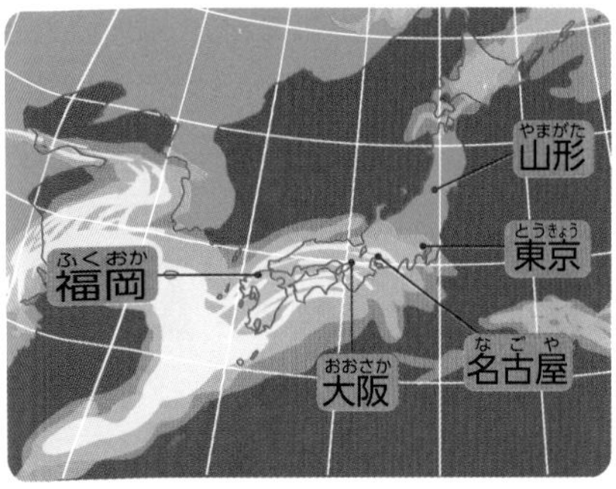

5月3日（正午）

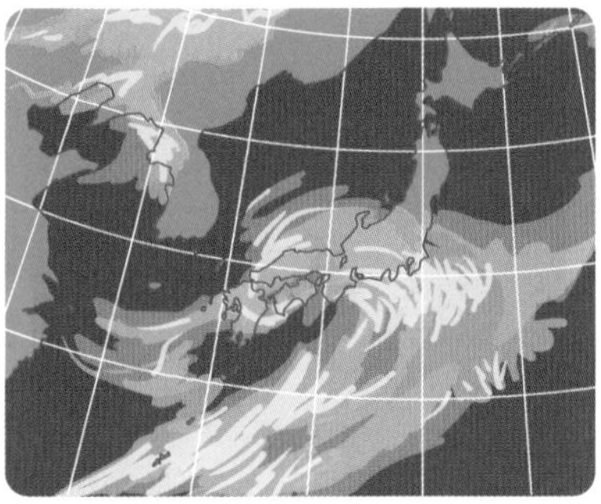

5月4日（正午）

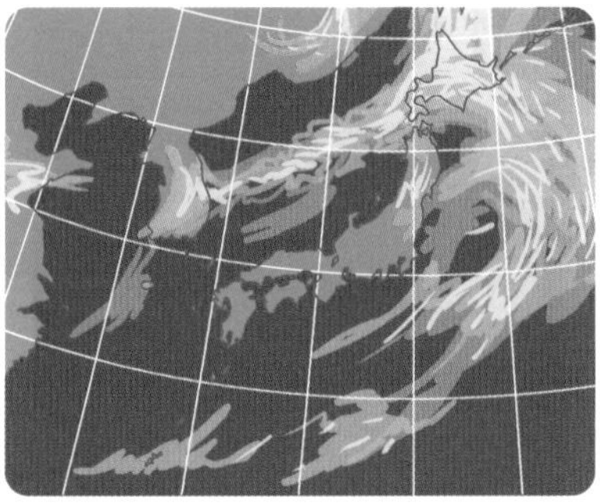

(1) 図の雲画像から、日本付近の雲は、およそどの向きに動いているといえますか。正しいものに○をつけましょう。

ア（　　）およそ、東から西の方に動いている。
イ（　　）およそ、西から東の方に動いている。
ウ（　　）およそ、北から南の方に動いている。

(2) ５月２日と３日は晴れていましたが、４日には雨がふった場所がありました。それはどこですか。正しいものに○をつけましょう。

ア（　　）福岡　イ（　　）大阪　ウ（　　）名古屋　エ（　　）東京　オ（　　）山形

2 アメダスの雨量情報《じょうほう》から、天気の予想をします。

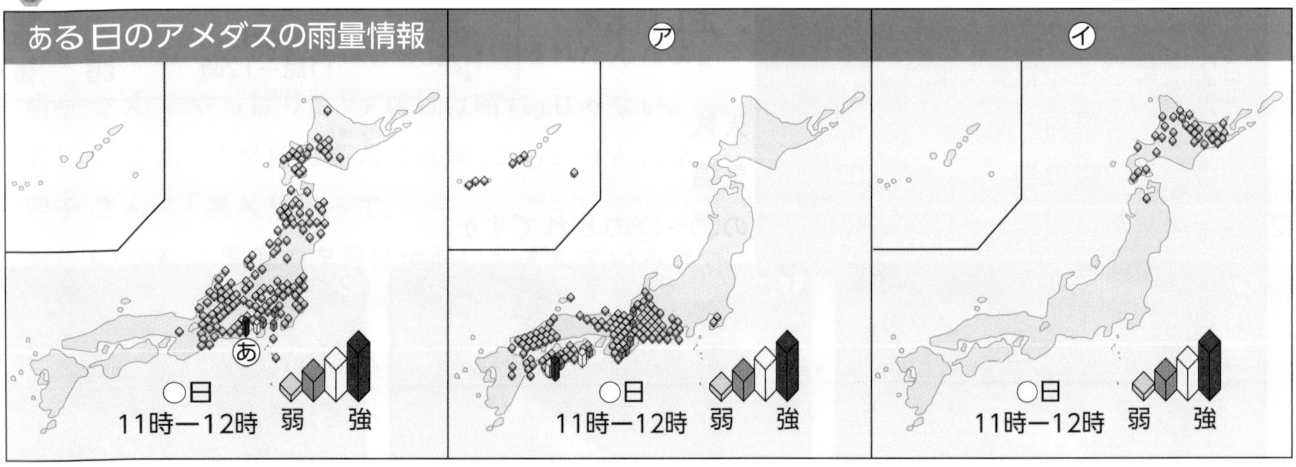

(1) ある日の２４時間後のアメダスの雨量情報は、㋐、㋑のどちらですか。（　　　）

(2) この日、強い雨がふっていたあの天気はどうなりますか。正しいものに○をつけましょう。

ア（　　）次の日になっても、強い雨がふり続ける。
イ（　　）雨が弱くなり、ふったりやんだりする。
ウ（　　）雨がやみ、よく晴れる。

ヒント　1 (1) 雲画像の雲（白い部分）がどう変わっていくかを見ます。

ぴったり1 準備

3分でまとめ

3. 魚のたんじょう

①たまごの変化 1

学習日　　月　　日

めあて
メダカの飼い方や、メダカがたまごをうむようすを確認しよう。

教科書 39～42ページ　答え 9ページ

次の（　）にあてはまる言葉をかこう。

1 メダカを飼《か》って、育てていこう。　教科書 39～42ページ

めす　せびれに切れこみが（①　　　　）。

おす　せびれに切れこみが（②　　　　）。

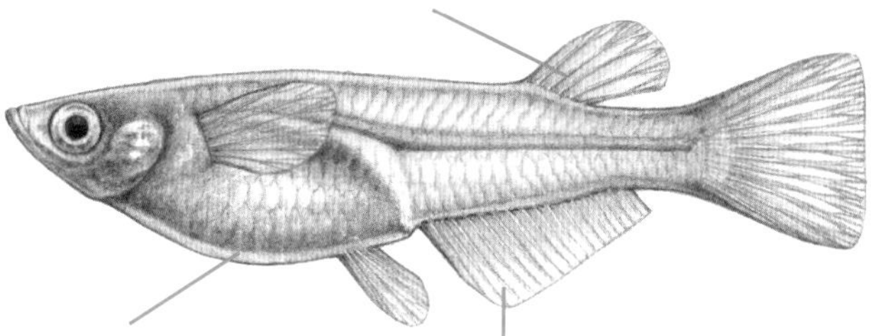

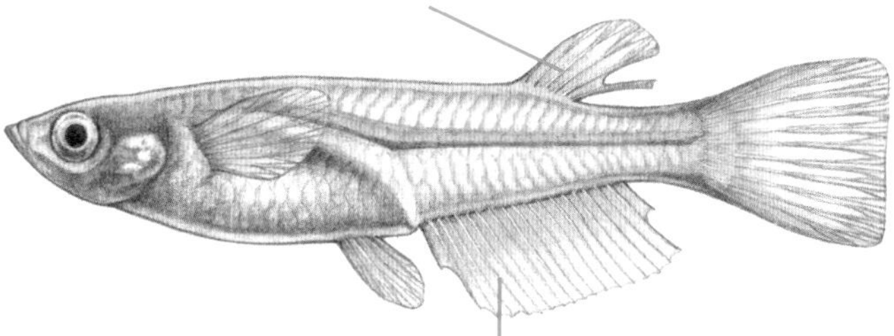

はらが
ふくれていることもある。

しりびれの後ろのはばが（③　　　　）。

しりびれがめすに
比《くら》べて大きく、（④　　　　）に近い。

▶メダカの飼い方

- 水そうは、（⑤　　　　）が直接《ちょくせつ》当たらない、（⑥　　　　）ところに置く。
- よくあらった小石やすなをしき、（⑦　　　　）の水を入れて、（⑧　　　　）を植える。
- 水がよごれたら、（⑨　　　　）ぐらいを、くみ置きの水と入れかえる。
- えさは、毎日（⑩　　　　）回あたえる。

▶メダカがたまごをうむようす

- メダカのめすのうんだ（⑪　　　　）が、おすの出した（⑫　　　　）と結びつくと、生命がたんじょうして、たまごは成長を始める。
- たまごと精子《せいし》が結びつくことを（⑬　　　　）という。
- 受精《じゅせい》したたまごのことを、（⑭　　　　）という。

▶メダカがたまごをうんだら

- たまごを見つけたら、たまごを（⑮　　　　）につけたまま、別の入れ物に入れる。
- 入れ物の（⑯　　　　）が上がりすぎないように（⑤）が直接当たらない（⑥）ところに置く。

ここが だいじ!
①めすはたまごをうみ、おすは精子《せいし》を出す。
②たまごが精子と結びつくことを受精《じゅせい》といい、受精したたまごのことを受精卵《じゅせいらん》という。

ぴたトリビア
黄色でかん賞用のメダカはヒメダカという種類で、黒っぽい野生のメダカとは別の種類です。飼育《しいく》しているメダカを自然の川などに放さないようにしましょう。

1. 天気の変化

②天気の予想

1 ある年の５月２日から５月４日の正午の雲画《が》像《ぞう》が、次のようになりました。

5月2日(正午)　5月3日(正午)　5月4日(正午)

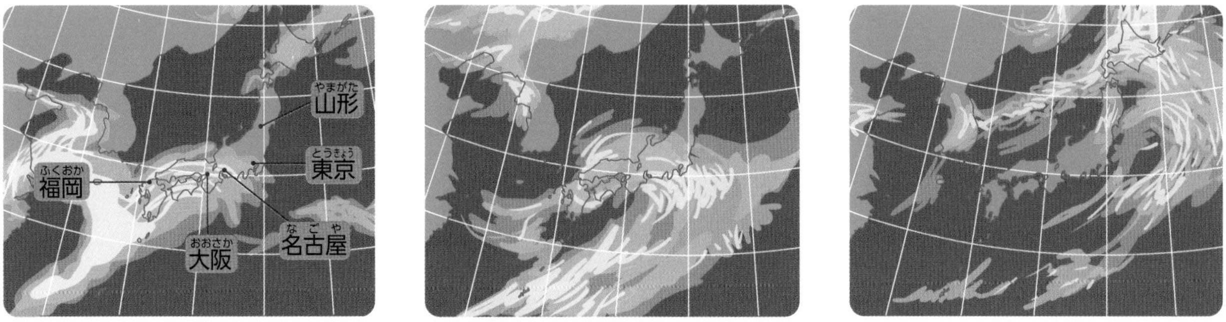

(1) 図の雲画像から、日本付近の雲は、およそどの向きに動いているといえますか。正しいものに○をつけましょう。

ア(　　)およそ、東から西の方に動いている。

イ(　　)およそ、西から東の方に動いている。

ウ(　　)およそ、北から南の方に動いている。

(2) ５月２日と３日は晴れていましたが、４日には雨がふった場所がありました。それはどこですか。正しいものに○をつけましょう。

ア(　　)福岡　イ(　　)大阪　ウ(　　)名古屋　エ(　　)東京　オ(　　)山形

2 アメダスの雨量情《じょうほう》報から、天気の予想をします。

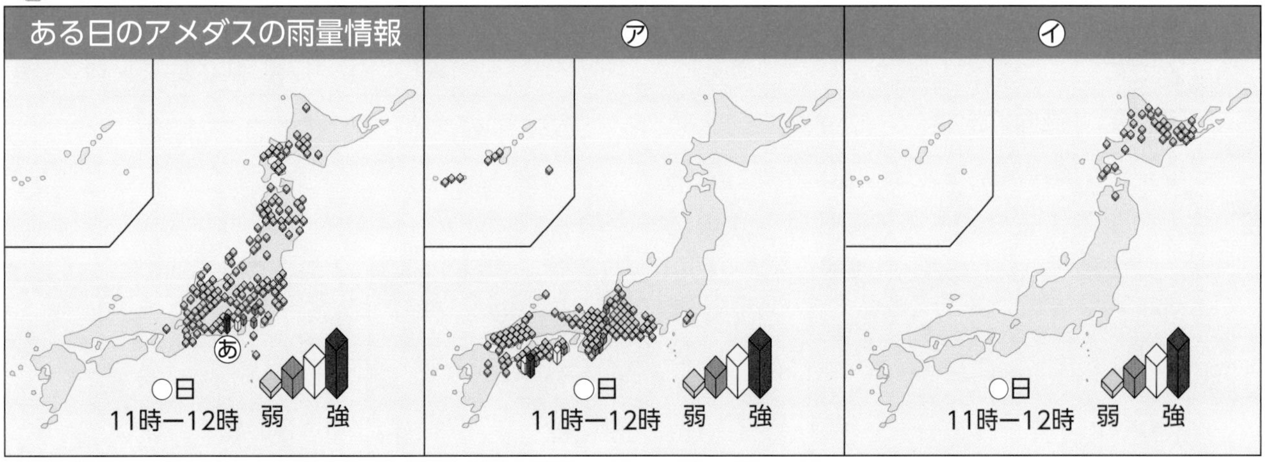

(1) ある日の24時間後のアメダスの雨量情報は、㋐、㋑のどちらですか。　(　　　)

(2) この日、強い雨がふっていたあの天気はどうなりますか。正しいものに○をつけましょう。

ア(　　)次の日になっても、強い雨がふり続ける。

イ(　　)雨が弱くなり、ふったりやんだりする。

ウ(　　)雨がやみ、よく晴れる。

ヒント ❶ (1) 雲画像の雲(白い部分)がどう変わっていくかを見ます。

ぴったり3

確かめのテスト

1. 天気の変化

時間 30 分

／100

合格 70 点

教科書 6〜19ページ　答え 4ページ

1 空が次のようなときは、それぞれ、「晴れ」と「くもり」のどちらですか。 技能　1つ8点(24点)

(1)（　　　　　　　）　(2)（　　　　　　　）　(3)（　　　　　　　）

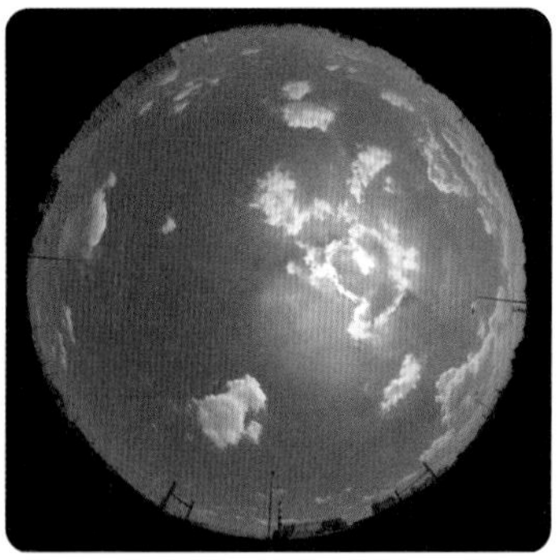

よく出る

2 気象庁《きしょうちょう》では、雨量情報《じょうほう》や雲画像《がぞう》をもとにして、天気予報を発表しています。

1つ9点、(1)②は全部できて9点(36点)

(1) 雨量情報は、右のようにまとめられます。

①気象庁には、自動的に計測《けいそく》されて送られてきた、全国各地の気象データをまとめるシステムがあります。このシステムを何といいますか。

（　　　　　　　）

②①のシステムで送られてくる、雨量以外の気象情報にはどのようなものがありますか。正しいもの2つに〇をつけましょう。

ア（　　）風向・風速　　イ（　　）天気

ウ（　　）雲の量　　エ（　　）気温

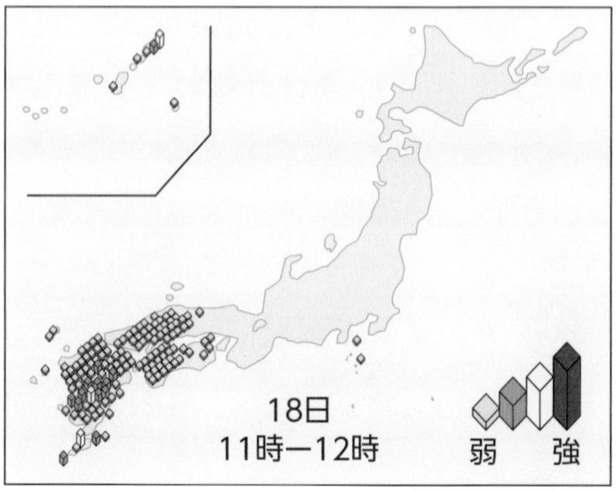

(2) 右上の雨量情報のときの雲画像は、次の㋐〜㋒のどれですか。

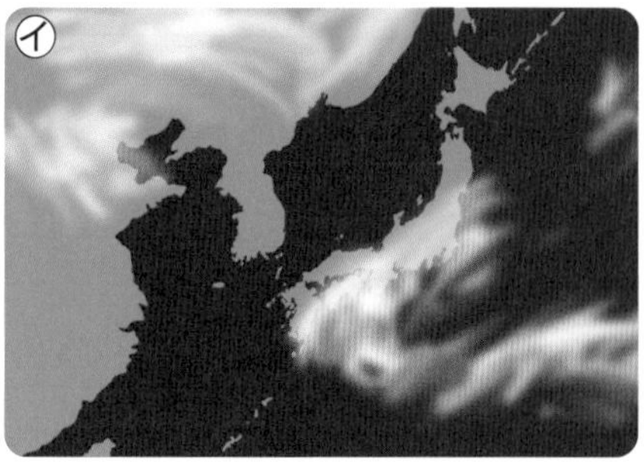

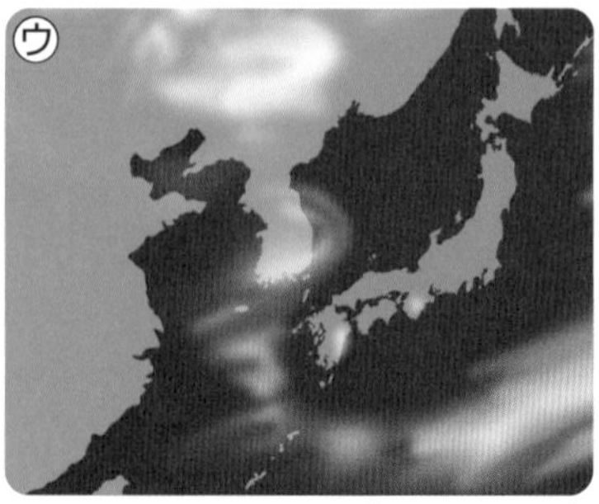

（　　　）

(3) 雨の地いきは、1日後には、およそどの方位に動いていましたか。正しいものに〇をつけましょう。

ア（　　）東　　イ（　　）西　　ウ（　　）南　　エ（　　）北

できたらスゴイ!

3 明子さんとおじいさんは、海にしずむ夕日を見ていました。

思考・表現　1つ10点(40点)

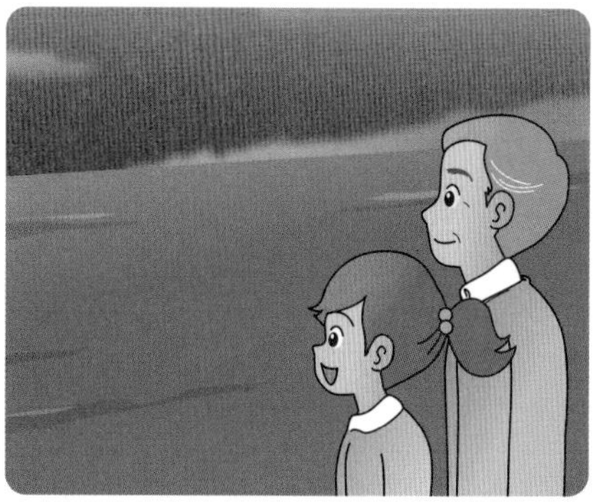

明子さん：夕焼けがきれいね。明日もきっといい天気だね。
おじいさん：いやいや、そうともいえないよ。
明子さん：だって、「夕焼けは晴れ」でしょう。
おじいさん：それはね、…。

(1) 明子さんがいった、「夕焼けは晴れ」になる理由を考えましょう。

①夕焼けが見えるのは、太陽がしずむ方位です。太陽がしずむのは、およそどの方位ですか。正しいものに○をつけましょう。

ア(　　)東　　イ(　　)西　　ウ(　　)南　　エ(　　)北

② 記述 「夕焼けは晴れ」といえるのはなぜですか。

(　　　　　　　　　　　　　　　　　　　　)

おじいさん：それはね、この写真を見てごらん。
明子さん：同じ夕焼けでしょう。
おじいさん：このときは、次の日は晴れたんだよ。
明子さん：やっぱり、「夕焼けは晴れ」じゃない。
おじいさん：「夕日の高入《たかい》りは雨」ともいうんだよ。
明子さん：「高入り」って。
おじいさん：写真の夕日は地面にしずんでいるけれど、今日の夕日はどうかな。
明子さん：あ、夕日は海にしずむ前に見えなくなっている。
おじいさん：これを「高入り」というんだね。
明子さん：もしかすると、海の上にあるものは、…。

(2) 明子さんのおじいさんがいった、「夕日の高入りは雨」になる理由を考えましょう。

①夕日が海にしずまなかったのは、海の上に何があったからですか。(　　　　　　)

② 記述 「夕日の高入りは雨」といえるのはなぜですか。

(　　　　　　　　　　　　　　　　　　　　)

ふりかえり
❷の問題がわからなかったときは、4ページの❶にもどってたしかめましょう。
❸の問題がわからなかったときは、4ページの❶にもどってたしかめましょう。

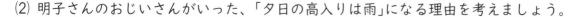

ぴったり1
準備

3分でまとめ

2. 植物の発芽《はつが》と成長

①種子が発芽する条件《じょうけん》

学習日　月　日

めあて
種子が発芽するために、水のほかに何が必要なのかを確認しよう。

教科書　21～27ページ　答え　5ページ

次の（　）にあてはまる言葉をかこう。

1　種子が発芽するためには、水のほかに、何が必要なのだろうか。　教科書　21～27ページ

▶植物の種子が芽を出すことを、（①　　　　）という。

▶水と発芽

変える条件（調べる条件）	変えない条件		結果（発芽したか。）
水	（②　　　）	（③　　　）	
㋐　あたえる。	同じ温度の場所に置く。	ふれている。	（④　　　）
㋑　あたえない。	同じ温度の場所に置く。	ふれている。	（⑤　　　）

▶種子の発芽に、水のほかに、適当《てきとう》な（⑥　　　　）、（⑦　　　　）が必要かを調べる。

- 丨つの条件について調べるときには、（⑧　　　　）条件だけを変えて、それ以外の条件は（⑨　　　　）。

▶Ⓐ　温度と発芽

変える条件（調べる条件）	変えない条件		結果（発芽したか。）
（⑩　　　）	（⑪　　　）	（⑫　　　）	
㋐　まわりの空気の温度と同じ。	あたえる。	ふれている。	（⑬　　　）
㋑　まわりの空気より温度を低くする。	あたえる。	ふれている。	（⑭　　　）

▶Ⓑ　空気と発芽

変える条件（調べる条件）	変えない条件		結果（発芽したか。）
（⑮　　　）	（⑯　　　）	（⑰　　　）	
㋒　ふれるようにする。	あたえる。	同じ温度の場所に置く。	（⑱　　　）
㋓　ふれないようにする。	あたえる。	同じ温度の場所に置く。	（⑲　　　）

▶種子が発芽するためには、水、適当な（⑳　　　　）、（㉑　　　　）が必要である。

▶バーミキュライトは、（㉒　　　　）をふくまない土である。

発芽の条件に、日光や肥料《ひりょう》、土は関係ないんだね。

ここがだいじ！
①植物の種子が芽を出すことを、発芽《はつが》という。
②種子が発芽するためには、水、適当《てきとう》な温度、空気が必要である。

ぴたトリビア　長い時間がたった種子でも、発芽《はつが》することがあります。発芽に必要なすべての条件《じょうけん》をそろえたら、1000年以上前の種子が発芽したという研究結果もあります。

2. 植物の発芽《はつが》と成長

①種子が発芽する条件《じょうけん》

教科書 21〜27ページ　答え 5ページ

1 水の条件を変えて、インゲンマメの種子が芽を出すかどうかを調べました。

(1) 植物の種子が芽を出すことを、何といいますか。
(　　　　)

(2) (あ)にはしめっただっし綿《めん》を、(い)にはかわいただっし綿を入れ、それぞれの上にインゲンマメの種子を置きました。芽が出たのは、(あ)、(い)のどちらですか。(　　　)

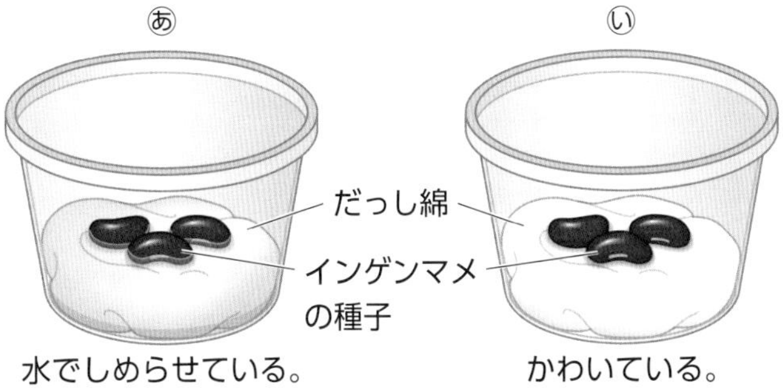
あ
い
だっし綿
インゲンマメ
の種子
水でしめらせている。
かわいている。

2 温度の条件を変えて、インゲンマメの種子が芽を出すかどうかを調べました。

(1) 2つの入れ物にしめっただっし綿を入れ、それぞれの上にインゲンマメの種子を置きました。(あ)は日光が当たらないところで箱をかぶせ、(い)は冷ぞう庫に入れました。(あ)の箱は、何を同じにするための物ですか。正しいもの2つに○をつけましょう。

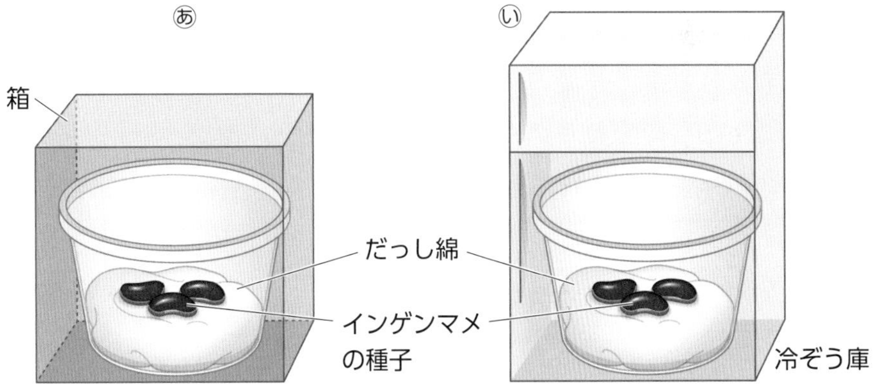
あ
い
箱
だっし綿
インゲンマメ
の種子
冷ぞう庫

ア(　　)水　イ(　　)温度　ウ(　　)風通し　エ(　　)光

(2) 芽が出たのは、(あ)、(い)のどちらですか。(　　　)

3 空気の条件を変えて、インゲンマメの種子が芽を出すかどうかを調べました。

(1) インゲンマメの種子をだっし綿の上に置き、(あ)はだっし綿をいつも水でしめらせておいて、(い)は水にしずめました。このとき、空気以外の条件を、できるだけ同じになるようにしたのはなぜですか。正しいものに○をつけましょう。

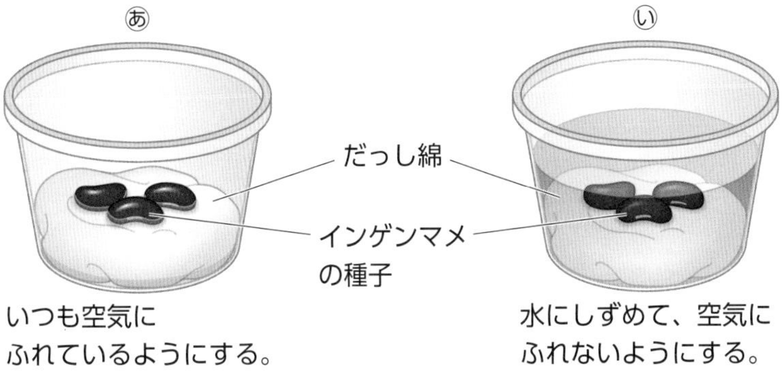
あ
い
だっし綿
インゲンマメ
の種子
いつも空気に
ふれているようにする。
水にしずめて、空気に
ふれないようにする。

ア(　　)同じにしないと、実験の準備《じゅんび》が複雑《ふくざつ》になるから。
イ(　　)同じにしないと、両方とも芽が出ることがあるから。
ウ(　　)同じにしないと、芽が出ることに空気が関係したかがはっきりしなくなるから。

(2) 芽が出たのは、(あ)、(い)のどちらですか。(　　　)

ヒント ❶〜❸ 調べる条件以外は、同じにして実験をします。

2. 植物の発芽《はつが》と成長

②種子の発芽と養分

学習日　　月　　日

◎めあて
発芽するときの、子葉のはたらきを確認しよう。

教科書 28〜31ページ　答え 6ページ

次の（　　）にあてはまる言葉をかこう。

1 子葉は、発芽するときに、どのようなはたらきをしているのだろうか。

教科書 28〜31ページ

▶発芽する前のインゲンマメの種子

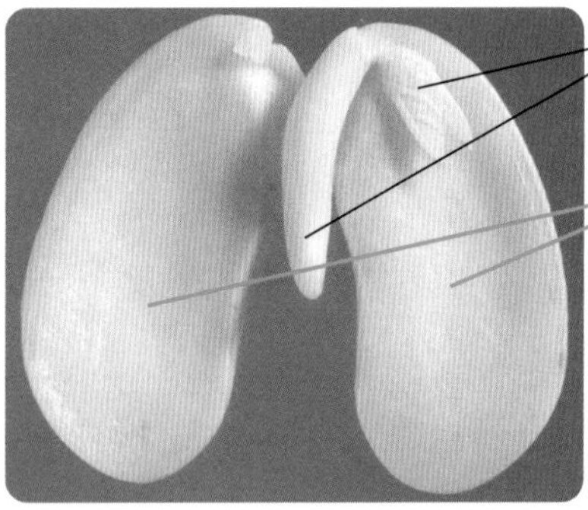

葉やくきや根になる部分

（①　　　　　　）

▶発芽した後の子葉

▶インゲンマメが発芽してしばらくすると、子葉が（②　　　　　　　　）。

▶発芽する前と後の子葉のでんぷんを調べる実験

- 水にひたしてやわらかくした種子を切り、（③　　　　　　　　）にひたす。
- カッターナイフを使うときは、（④　　　　　　）方に、絶対《ぜったい》に、指を置かない。
- 発芽してしばらくたった（⑤　　　　　　）を切り、（⑥　　　　　　　　）にひたす。

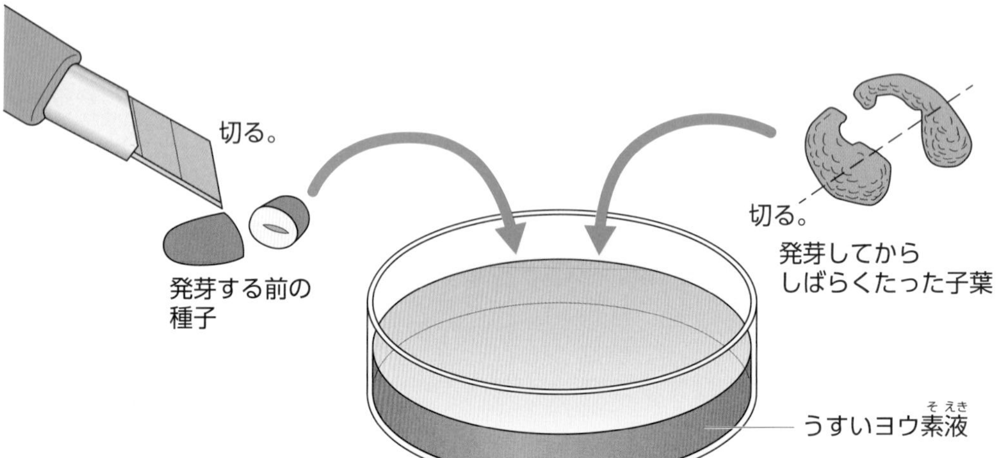

でんぷんは、
米やいもに多く
ふくまれているよ。

▶ヨウ素液は、（⑦　　　　　　　　）を青むらさき色に変える性質《せいしつ》がある。

- 発芽する前の種子をヨウ素液にひたす…（⑧　　　　　　　　）色に変化した。
- 発芽してしばらくたった子葉をヨウ素液にひたす…あまり変化（⑨　　　　　　　　）。

▶子葉の中には、（⑩　　　　　　　　）がふくまれている。

▶子葉の中のでんぷんは、（⑪　　　　　　）するときの養分として使われる。

ここがだいじ！
①子葉の中には、でんぷんがふくまれている。
②子葉の中のでんぷんは、発芽するときの養分として使われる。

ぴたトリビア
種子にでんぷんを多くふくむイネ、ムギ、トウモロコシなどは地球上の多くの地いきで主食として食べられるほか、家ちくのえさとしても利用されます。

2. 植物の発芽《はつが》と成長

②種子の発芽と養分

教科書 28～31ページ　答え 6ページ

1 図は、インゲンマメの種子をわって開いたようすです。

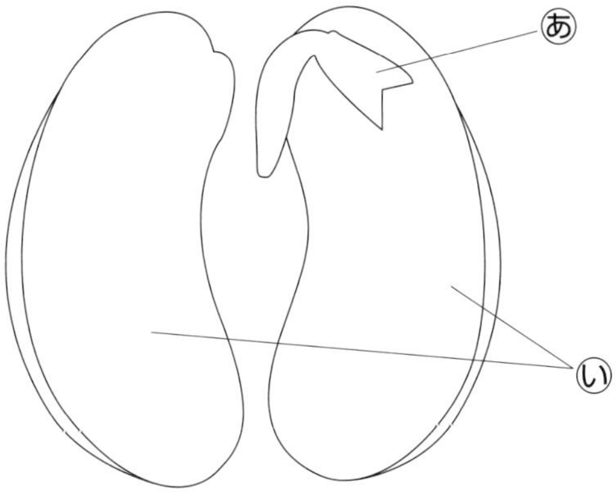

(1) 発芽した後、次の各部分になるのは、それぞれ図のあ、いのどちらですか。

①子葉（　　　）　②葉（　　　）
③くき（　　　）　④根（　　　）

(2) 水にひたしてやわらかくしたインゲンマメの種子を、ヨウ素液《そえき》にひたしました。色が青むらさき色になるのは、どの部分ですか。図に色をぬりましょう。

(3) (2)の部分にふくまれている、ヨウ素液で青むらさき色に変わる物は何ですか。

（　　　　　　　）

2 図のように、インゲンマメの種子にふくまれている、でんぷんのようすを調べました。

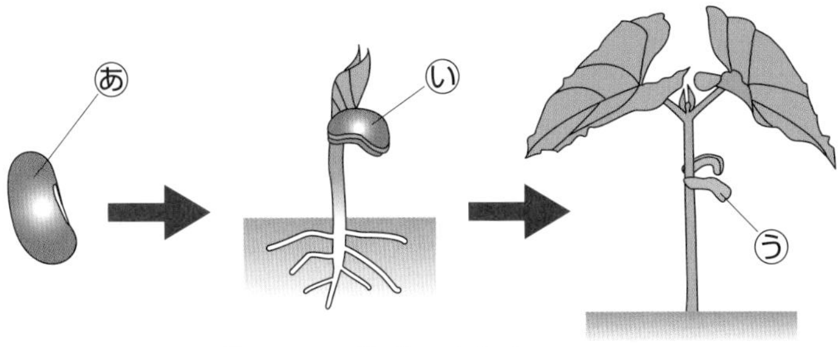

インゲンマメの発芽のようす

あ、い、うを切り、
でんぷんがあるかどうかを
調べる薬品にひたす。

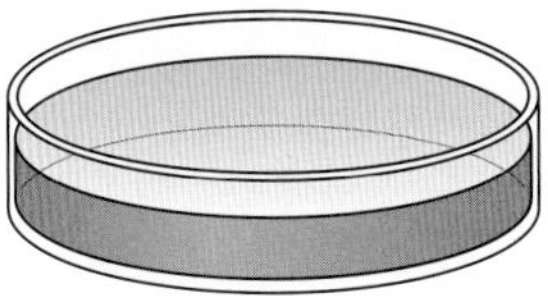

(1) でんぷんが多くふくまれている物はどれですか。正しいもの2つに○をつけましょう。

ア（　）バーミキュライト　イ（　）肥料《ひりょう》　ウ（　）いも
エ（　）空気　オ（　）米(イネ)　カ（　）水

(2) この実験に使った、でんぷんがあるかどうかを調べる薬品は何ですか。

（　　　　　　　）

(3) この実験の結果はどうなりましたか。正しいものに○をつけましょう。

ア（　）あ、い、うのでんぷんの量は変わらなかった。
イ（　）でんぷんの量は、あがいちばん多く、いがいちばん少なかった。
ウ（　）でんぷんの量は、あがいちばん多く、うがいちばん少なかった。
エ（　）でんぷんの量は、あがいちばん少なく、うがいちばん多かった。
オ（　）でんぷんの量は、いがいちばん少なく、うがいちばん多かった。

2. 植物の発芽《はつが》と成長

③植物が成長する条件《じょうけん》

めあて
植物が大きく成長していくために、何が必要なのかを確認しよう。

教科書 32〜34ページ　答え 7ページ

次の(　　)にあてはまる言葉をかこう。

1 植物が発芽した後、大きく成長していくためには、水のほかに、何が必要なのだろうか。 教科書 32〜34ページ

▶育ち方が同じぐらいのなえを選び、成長する条件を調べる。

▶Ⓐ日光と成長

変える条件	変えない条件	結果
(①　　　)	(②　　　)	
㋐ 当てる。	あたえる。(同じ量)	(③　　　)
㋑ 当てない。		(④　　　)

- ㋐、㋑とも(⑤　　　)に置いて、㋑には、(⑥　　　)をする。
- 毎日、(⑦　　　)を入れた水を同じ量ずつあたえ、約1〜2週間後に、㋐、㋑の成長のようすを比《くら》べる。

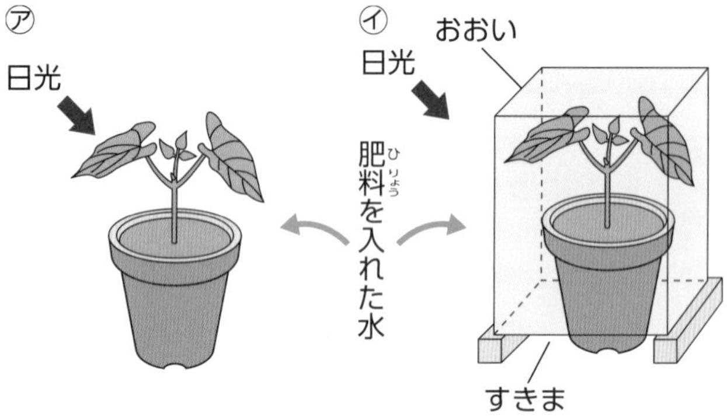
㋐
日光
㋑
おおい
日光
肥料《ひりょう》を入れた水
すきま

▶葉が黄色くなった㋑のおおいをとり、日光に当てると、葉の色が(⑧　　　)になってきて、葉の数が多くなった。

▶植物を(⑨　　　)に当てると、よく成長する。

▶Ⓑ肥料と成長

変える条件	変えない条件	結果
(⑩　　　)	(⑪　　　)	
㋒ あたえる。	当てる。	(⑫　　　)
㋓ あたえない。		(⑬　　　)

- ㋒、㋓とも(⑭　　　)に置く。
- 毎日、㋒には(⑮　　　)を入れた水、㋓には同じ量の水をあたえ、約2〜3週間後に、㋒、㋓の成長のようすを比べる。

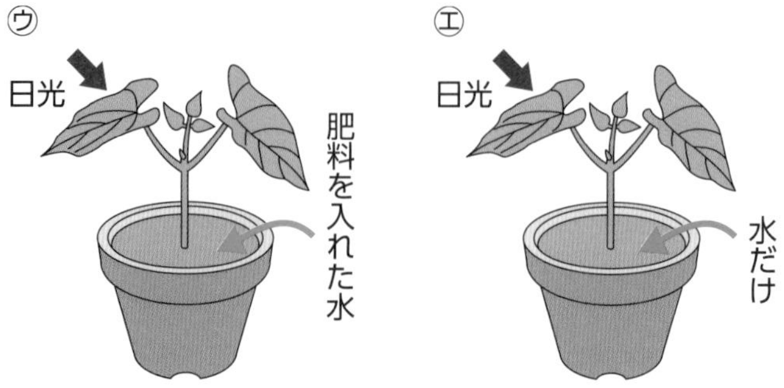
㋒
日光
肥料を入れた水
㋓
日光
水だけ

▶植物に(⑯　　　)をあたえると、よく成長する。

ここが、だいじ！
①植物を日光に当てると、よく成長する。
②植物に肥料《ひりょう》をあたえると、よく成長する。

ぴたトリビア　ダイズなどの種子を光に当てないまま発芽《はつが》させて育てた野菜が「もやし」です。

2. 植物の発芽《はつが》と成長

③植物が成長する条件《じょうけん》

教科書　32～34ページ　答え　7ページ

1 **図のようにして、インゲンマメの成長と日光との関係を調べました。**

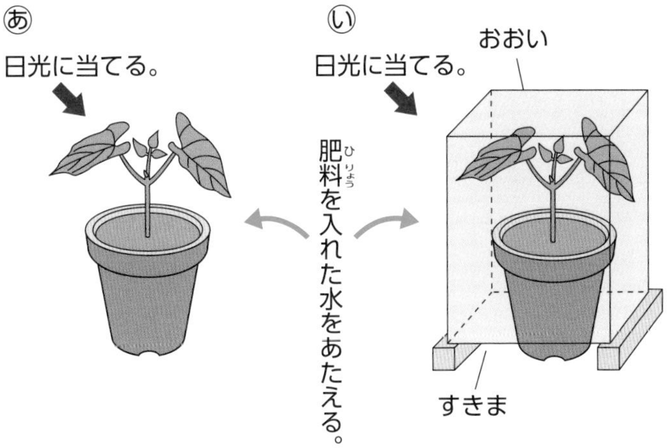

(1) 実験に使う2本のなえは、どのようなものを選びますか。正しいものに○をつけましょう。

ア(　　)くきが長くのびたもの
イ(　　)葉の数が多いもの
ウ(　　)葉の緑色がこいもの
エ(　　)葉の大きさが大きいもの
オ(　　)葉の大きさと数がそろったもの

(2) いで、なえにかぶせたおおいの下を少しあけておくのは、何を出入りさせるためですか。

(　　　　)

(3) 1週間後に成長のようすを比《くら》べたとき、葉の緑色がこく、数も多くなるのは、あ、いのどちらですか。

(　　　　)

2 **図のようにして、インゲンマメの成長と肥料との関係を調べました。**

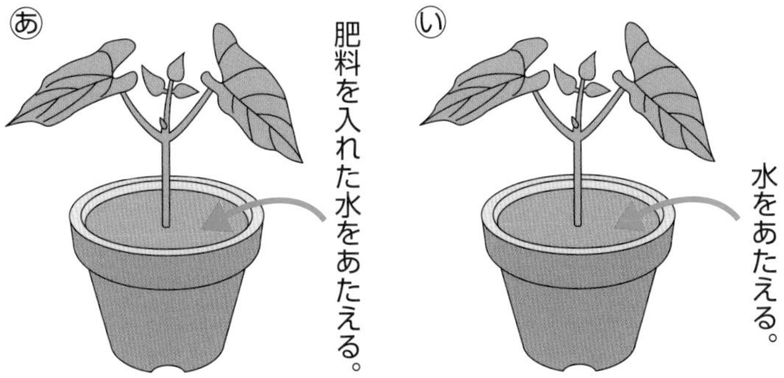

(1) インゲンマメを植えたはちには、どのような土を入れるとよいですか。正しいものに○をつけましょう。

ア(　　)バーミキュライトだけ
イ(　　)花だんなどの土だけ
ウ(　　)バーミキュライトと花だんなどの土を混《ま》ぜた土

(2) 日光は、どのように当てましたか。正しいものに○をつけましょう。

ア(　　)あには当てたが、いには当てなかった。
イ(　　)あには当てなかったが、いには当てた。
ウ(　　)あといの両方に同じように当てた。
エ(　　)あといの両方とも当てなかった。

(3) 2週間後、よく成長していたのは、あ、いのどちらのなえですか。

(　　　　)

2. 植物の発《はつ》芽《が》と成長

時間 30 分
／100
合格 70 点

教科書 20～37ページ　答え 8ページ

よく出る

1 インゲンマメを使い、種子が芽を出して育つ条件《じょうけん》を調べます。

1つ6点(30点)

(1) 植物の種子が芽を出すことを、何といいますか。

（　　　　　　　）

(2) ①～③はそれぞれ、何が芽を出すために必要かどうかを調べていますか。正しいものに○をつけましょう。

①ア（　）水　イ（　）適当《てきとう》な温度　ウ（　）空気　エ（　）肥料《ひりょう》
②ア（　）水　イ（　）適当な温度　ウ（　）空気　エ（　）肥料
③ア（　）水　イ（　）適当な温度　ウ（　）空気　エ（　）肥料

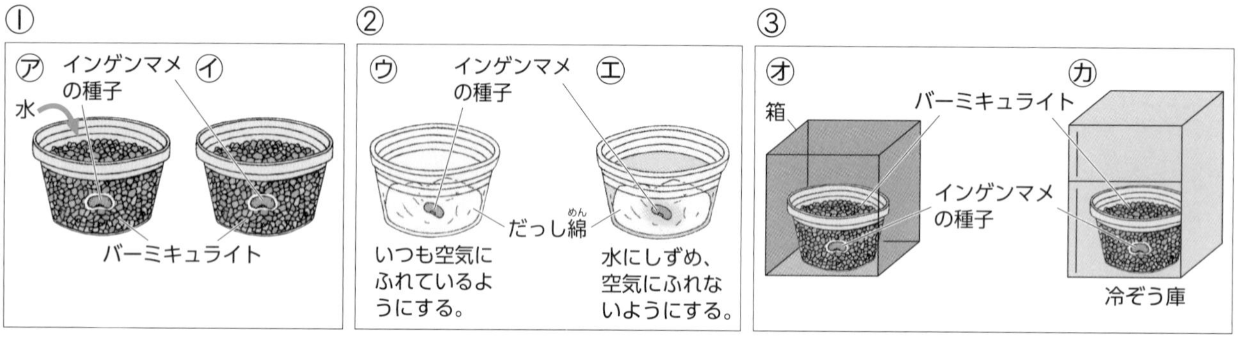
①
②
③
㋐
インゲンマメの種子
㋑
水
バーミキュライト
㋒
インゲンマメの種子
㋓
だっし綿《めん》
いつも空気にふれているようにする。
水にしずめ、空気にふれないようにする。
㋔
㋕
箱
バーミキュライト
インゲンマメの種子
冷ぞう庫

(3) 芽を出したものは、㋐～㋕のどれですか。3つ選びましょう。

（　　　　　　　）

2 ある薬品を使って、インゲンマメの種子にふくまれている養分を調べました。

技能　1つ6点(18点)

(1) 右の写真は、薬品を使って種子にふくまれるでんぷんを調べたようすです。このときに使った薬品は何ですか。

（　　　　　　　）

(2) (1)で答えた薬品は、でんぷんがあると、何色に変えますか。正しいものに○をつけましょう。

ア（　）白色　イ（　）黄緑色　ウ（　）オレンジ色
エ（　）茶色　オ（　）青むらさき色

(3) 記述 (1)で答えた薬品を芽が出た後の子葉につけても、あまり色が変わらないのはなぜですか。

（　　　　　　　　　　　　　　　　）

芽が出る前

芽が出た後の子葉

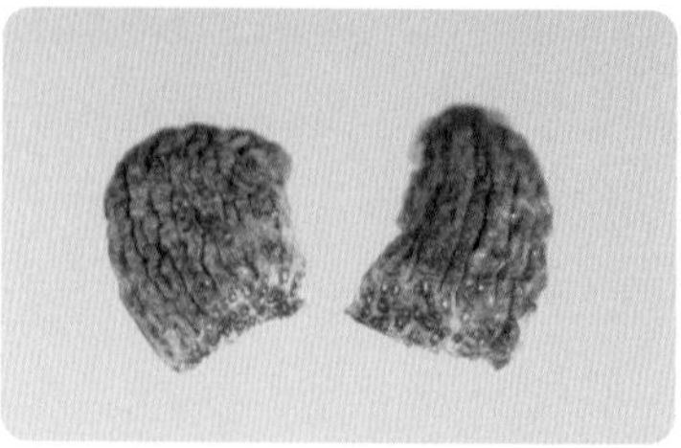

3 育ち方が同じぐらいのインゲンマメのなえを３本使い、日光や肥料と、成長との関係を調べました。

1つ8点(32点)

(1) 記述 ㋑で、なえにかぶせた箱の下を少しあけておくのはなぜですか。

(　　　　　　　　)

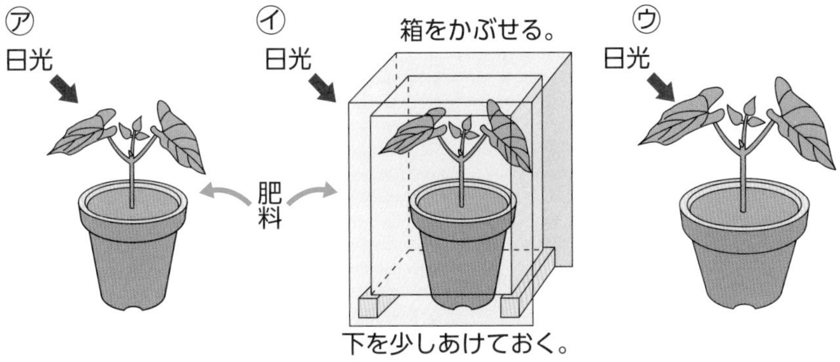

㋐
日光
㋑
日光
箱をかぶせる。
肥料
下を少しあけておく。
㋒
日光

(2) ㋐〜㋒で成長のようすを比《くら》べるとき、水はどうしますか。正しいものに○をつけましょう。

ア(　　)どれにも同じように水をあたえる。　イ(　　)どれにも水をあたえない。

ウ(　　)㋐と㋑だけに水をあたえる。

(3) 右の写真は、どれも芽が出てから１２日後のインゲンマメのなえです。①と比べて、②と③はある条件が足りないために、よく成長していません。②と③に足りない条件は、それぞれ何ですか。

①
②
③

②(　　　　　　)

③(　　　　　　)

できたらスゴイ!

4 写真は、ダイズのわかいなえ、ダイズのもやしです。

思考・表現　1つ10点(20点)

(1) ダイズのわかいなえと、ダイズのもやしでは、種子にあたえたものがちがうので、育ちのようすがちがいます。わかいなえと、もやしでは、条件をどのように変えていると考えられますか。正しいものに○をつけましょう。

わかいなえ
もやし

ア(　　)わかいなえともやしでは、芽を出させる条件も、芽が出た後に育てる条件も大きくちがう。

イ(　　)わかいなえともやしでは、芽を出させる条件は大きくちがうが、芽が出た後に育てる条件はあまり変わらない。

ウ(　　)わかいなえともやしでは、芽を出させる条件はあまり変わらないが、芽が出た後に育てる条件は大きくちがう。

(2) 記述 もやしをつくるときは、どのような条件で育てたと考えられますか。

(　　　　　　　　)

ふりかえり
❶の問題がわからなかったときは、８ページの❶にもどってたしかめましょう。
❹の問題がわからなかったときは、８ページの❶と１２ページの❶にもどってたしかめましょう。

ぴったり1

準備

3分でまとめ

3. 魚のたんじょう

①たまごの変化 1

学習日　　月　　日

めあて
メダカの飼い方や、メダカがたまごをうむようすを確認しよう。

教科書　39～42ページ　答え　9ページ

次の(　　)にあてはまる言葉をかこう。

1 メダカを飼《か》って、育てていこう。

教科書　39～42ページ

めす　せびれに切れこみが(①　　　　　　)。

おす　せびれに切れこみが(②　　　　　　)。

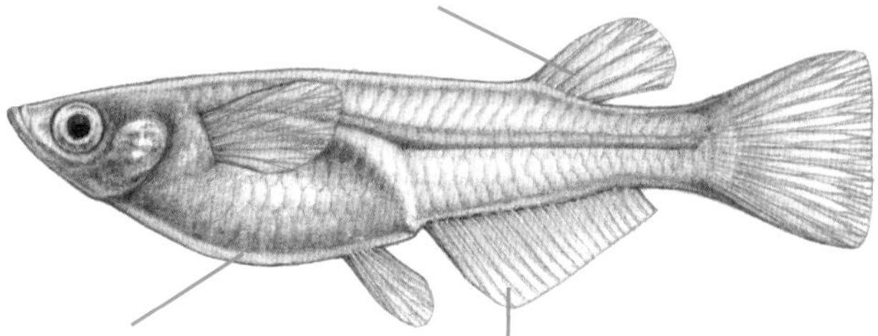

はらが
ふくれていることもある。

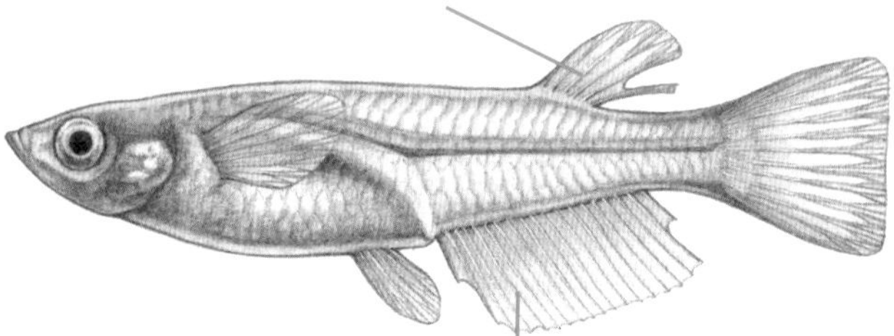

しりびれがめすに

しりびれの後ろのはばが(③　　　　　　)。

比《くら》べて大きく、(④　　　　　　)に近い。

▶ メダカの飼い方

- 水そうは、(⑤　　　　　　)が直接《ちょくせつ》当たらない、(⑥　　　　　　)ところに置く。
- よくあらった小石やすなをしき、(⑦　　　　　　)の水を入れて、(⑧　　　　　　)を植える。
- 水がよごれたら、(⑨　　　　　　)ぐらいを、くみ置きの水と入れかえる。
- えさは、毎日(⑩　　　　　　)回あたえる。

▶ メダカがたまごをうむようす

- メダカのめすのうんだ(⑪　　　　　　)が、おすの出した(⑫　　　　　　)と結びつくと、生命がたんじょうして、たまごは成長を始める。
- たまごと精子《せいし》が結びつくことを(⑬　　　　　　)という。
- 受精《じゅせい》したたまごのことを、(⑭　　　　　　)という。

▶ メダカがたまごをうんだら

- たまごを見つけたら、たまごを(⑮　　　　　　)につけたまま、別の入れ物に入れる。
- 入れ物の(⑯　　　　　　)が上がりすぎないように(⑤)が直接当たらない(⑥)ところに置く。

ここがだいじ!
①めすはたまごをうみ、おすは精子《せいし》を出す。
②たまごが精子と結びつくことを受精《じゅせい》といい、受精したたまごのことを受精卵《じゅせいらん》という。

ぴたトリビア
黄色でかん賞用のメダカはヒメダカという種類で、黒っぽい野生のメダカとは別の種類です。飼育《しいく》しているメダカを自然の川などに放さないようにしましょう。

ぴったり2 練習

3. 魚のたんじょう

①たまごの変化１

学習日　　月　　日

教科書　39〜42ページ　答え　9ページ

1 メダカには、めすとおすがいます。

(1) メダカのめすとおすは、どのひれで見分けますか。正しいもの２つに○をつけましょう。

ア(　　)むなびれ　　イ(　　)はらびれ

ウ(　　)せびれ　　エ(　　)しりびれ

オ(　　)おびれ

(2) 右のあといは、それぞれめすとおすのどちらですか。

あ(　　　　　)　い(　　　　　)

2 メダカを飼《か》うことにしました。

(1) メダカを飼う水そうは、どのようなところに置きますか。正しいものに○をつけましょう。

ア(　　)日光が直接《ちょくせつ》当たる明るいところ

イ(　　)日光が直接当たらない明るいところ

ウ(　　)日光が当たらない暗いところ

(2) 水がよごれたらどうしますか。正しいものに○をつけましょう。

ア(　　)全部くみ置きの水と入れかえる。

イ(　　)半分ぐらいくみ置きの水と入れかえる。

ウ(　　)そのままにしておく。

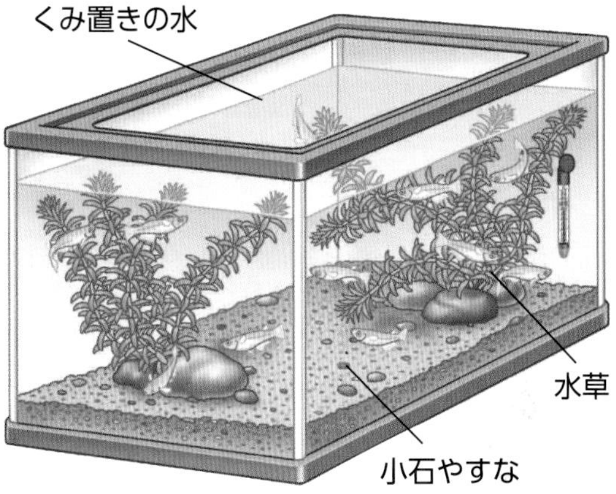

3 めすのうんだたまごは、おすの出す物と結びついて、成長を始めます。

(1) おすの出す、たまごと結びつく物は何ですか。

(　　　　　)

(2) たまごと(1)の物が結びつくことを何といいますか。

(　　　　　)

(3) (1)の物と結びついたたまごのことを何といいますか。

(　　　　　)

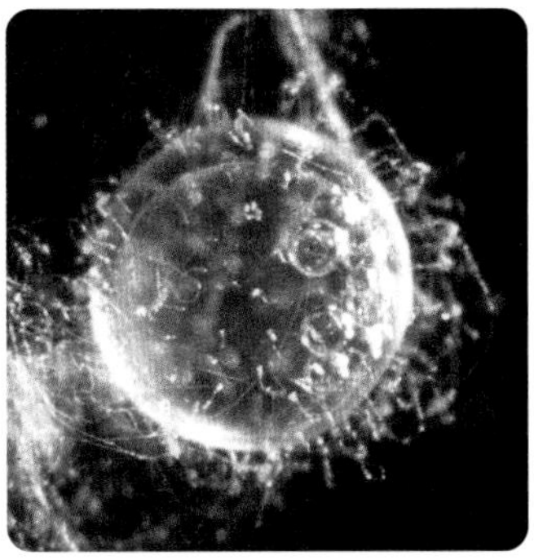

ヒント　1 (1) ひれがどこについているかで考えましょう。
(2) メダカのおすとめすは、ひれの形のちがいで見分けることができます。

ぴったり1

準備

3. 魚のたんじょう

①たまごの変化2

学習日　　月　　日

めあて
メダカのたまごは、どのように育つのかを確認しよう。

教科書　42〜46ページ　　答え　10ページ

次の（　）にあてはまる言葉をかこう。

1 メダカのたまごは、どのように育つのだろうか。　教科書　42〜46ページ

受精《じゅせい》後数時間→2日→4日→7日→9日→たまごからかえる

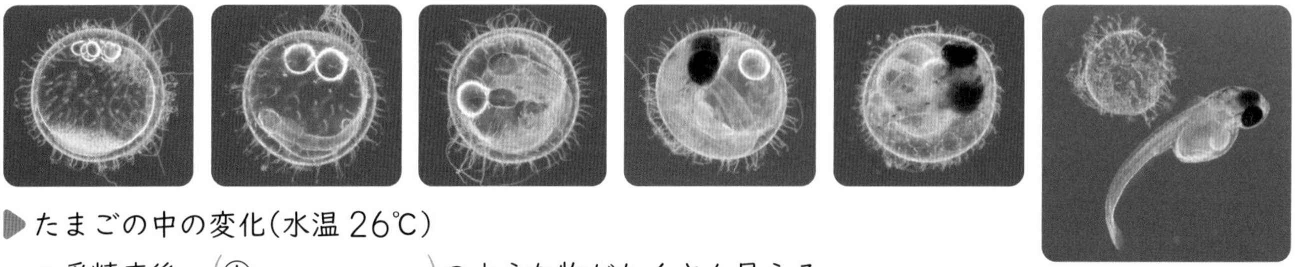

▶たまごの中の変化（水温26℃）

- 受精直後…（①　　　　）のような物がたくさん見える。
- 受精後1時間…（②　　　　）のもとになる物が、できてくる。
- 1日…からだの（③　　　　）がわかるようになる。
- 2日…からだの形や（④　　　　）ができてくる。
- 3日…目が大きく黒くなり、（⑤　　　　）が見えてくる。
- 5日…（⑥　　　　）と血管が見えてくる。
- 7日…からだが大きくなり、（⑦　　　　）がついてくる。
- 11日…たまごのまくを破《やぶ》って、メダカの（⑧　　　　）が出てくる。

水温によって、成長する時期は少し変わるよ。

▶たまごの中には（⑨　　　　）があり、メダカの子どもは、それを使って育つ。

▶かえったばかりのメダカの子どものはらには、（⑩　　　　）の入ったふくろがある。

▶かいぼうけんび鏡などのつくり

- （⑪　　　　）けんび鏡
  10〜20倍にかく大して、観察できる。

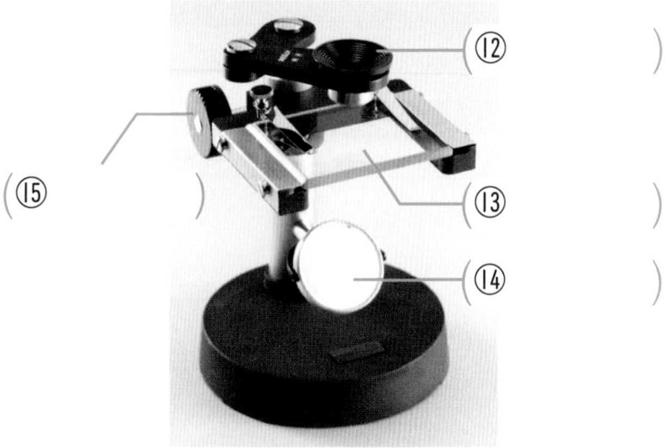

- （⑯　　　　）けんび鏡
  20〜40倍にかく大して、観察できる。

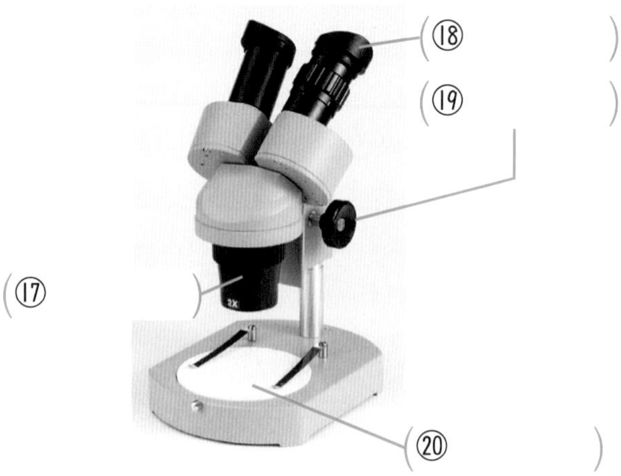

- 目をいためないように、（⑭）に直接《ちょくせつ》（㉑　　　　）が当たらない、明るいところで観察する。

ここがだいじ！
①受精《じゅせい》すると、たまごの中で、少しずつメダカのからだができてくる。
②たまごの中には養分があり、たまごの中では、それを使って子どもが育つ。

ぴたトリビア　魚によって、たまごをうむ場所はちがいます。メダカは水草などにうみますが、サケは川の底にうみます。

3. 魚のたんじょう

①たまごの変化2

教科書 42～46ページ　答え 10ページ

1 メダカのたまごの変化を観察しました。

(1) メダカのたまごの中が変化していく順に、1～4の番号をかきましょう。

あ(　　)　い(　　)　う(　　)　え(　　)

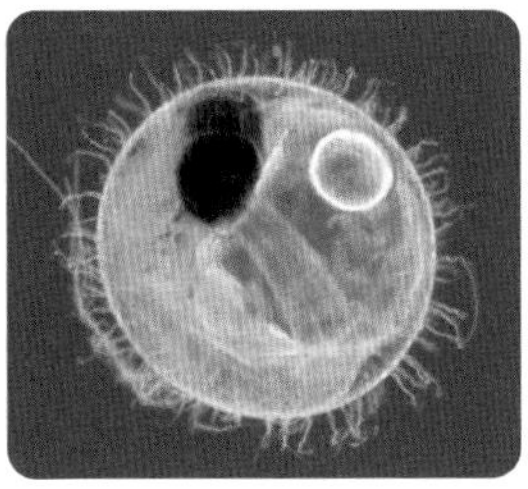
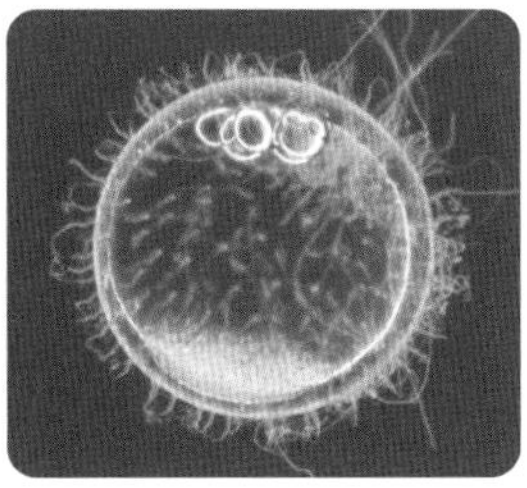
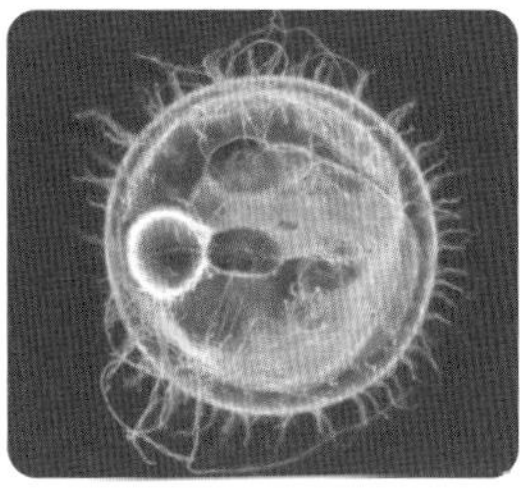
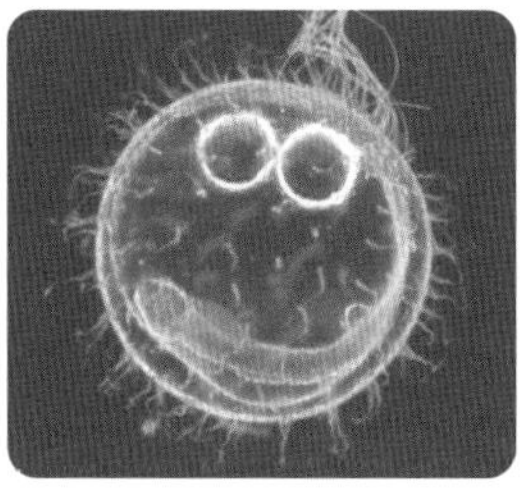

(2) たまご全体の大きさは、どのように変わりましたか。正しいものに○をつけましょう。

ア(　　)小さくなった。
イ(　　)大きくなった。
ウ(　　)ほとんど変わらなかった。

(3) かえったばかりのメダカの子どもは、何を食べて育ちますか。正しいものに○をつけましょう。

ア(　　)水草を食べて育つ。
イ(　　)水を飲んで育つ。
ウ(　　)何も食べず、はらのふくろの中の養分で育つ。
エ(　　)親のメダカと同じえさを食べて育つ。

2 図の器具を使って、メダカのたまごの変化を観察しました。

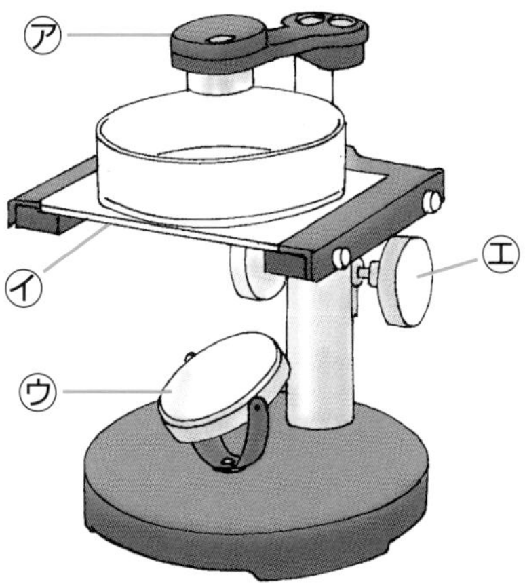

(1) 図の器具は何ですか。

(　　　　　　　　)

(2) 器具のア～エの各部分の名前は何ですか。

ア(　　　　)　イ(　　　　)
ウ(　　　　)　エ(　　　　)

(3) 図の器具は、どのようなところに置いて使いますか。正しいものに○をつけましょう。

ア(　　)日光が直接《ちょくせつ》当たる明るいところ
イ(　　)日光が直接当たらない明るいところ
ウ(　　)日光が当たらない暗いところ

(4) 図の器具と同じようにメダカのたまごを観察でき、厚《あつ》みのある物を立体的に観察するのに適《てき》している器具を何といいますか。

(　　　　　　　　)

3. 魚のたんじょう

時間 30 分

/100

合格 70 点

教科書 38〜49ページ　答え 11ページ

よく出る

1 メダカのめすとおすを、水そうで飼《か》いました。　1つ6点(48点)

Ⓐ
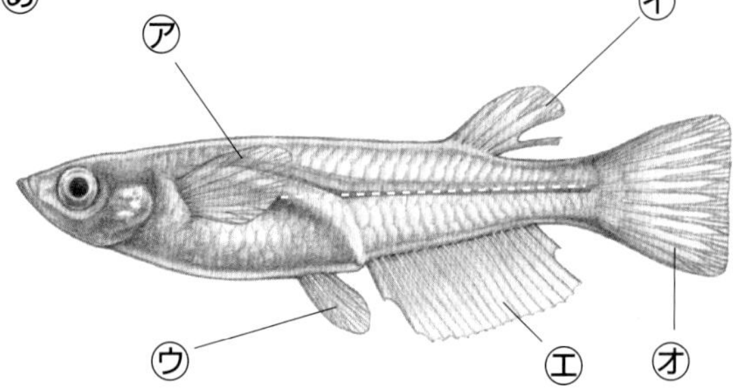

Ⓘ
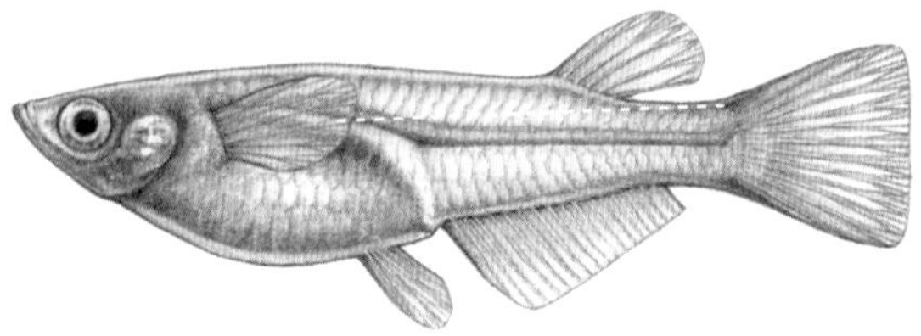

(1) メダカのしりびれは、あのア〜オのどれですか。

(　　　)

(2) 図のあは、めすとおすのどちらですか。

(　　　)

(3) 水そうでのメダカの飼い方として、正しいものに○をつけましょう。　技能

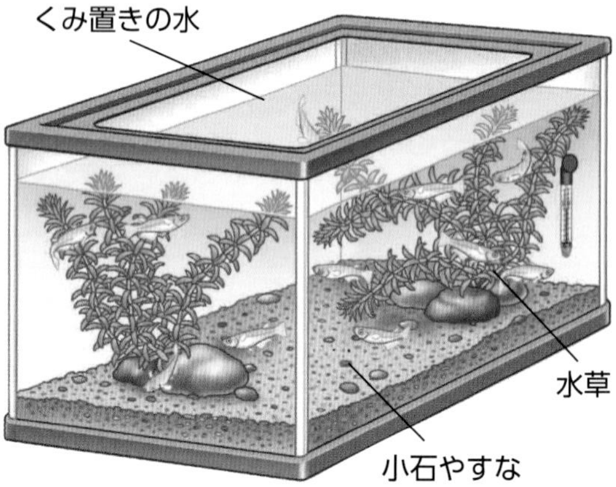

①水そうを置くところ

ア(　　)日光が直接《ちょくせつ》当たる、明るいところ

イ(　　)日光が直接当たらない、明るいところ

ウ(　　)暗いところ

②水がよごれたとき

ア(　　)半分ぐらいをくみ置きの水と入れかえる

イ(　　)すべてをくみ置きの水と入れかえる

(4) たまごをうむのは、メダカのめすです。

①たまごをうませるには、どのように飼うとよいですか。正しいものに○をつけましょう。

ア(　　)1つの水そうに、めすを1ぴきだけ入れて飼うとよい。

イ(　　)1つの水そうに、めすだけを10ぴき入れて飼うとよい。

ウ(　　)1つの水そうに、めすとおすを10ぴきずつ入れて飼うとよい。

②めすがたまごをうんだとき、おすの出す物は何ですか。

(　　　)

③めすのうんだたまごと、おすの出す物が結びつくことを、何といいますか。

(　　　)

④おすの出した物と結びついたたまごのことを、何といいますか。

(　　　)

2 写真の器具を使って、メダカのたまごを観察しました。

技能　1つ4点(12点)

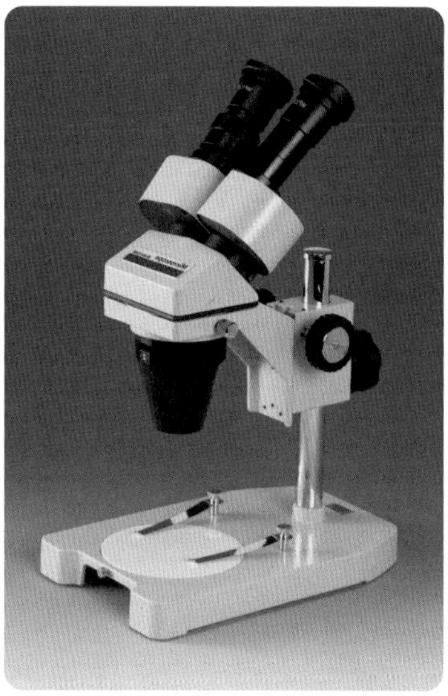

(1) 写真の器具を何といいますか。（　　　　　　　　　　　　）

(2) 写真の器具は、物をおよそ何倍にかく大して観察することができますか。正しいものに○をつけましょう。

ア（　　）およそ 2～10 倍　　イ（　　）およそ 10～20 倍

ウ（　　）およそ 20～40 倍　　エ（　　）およそ 40～600 倍

(3) 写真の器具には、どのような特ちょうがありますか。正しいものに○をつけましょう。

ア（　　）よく動き回る物を、観察しやすいようにできている。

イ（　　）虫めがねのように、野外で使いやすくできている。

ウ（　　）物が立体的に見えるようにできている。

できたらスゴイ！

3 メダカのたまごの育ちをカードに記録しました。

思考・表現　1つ10点(40点)

あ

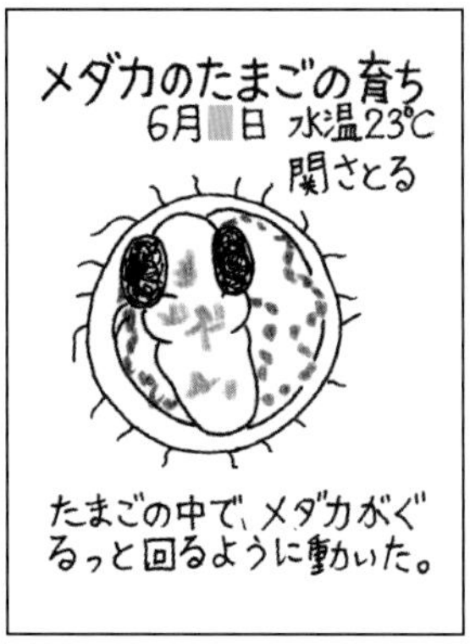

い

う

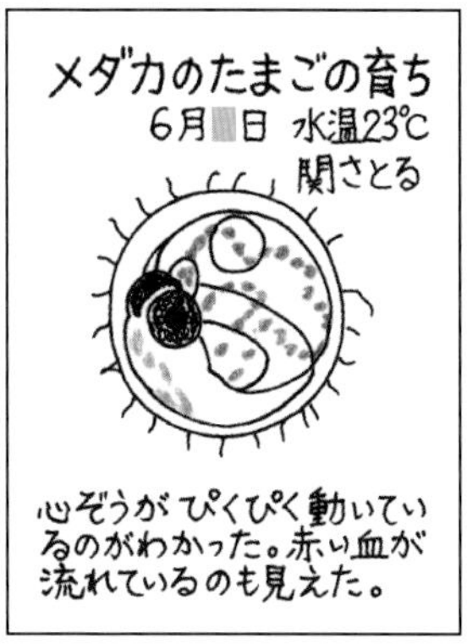

え

(1) メダカのたまごは、どこで育ちますか。正しいものに○をつけましょう。

ア（　　）メスのからだについたまま育つ。　　イ（　　）すなの中で育つ。

ウ（　　）水の中にうかびながら育つ。　　エ（　　）水草につけられて育つ。

(2) 4 まいのカードあ～えを、月日の順にならべかえてかきましょう。

（　　　→　　　→　　　→　　　）

(3) たまごの中にメダカのからだができた後、メダカが育つにつれてたまごの大きさはどうなりますか。正しいものに○をつけましょう。

ア（　　）メダカの子どもが育つ養分を、たまごの外からとり入れるので、たまごは大きくなる。

イ（　　）メダカの子どもは、たまごの中の養分を使い育つので、たまごの大きさは小さくなる。

ウ（　　）たまごの中で、メダカが育って大きくなるので、たまごの大きさは大きくなる。

エ（　　）たまごの中で、メダカが育って大きくなるが、たまごの大きさはほとんど変わらない。

(4) 記述 かえったばかりのメダカの子どもは、2～3 日の間は、何も食べません。この間、メダカの子どもが何も食べなくても生きていけるのはなぜですか。

（　　　　　　　　　　　　　　　　　　　　　　　　　　　）

この本の終わりにある「夏のチャレンジテスト」をやってみよう！

ふりかえり
1 の問題がわからなかったときは、16 ページの 1 にもどってたしかめましょう。
3 の問題がわからなかったときは、18 ページの 1 にもどってたしかめましょう。

4.花から実へ

①花のつくり1

学習日　　月　　日

めあて
ヘチマやアサガオの花のつくりを確認しよう。

教科書　53〜56ページ　答え　12ページ

次の（　）にあてはまる言葉をかこう。

1 ヘチマやアサガオの花は、どのようなつくりをしているだろうか。

教科書　53〜56ページ

▶ヘチマの花のつくり

めばな

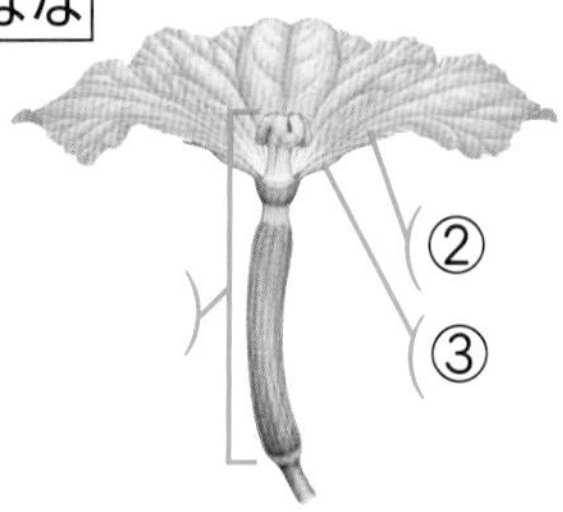

（①　　　）
（②　　　）
（③　　　）

おばな

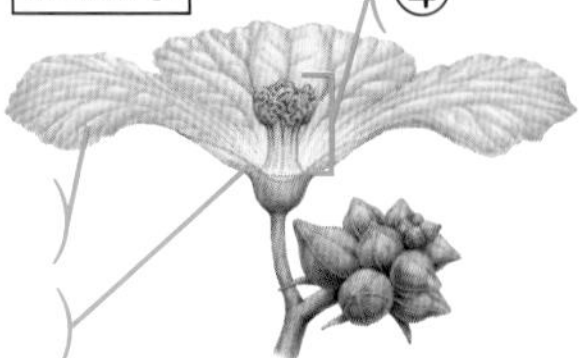

（④　　　）
（⑤　　　）

▶アサガオの花のつくり

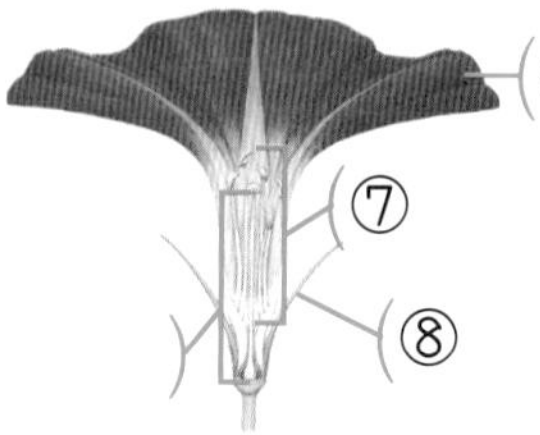

（⑥　　　）
（⑦　　　）
（⑧　　　）

▶花には、ヘチマのように、めばなとおばながあって、めばなに（⑨　　　）、おばなに（⑩　　　）がそれぞれあるものと、アサガオのように、１つの花に（⑪　　　）と（⑫　　　）があるものとがある。

▶けんび鏡（ステージが動く物）

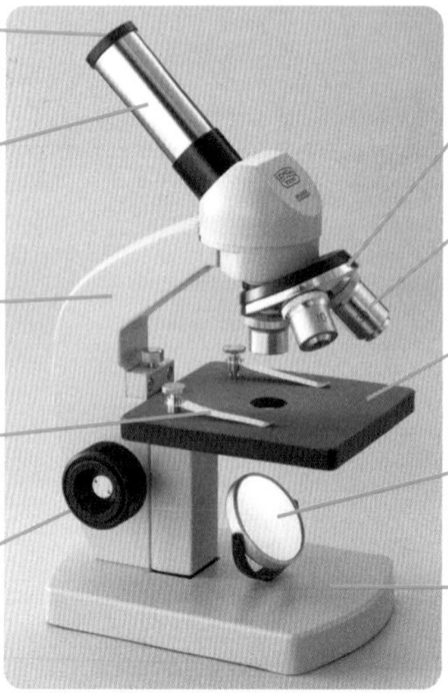

（⑬　　　）
（⑭　　　）
（⑮　　　）
（⑯　　　）
（⑰　　　）
（⑱　　　）
（⑲　　　）
（⑳　　　）
（㉑　　　）
（㉒　　　）

つつが動く
けんび鏡も
あるよ。

- （㉓　　　）ガラスに観察する物をのせて（㉔　　　）ガラスをかけた物を、プレパラートという。
- けんび鏡ではっきりと見えるところは、（㉕　　　）から（㉖　　　）を遠ざけていってさがす。
- プレパラート上の物は、けんび鏡で見ると、上下左右が（㉗　　　）に見える。
- けんび鏡の倍率《ばいりつ》＝接眼《せつがん》レンズの倍率（㉘　　　）対物レンズの倍率

ここがだいじ!

①花には、おしべのあるおばなと、めしべのあるめばながあるものと、1つの花におしべとめしべがあるものがある。
②けんび鏡の倍率《ばいりつ》は、接眼《せつがん》レンズの倍率×対物レンズの倍率で表される。

ぴたトリビア　めしべのあるめばなとおしべのあるおばなに分かれている花にはツルレイシ、1つの花にめしべとおしべがある花にはオクラ、などがあります。

4.花から実へ

①花のつくり1

教科書 53〜56ページ　答え 12ページ

1 ヘチマとアサガオの花のつくりを比《くら》べました。

ヘチマの花(あ)

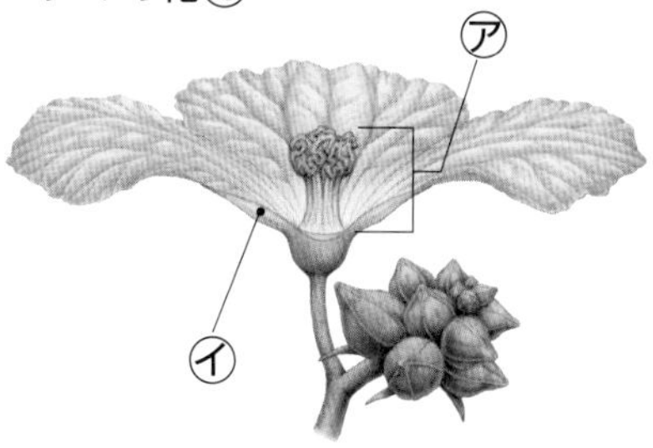

ヘチマの花(い)

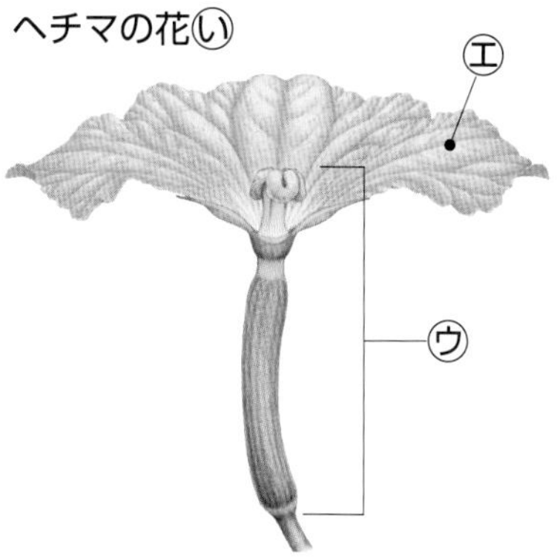

アサガオの花

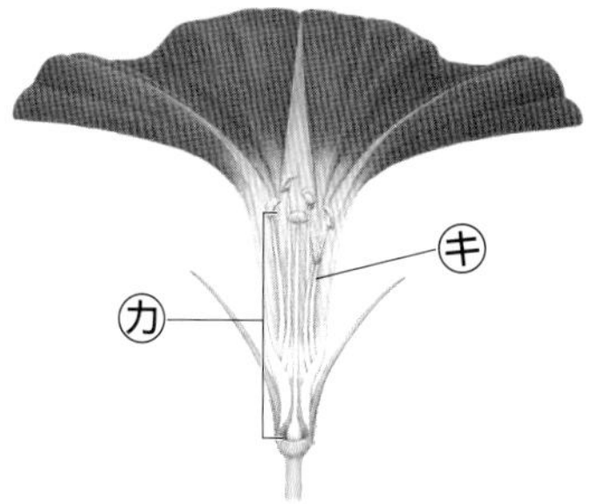

(1) ヘチマの花(あ)の㋐と㋑、花(い)の㋒と㋓は、それぞれ何ですか。

㋐(　　　　)　㋑(　　　　)
㋒(　　　　)　㋓(　　　　)

(2) ヘチマの花(あ)と(い)は、それぞれめばなとおばなのどちらですか。

(あ)(　　　　)　(い)(　　　　)

(3) アサガオの花の㋕と㋖は、それぞれヘチマの花の㋐〜㋓のどれにあたりますか。

㋕(　　)　㋖(　　)

(4) アサガオの花には、めばなとおばなの区別がありますか。(　　　　)

2 けんび鏡を使って観察します。

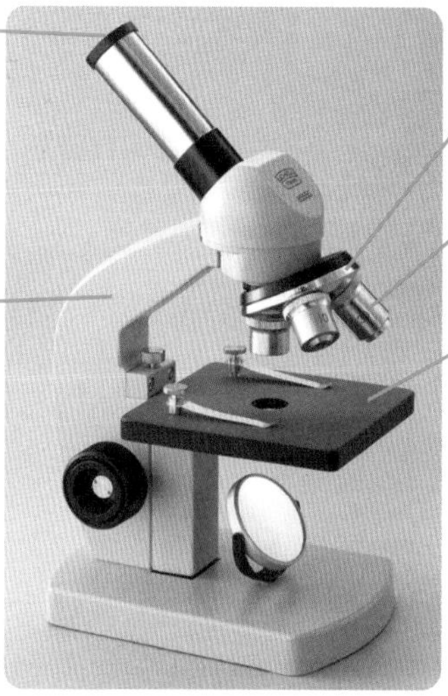

(1) ㋐〜㋔の各部分の名前は何ですか。

㋐(　　　　)　㋑(　　　　)
㋒(　　　　)　㋓(　　　　)
㋔(　　　　)

(2) スライドガラスに見る物をのせて、カバーガラスをかけた物を何といいますか。(　　　　)

(3) (2)をけんび鏡で見ると、どのように見えますか。正しいものに○をつけましょう。

ア(　)上下だけが逆《ぎゃく》に見える。
イ(　)左右だけが逆に見える。
ウ(　)上下左右が逆に見える。

(4) けんび鏡の倍率《ばいりつ》はどのように表されますか。(　)にあてはまる言葉をかきましょう。

けんび鏡の倍率＝接眼《せつがん》レンズの倍率×(　　　　)の倍率

4. 花から実へ

①花のつくり 2

めあて おしべの先にある粉や、それがめしべの先につくことを確認しよう。

教科書 56～57ページ　答え 13ページ

次の(　　)にあてはまる言葉をかくか、あてはまるものを○でかこもう。

1 おしべの先にある粉《こな》は何だろうか。　教科書 56～57ページ

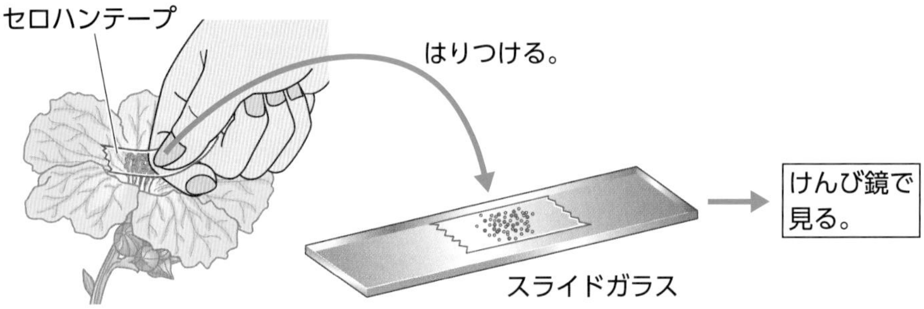

ア

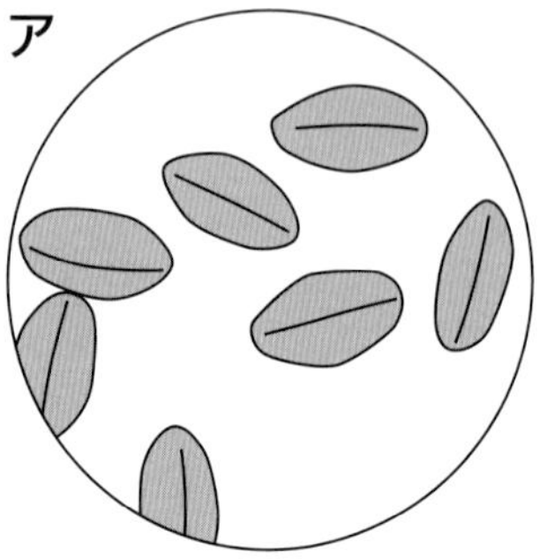

イ

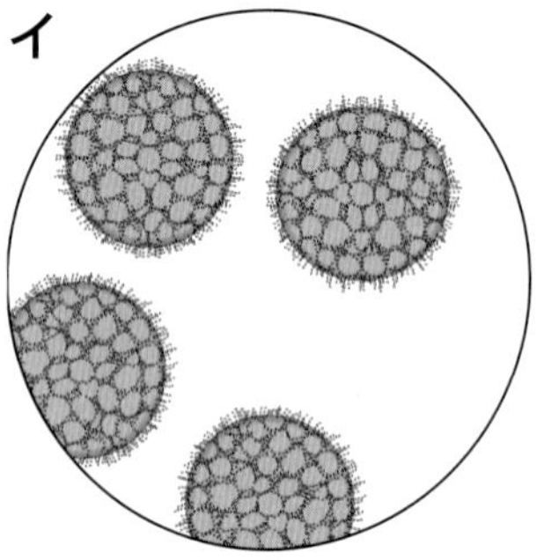

- おしべの先にセロハンテープをそっとつけて、粉をとり、けんび鏡で観察する。
- おしべの先にある粉を、(① 　　　　　)という。
- (①)は(② おしべ ・ めしべ)でつくられる。
- **ア**は(③ ヘチマ ・ アサガオ)のおしべの先にある粉、**イ**は(④ ヘチマ ・ アサガオ)のおしべの先にある粉である。

2 ヘチマの花粉《かふん》は、いつ、おしべからめしべの先に運ばれるのだろうか。　教科書 57ページ

- ヘチマのつぼみの中のめしべを虫めがねで観察したところ、花粉は(① ついている ・ ついていない)。
- ヘチマのさいている花のめしべを虫めがねで観察したところ、花粉は(② ついている ・ ついていない)。
- ヘチマの花粉は、花がさいた後に、(③ 　　　　　)から(④ 　　　　　)の先に運ばれる。
- めしべの先に花粉がつくことを、(⑤ 　　　　　)という。

ヘチマのおしべの先

花粉はこん虫が運んだり、
風によって飛ばされたりして、
受粉《じゅふん》するんだよ。

ここがだいじ!
①おしべの先にある粉《こな》を、花粉《かふん》という。
②めしべの先に花粉がつくことを、受粉《じゅふん》という。

ぴたトリビア 花粉《かふん》しょうの原因《げんいん》にもなっているスギの花粉は、小さくて軽いため、風で大量に運ばれます。

ぴったり2 練習

4. 花から実へ

①花のつくり2

学習日　　月　　日

教科書 56〜57ページ　答え 13ページ

1 ヘチマのおしべの先にある粉《こな》をけんび鏡で観察しました。

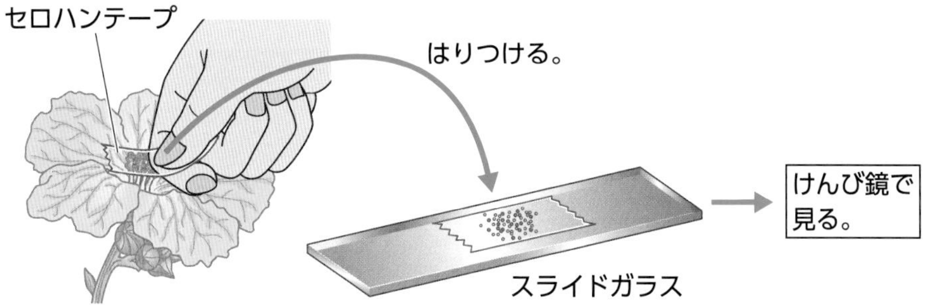

(1) おしべの先にある粉を、何といいますか。

（　　　　　　）

(2) (1)はどこでつくられますか。正しいものに○をつけましょう。

ア（　）おしべ　**イ**（　）めしべ　**ウ**（　）花びら　**エ**（　）がく

(3) ヘチマのおしべの先にある粉のようすはどちらですか。正しいほうに○をつけましょう。

ア（　）

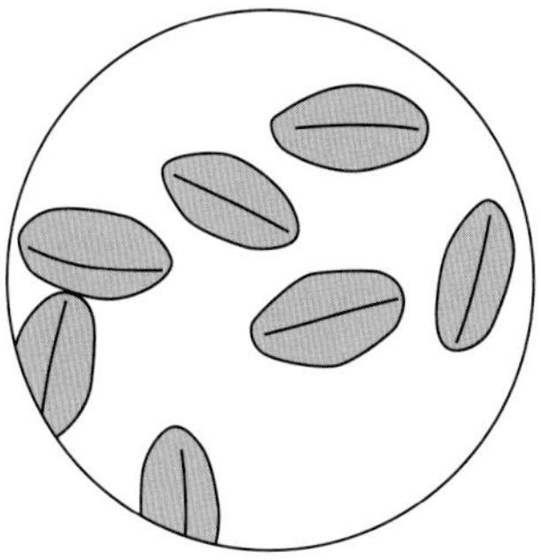

イ（　）

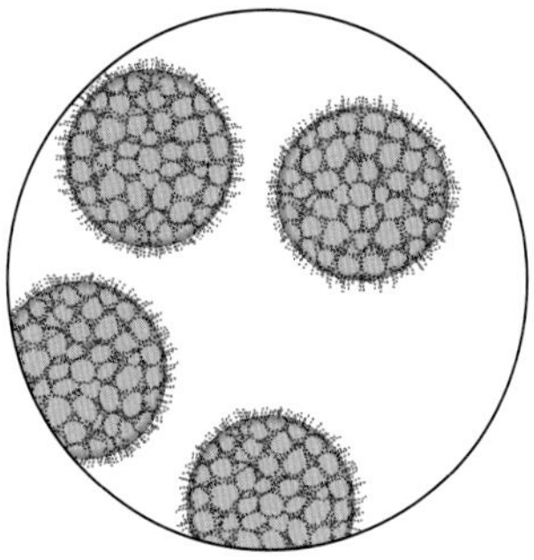

2 花がさく前のヘチマのめしべを観察しました。

(1) 花がさく前のヘチマのめしべに、花粉《かふん》はついていましたか、ついていませんでしたか。

（　　　　　　）

(2) ヘチマの花粉の運ばれ方について、次の文の（　）にあてはまる言葉をかきましょう。

> ヘチマの花粉は、花がさいた後に、（①　　　　）から（②　　　　）の先に運ばれる。

(3) めしべの先に花粉がつくことを、何といいますか。

（　　　　　　）

ぴったり1 準備

4. 花から実へ

②花粉《かふん》のはたらき

学習日　月　日

めあて
めしべのもとの部分が実になるために、受粉が必要かを確認しよう。

教科書 58～60ページ　答え 14ページ

次の(　)にあてはまる言葉をかこう。

1 めしべのもとの部分が実になるためには、受粉《じゅふん》が必要なのだろうか。 教科書 58～60ページ

▶花粉のはたらきを調べる。

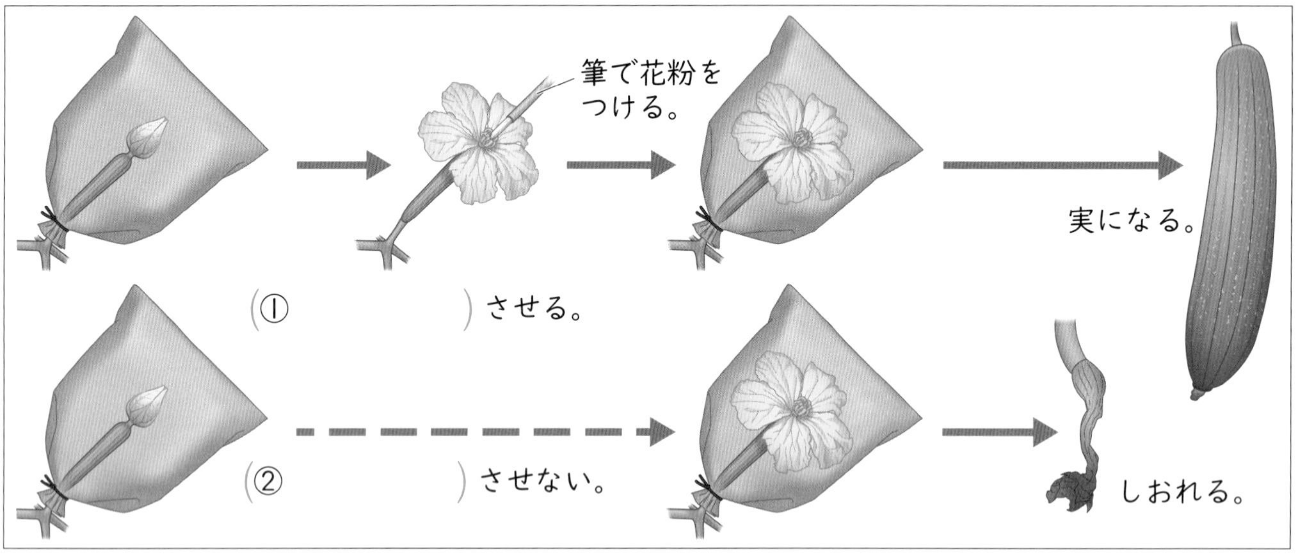

筆で花粉をつける。
実になる。
(①　　　　)させる。
(②　　　　)させない。
しおれる。

- 同じ日にさきそうなヘチマのめばなのつぼみを２つ選んで、花に花粉がつかないように、紙の(③　　　　)をかぶせる。
- 花がさいたら、一方のめしべの先に(④　　　　)をつける。
- 花がしぼんだら、どちらも紙の(⑤　　　　)をとる。

▶めしべのもとの部分が実になるためには、(⑥　　　　)することが必要である。

▶受粉すると、めしべの(⑦　　　　)の部分が実になり、実の中に(⑧　　　　)ができる。

▶「種子」と「実」の関係

- ヘチマやホウセンカなどは、(⑨　　　　)のことを「たね」とよんでいる。
- ヒマワリなどは、(⑩　　　　)のことを「たね」とよんでいる。

ここがだいじ!
①めしべのもとの部分が実になるためには、受粉《じゅふん》することが必要である。
②受粉すると、めしべのもとの部分が実になり、中に種子ができる。

ぴたトリビア　ハチなどのこん虫が花粉《かふん》を運び受粉《じゅふん》させることは、農業でも利用されています。

学習日　月　日

4. 花から実へ

②花粉《かふん》のはたらき

教科書 58〜60ページ　答え 14ページ

1 図のようにして、ヘチマの花粉のはたらきを調べました。

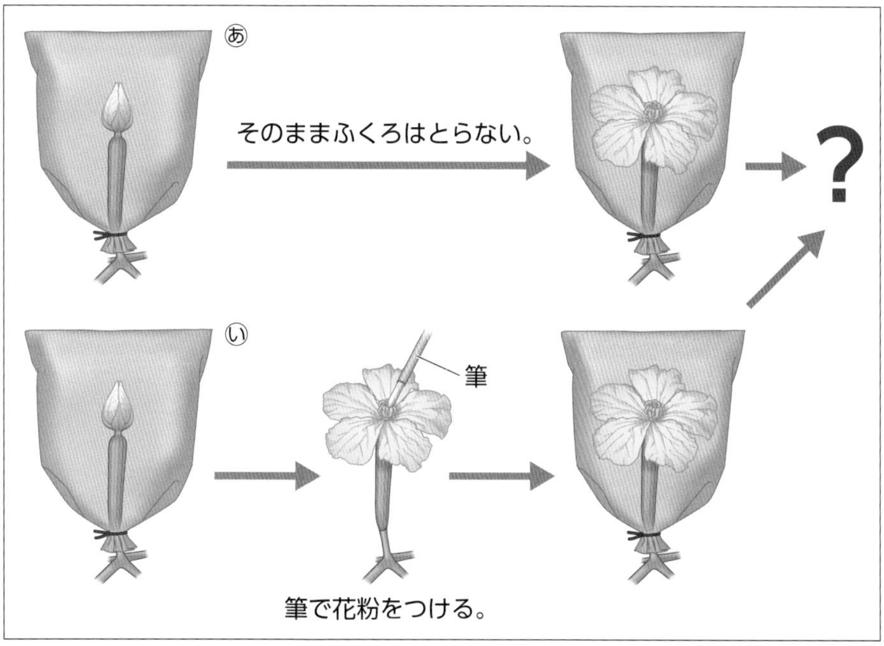

(1) 紙のふくろをかぶせた2つの花ⓐとⓘは、それぞれ、めばなとおばなのどちらですか。

ⓐ(　　　　)
ⓘ(　　　　)

(2) 2つのヘチマの花に、紙のふくろをかぶせたのはなぜですか。正しいものに○をつけましょう。

ア(　　)強い日光が、花に直接《ちょくせつ》当たらないようにするため。
イ(　　)ヘチマを食べるこん虫などが、花に近づけないようにするため。
ウ(　　)花のまわりの空気が動かないようにするため。
エ(　　)雨が、花に直接当たらないようにするため。
オ(　　)花に、花粉がつかないようにするため。

(3) 実ができたのは、ⓐ、ⓘのどちらですか。　(　　　)

(4) 種子ができたのは、ⓐ、ⓘのどちらですか。　(　　　)

2 「たね」が、種子のものに○、実のものに△をつけましょう。

(1) アサガオ　(　　)

(2) ヒマワリ　(　　)

(3) ホウセンカ　(　　)

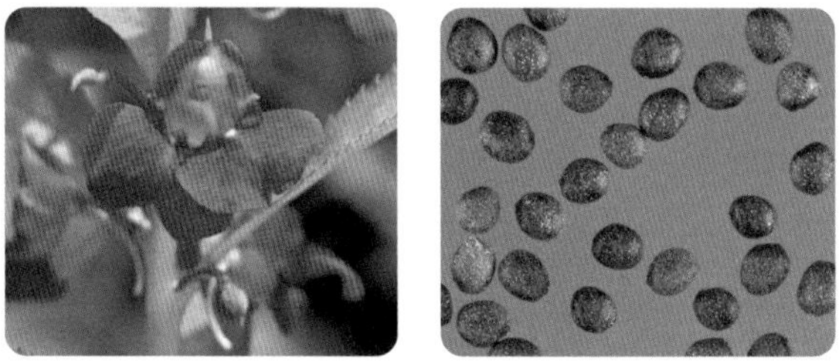

4. 花から実へ

よく出る

1 アサガオとヘチマの花のつくりを調べました。

1つ6点(36点)

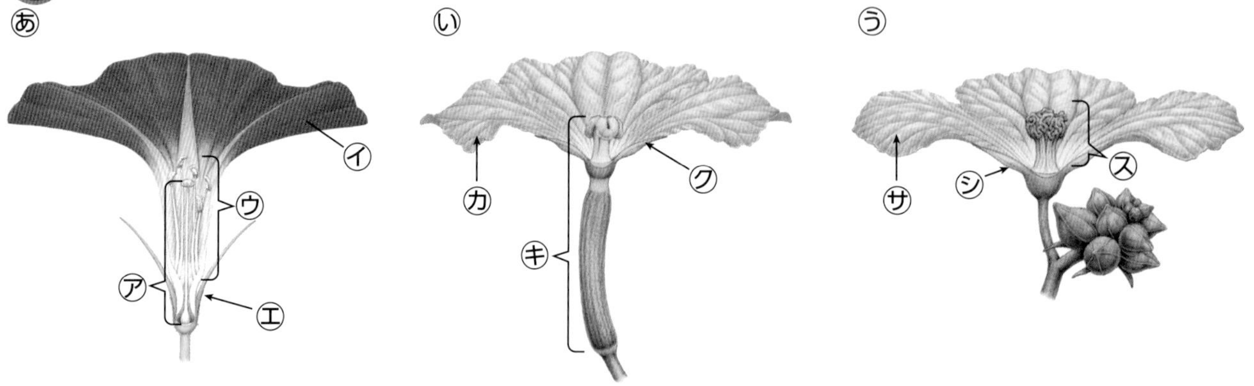
あ
い
う
㋐
㋑
㋒
㋓
㋕
㋖
㋗
㋚
㋛
㋜

(1) あは、アサガオの花のつくりです。㋐〜㋓は、それぞれ何を表していますか。

㋐(　　　　　)　㋑(　　　　　)
㋒(　　　　　)　㋓(　　　　　)

(2) いとうは、ヘチマの花のつくりです。

①アサガオの花の㋐と同じものは、㋕〜㋗、㋚〜㋜のどれですか。(　　　)

②ヘチマのめばなは、い、うのどちらですか。(　　　)

2 けんび鏡を使って、ヘチマの花粉《かふん》を観察しました。

1つ6点(24点)

(1) セロハンテープに花粉をつける花は、おばなとめばなのどちらを使うとよいですか。

(　　　　　)

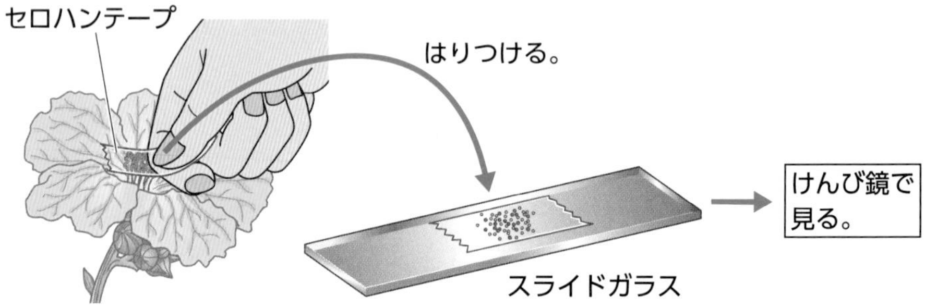
セロハンテープ
はりつける。
けんび鏡で見る。
スライドガラス

(2) けんび鏡で観察するとき、はっきり見えるようにするにはどのようにしたらよいですか。次の文の(　)にあてはまる言葉をかきましょう。　技能

調節ねじを回して、(①　　　　)レンズから(②　　　　)を遠ざけていく。

(3) 花粉をけんび鏡で観察したところ、右のように見えました。左はしに見える花粉を中央に動かしたい場合、プレパラートをどの向きに動かすとよいですか。正しいものに○をつけましょう。　技能

ア(　)上　イ(　)下　ウ(　)左　エ(　)右

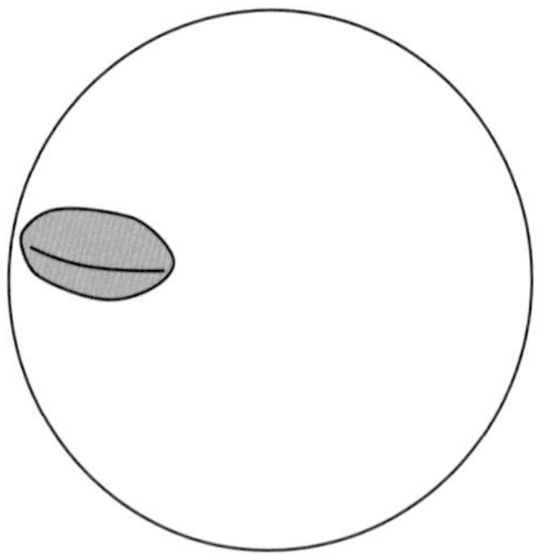

できたらスゴイ!

❸ 次の日にさきそうなアサガオの花のつぼみを2つ使い、花粉のはたらきを調べました。

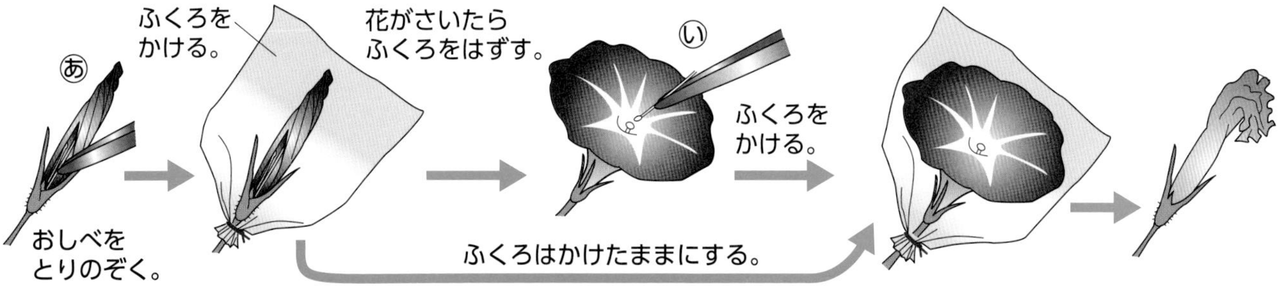

(1) 花がさく前のアサガオの花のつぼみからは、あのように、おしべをすべてとりのぞきました。こうしたのはなぜですか。正しいものに○をつけましょう。

ア（　　）実ができやすくするため。

イ（　　）花が確実（かくじつ）にさくようにするため。

ウ（　　）めしべが大きく育つようにするため。

エ（　　）おしべの花粉がめしべにつかないようにするため。

(2) アサガオの花がさいた後、一方はⓘのようにふくろをはずして、めしべに花粉をつけてから、もういちどふくろをかけ直し、もう一方はふくろをかけたままにしました。2つの花には、どのようなちがいがありましたか。正しいものに○をつけましょう。

ア（　　）花粉をつけた花はなかなかしぼまなかったが、つけない花はすぐにしぼんだ。

イ（　　）花粉をつけた花には実ができたが、つけない花には実ができなかった。

ウ（　　）花粉をつけた花の実には種子ができなかったが、つけない花の実には種子ができた。

エ（　　）花粉をつけた花にできた種子は発芽（はつが）しないが、つけない花にできた種子は発芽した。

(3) 記述 この実験で、めしべに花粉をつけたアサガオのほかに、めしべに花粉をつけないアサガオで同じ実験をしたのはなぜですか。

（　　　　　　　　　　　　　　　　　　　　　　　　　　）

(4) 記述 この実験の結果から、花粉がめしべの先につくと、どうなることがわかりますか。

（　　　　　　　　　　　　　　　　　　　　　　　　　　）

ふりかえり 🐼 ❶の問題がわからなかったときは、22ページの **1** にもどってたしかめましょう。
❸の問題がわからなかったときは、26ページの **1** にもどってたしかめましょう。

ぴったり1 準備

3分でまとめ

5. 台風と天気の変化

①台風の動きと天気の変化

②わたしたちのくらしと災害《さいがい》

学習日　　月　　日

めあて

台風の動きや天気の変化、災害について確認しよう。

教科書 65〜71ページ　答え 16ページ

次の(　)にあてはまる言葉をかこう。

1 台風は、どのように動き、近づくと、天気は、どのように変わるのだろうか。 教科書 65〜68ページ

▶台風は、日本の(①　　　　)の方で発生し、その多くは、初めは(②　　　　)の方へ動き、やがて(③　　　　)や(④　　　　)の方へ動く。

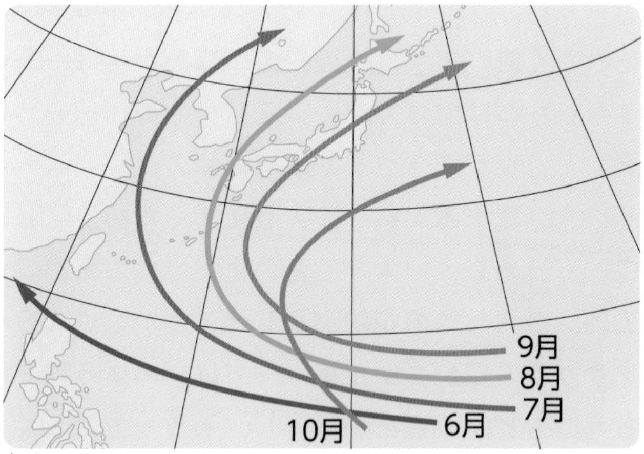

過去《かこ》に発生した台風の月ごとの主な進路

▶台風が近づくと、(⑤　　　　)風がふいたり、短い時間に(⑥　　　　)がふったりするなど、天気のようすが急に大きく変わることがある。

2 台風の強い風や大雨によって、どのような災害が起きるのだろうか。 教科書 69〜71ページ

▶台風の(①　　　　)による災害

▶台風の(②　　　　)による災害

ここが、だいじ！

①台風は、日本の南の方で発生し、その多くは、初めは西の方へ動き、やがて北や東の方へ動く。

②台風が近づくと、強い風がふいたり、短い時間に大雨がふったりする。

ぴたトリビア　気象《きしょう》レーダーなどによって、雨雲《あまぐも》の広がりや動き、雨の強さを正確《せいかく》にとらえて、短時間の予報《よほう》に役立てられています。

5. 台風と天気の変化

①台風の動きと天気の変化
②わたしたちのくらしと災害《さいがい》

教科書 65〜71ページ　答え 16ページ

1 図は、台風の月ごとの主な進路を表したものです。

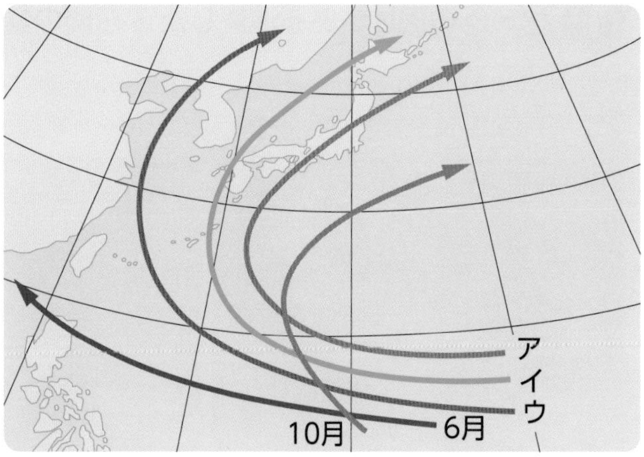

(1) 台風は、日本から見てどの方位で発生しますか。正しいものに○をつけましょう。

ア(　　)北　イ(　　)南
ウ(　　)東　エ(　　)西

(2) 7月、8月、9月を表す矢印は、それぞれ図のア〜ウのどれですか。

7月(　　　)
8月(　　　)
9月(　　　)

(3) 台風の動きと天気の変化は関係がありますか、ありませんか。

(　　　　　　)

2 下のあ〜うは、24時間ごとの台風の雲のようすを表しています。

あ
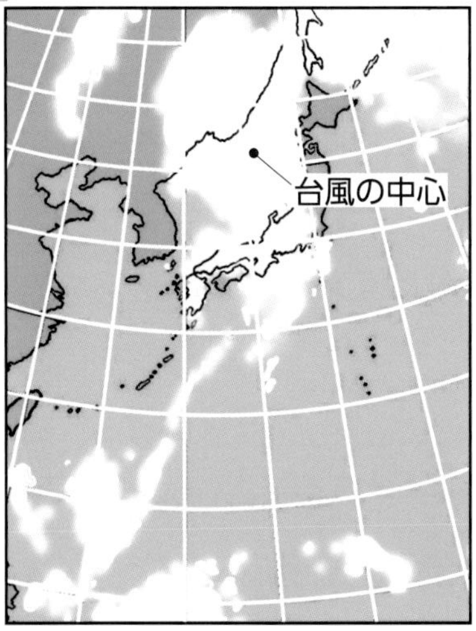

い
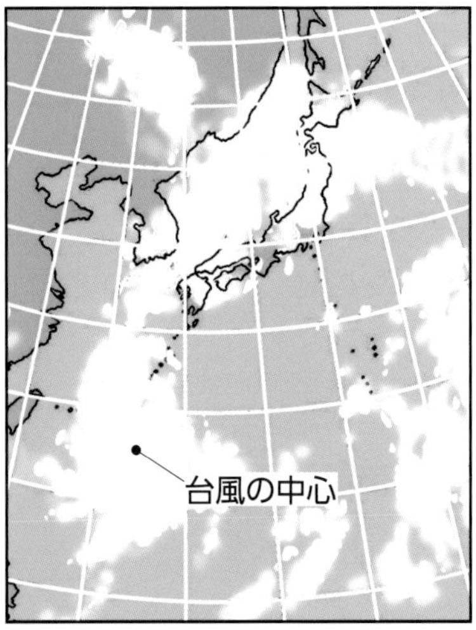

う
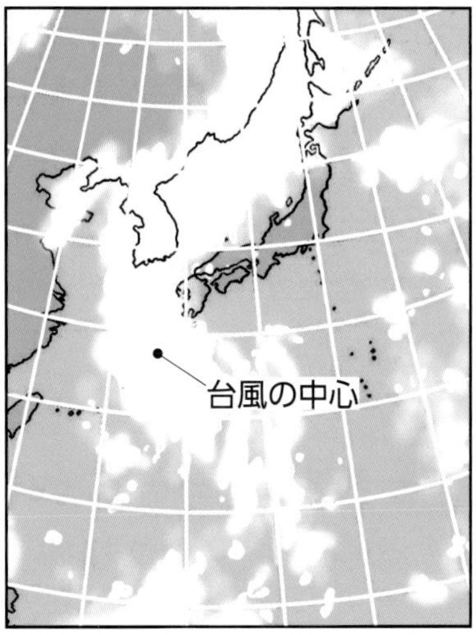

(1) 台風が発生するのは、陸上と海上のどちらですか。(　　　　　　)

(2) あ〜うを、日付の早いものから順にならべましょう。(　　　)→(　　　)→(　　　)

(3) 台風が近づくと、風や雨のようすはどうなりますか。正しいものに○をつけましょう。

ア(　　)風は弱くなり、雨の量は少なくなる。
イ(　　)風は弱くなり、雨の量は多くなる。
ウ(　　)風は強くなり、雨の量は少なくなる。
エ(　　)風は強くなり、雨の量は多くなる。

5. 台風と天気の変化

時間 30分

／100

合格 70点

教科書 64〜71ページ　答え 17ページ

よく出る

1 ㋐〜㋒の図は、ある連続した３日間の雲のようすを表しています。

1つ6点、(1)は全部できて6点(24点)

㋐

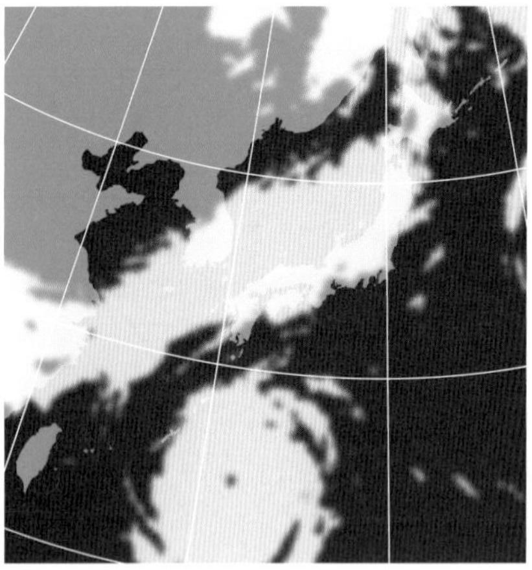

㋑

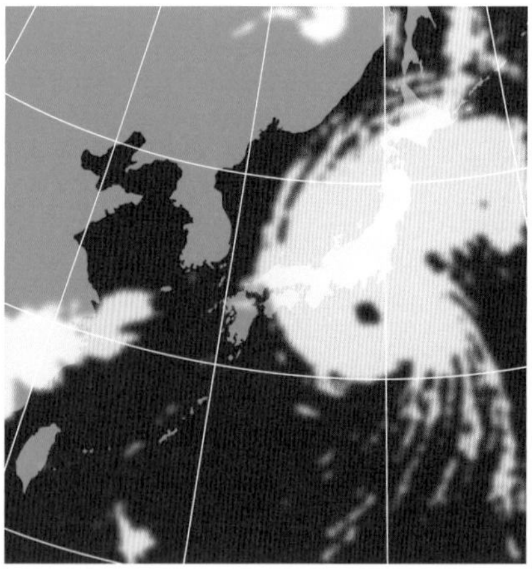

㋒

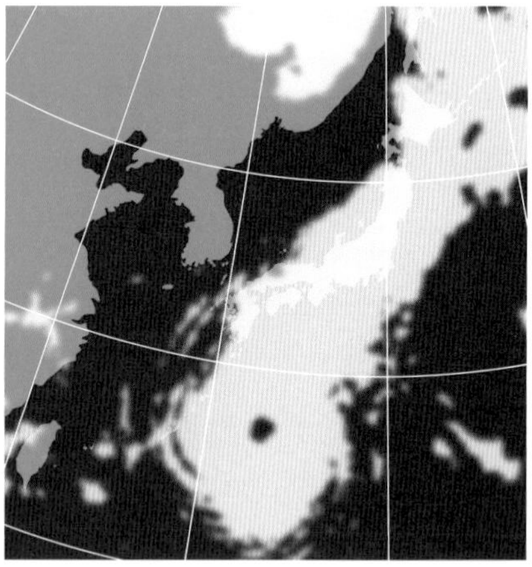

(1) ㋐〜㋒を、日にちの早いものから順にならべましょう。

(　　　)→(　　　)→(　　　)

(2) 白くうずをまいて見える雲は何ですか。　(　　　)

(3) この雲のようすはいつごろだと考えられますか。正しいものに○をつけましょう。

ア(　)１月ごろ　イ(　)３月ごろ　ウ(　)６月ごろ　エ(　)９月ごろ

(4) 関東地方で風や雨が最も強くなったのは、㋐〜㋒のどの日にちだと考えられますか。

(　　　)

2 図は、台風の月ごとの主な進路を表したものです。

1つ7点(28点)

(1) 台風はどのように動きますか。下の文の(　)にあてはまる方位をかきましょう。

日本の(①　　　)の方で発生した台風の多くは、初めは(②　　　)の方へ動き、やがて北や(③　　　)の方へ動く。

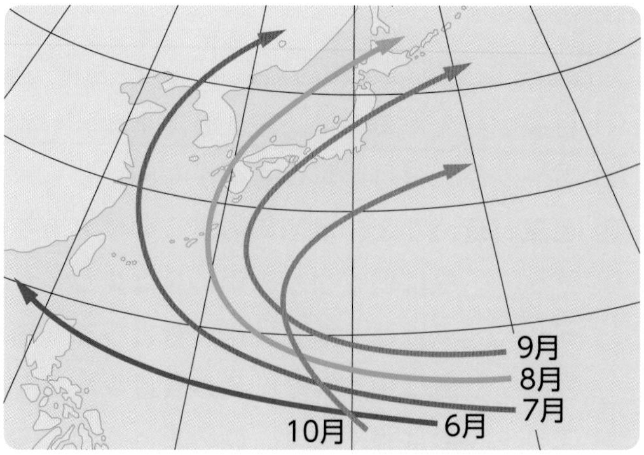

(2) 記述 台風が近づくと、風や雨、天気はどうなりますか。

(　　　　　　　　　　)

できたらスゴイ!

3 ある月の 28 日から 31 日にかけて、日本を台風が通過《つうか》しました。

思考・表現　1つ8点(48点)

(1) 図は、台風が通過したそれぞれの日の雨量情報《じょうほう》を表しています。あ～うは、それぞれいつの雨量情報ですか。正しいものに○をつけましょう。

あ

ア(　　)29 日　　イ(　　)30 日

ウ(　　)31 日

い

ア(　　)29 日　　イ(　　)30 日

ウ(　　)31 日

う

ア(　　)29 日　　イ(　　)30 日

ウ(　　)31 日

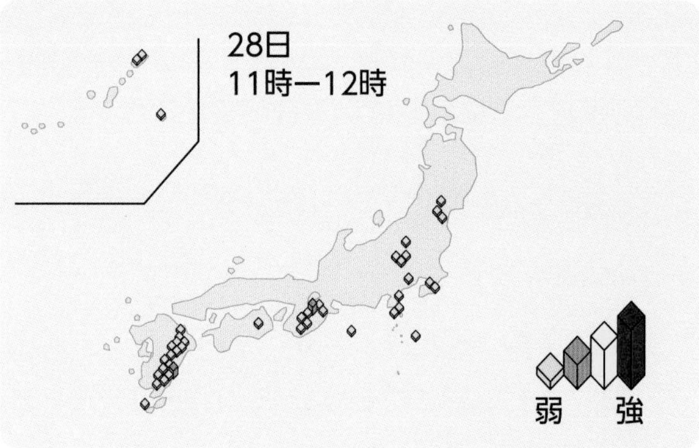
28日
11時ー12時
弱
強

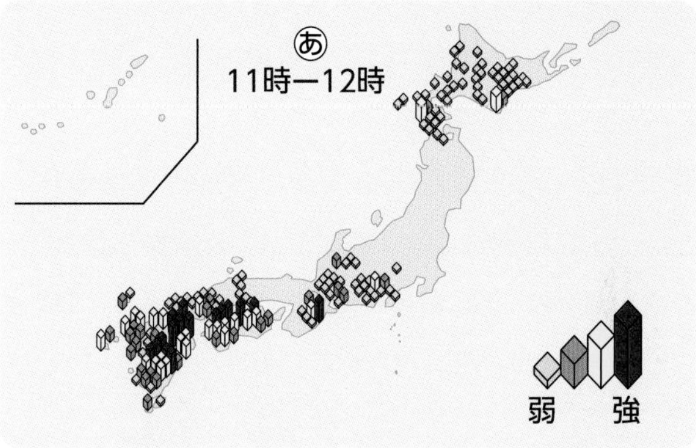
あ
11時ー12時
弱
強

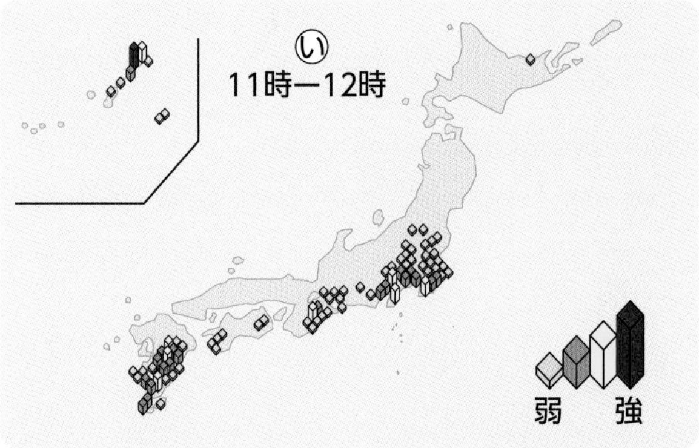
い
11時ー12時
弱
強

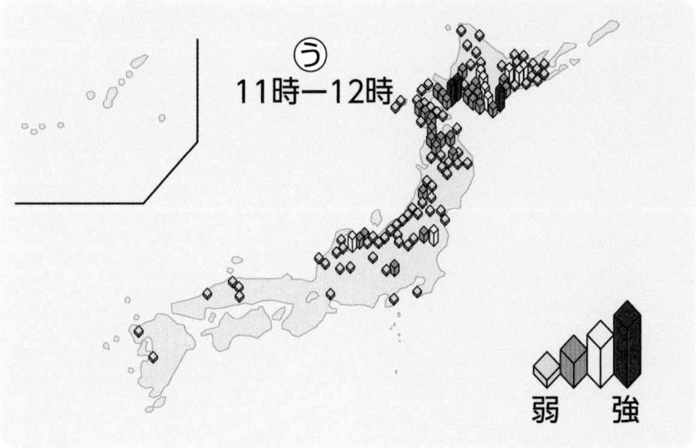
う
11時ー12時
弱
強

(2) 台風が近づいてくると、天気は、どのように変化しますか。正しいものに○をつけましょう。

ア(　　)風が強くなり、大雨がふるようになる。

イ(　　)風が強くなるが、雨はあまりふらない。

ウ(　　)風はあまりふかないが、大雨がふる。

(3) 記述 台風が通り過《す》ぎた後を「台風一過《いっか》」といいます。台風一過にはどのような天気になることが多いと考えられますか。図を見て考えましょう。

(　　　　　　　　　　　　　　　　)

(4) 記述 台風は、わたしたちのくらしに大きな災害《さいがい》をもたらすと同時に、めぐみももたらしています。台風がもたらすめぐみには、どのようなことがありますか。

(　　　　　　　　　　　　　　　　)

ふりかえり
1 の問題がわからなかったときは、30 ページの 1 にもどってたしかめましょう。
3 の問題がわからなかったときは、30 ページの 1 にもどってたしかめましょう。

3分でまとめ

6. 流れる水のはたらき

①川原《かわら》の石

学習日　　月　　日

めあて
流れる場所による、川と川原のようすのちがいを確認しよう。

教科書 73～78ページ　答え 18ページ

次の(　)にあてはまる言葉をかこう。

1 流れる場所によって、川と川原のようすには、どのようなちがいがあるだろうか。 教科書 73～78ページ

▶山の中を流れる川

- 土地のかたむきが(①　　　　)山の中では、川岸ががけのようになっていて、川はばが(②　　　　)、水の流れが(③　　　　)。
- 山の中の川岸《かわぎし》には、角ばった(④　　　　)石が、多く見られる。

▶平地へ流れ出たあたり・平地を流れる川

- 平地になるにつれて、川はばが(⑤　　　　)なり、水の流れが(⑥　　　　)になる。
- 平地になるにつれて、川原には、まるみのある(⑦　　　　)石が多くなる。

山の中を流れる川

平地へ流れ出たあたりを流れる川

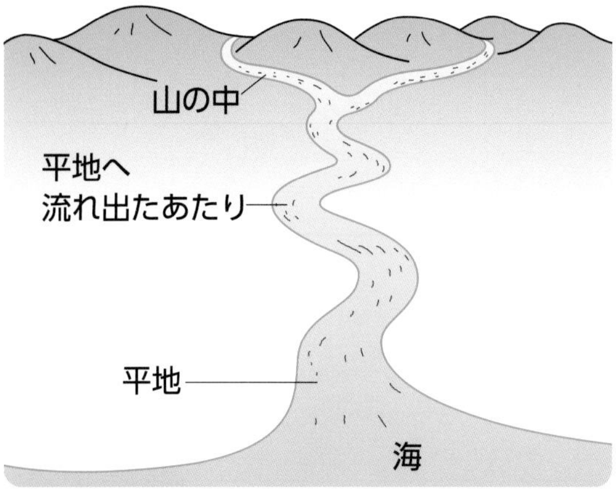

平地を流れる川

ここが、だいじ！

①土地のかたむきが大きい山の中では、川はばがせまく、水の流れが速い。川岸には、角ばった大きな石が、多く見られる。

②平地になるにつれて、川はばが広くなり、水の流れがゆるやかになる。川原には、まるみのある小さな石が多くなる。

ぴたトリビア　曲がりくねっている川は、その一部が川の流れからとり残され、湖になることがあります。三日月の形をしていることが多いので、「三日月湖」とよばれます。

6. 流れる水のはたらき

①川原《かわら》の石

教科書　73～78ページ　答え　18ページ

1 図は、川の流れを表していて、㋐は山の中、㋑は平地へ流れ出たあたり、㋒は平地です。

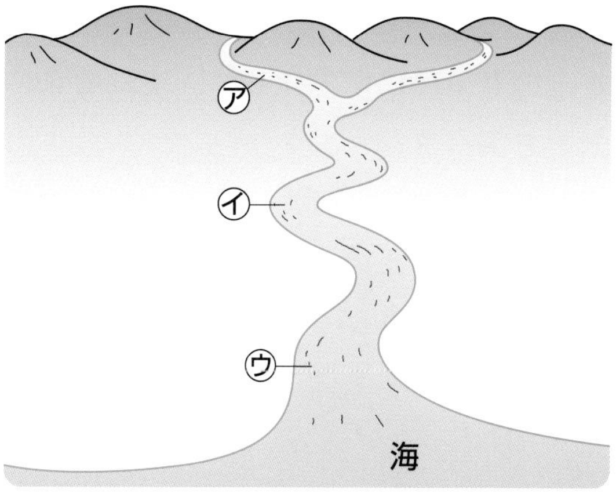
㋐
㋑
㋒
海

(1) 土地のかたむきを比《くら》べました。

①土地のかたむきが、いちばん大きいのはどこですか。㋐～㋒から選びましょう。（　　）

②土地のかたむきが、いちばん小さいのはどこですか。㋐～㋒から選びましょう。（　　）

(2) 水の流れる速さを比べました。

①水の流れがいちばん速いのはどこですか。㋐～㋒から選びましょう。（　　）

② 水の流れがいちばんおそいのはどこですか。㋐～㋒から選びましょう。（　　）

(3) 川はばを比べました。

①川はばが、いちばん広いのはどこですか。㋐～㋒から選びましょう。（　　）

②川はばが、いちばんせまいのはどこですか。㋐～㋒から選びましょう。（　　）

2 図の㋐～㋒は、同じ川の、場所を変えて集めた川岸《かわぎし》や川原の石です。

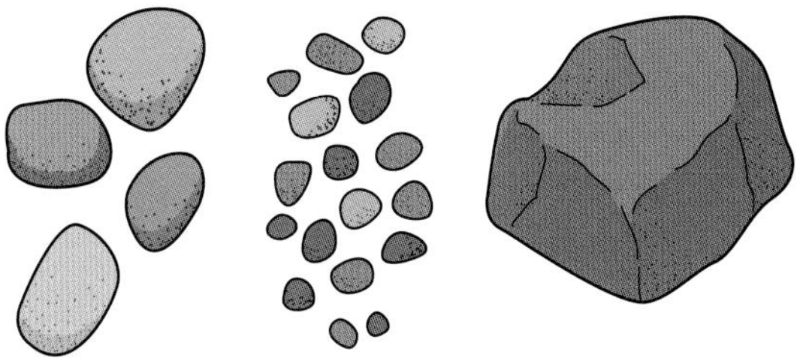
㋐
㋑
㋒
角がとれた
まるい石
すな混《ま》じりの
まるい小さな石
角ばった
大きな石

(1) 広い川原ができているのはどこですか。正しいものに○をつけましょう。

ア（　　）山の中
イ（　　）平地へ流れ出たあたり
ウ（　　）平地

(2) 川岸ががけのようになっているのはどこですか。正しいものに○をつけましょう。

ア（　　）山の中
イ（　　）平地へ流れ出たあたり
ウ（　　）平地

(3) ①～③ は、それぞれ、どこで集められたものですか。㋐～㋒から選びましょう。

①山の中（　　）
②平地へ流れ出たあたり（　　）
③平地（　　）

ぴったり1 準備

6. 流れる水のはたらき

②流れる水のはたらき

学習日　　月　　日

めあて
流れる水には、どのようなはたらきがあるのかを確認しよう。

教科書 79～80ページ　答え 19ページ

次の（　）にあてはまる言葉をかこう。

1 流れる水には、どのようなはたらきがあるのだろうか。 教科書 79～80ページ

▶土のしゃ面に水を流して、流れる水のはたらきを調べる。
- 土にすなを混(ま)ぜた物を、バットなどの箱に入れて、土のしゃ面をつくる。
- せんじょうびんで水を流し、流れる水や地面のようすを調べる。
- （①　　　　）が流れたところは、土がけずられて運ばれた。
- （②　　　　）がなかったところに、土が運ばれてきて、積もった。

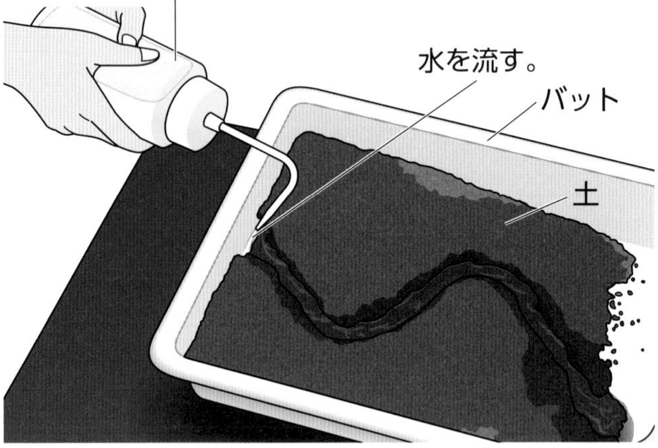

▶流れる水が地面をけずるはたらきを（③　　　　）、土や石などを運ぶはたらきを（④　　　　）、流されてきた土や石などを積もらせるはたらきを（⑤　　　　）という。

▶水の流れが速いところでは、（⑥　　　　）したり、（⑦　　　　）したりするはたらきが大きく、水の流れがゆるやかなところでは、（⑧　　　　）するはたらきが大きいので、流れる場所によって、川原(かわら)の石や川岸のようすにちがいが見られる。
- 川の水が土地を（⑨　　　　）して、アルファベットの「V(ブイ)」の字のような深い谷になった土地を、V字谷(ブイじこく)という。
- 川の水が（⑩　　　　）してきた土や石が、おうぎのように（⑪　　　　）してできた土地を、扇状地(せんじょうち)という。

V字谷

扇状地

ここが、だいじ！
①流れる水には、地面をけずったり、土や石などを運んだり、流されてきた土や石などを積もらせたりするはたらきがある。
②流れる水が地面をけずるはたらきをしん食、土や石などを運ぶはたらきを運ぱん、流されてきた土や石などを積もらせるはたらきをたい積という。

ぴたトリビア
平地では、山からしん食されて運ぱんされてきた土(ど)しゃがたい積します。河口(かこう)付近で、土しゃがたい積した地形は、三角形の形に似(に)ているので、「三角州(さんかくす)」とよばれます。

ぴったり2
練習
6. 流れる水のはたらき
②流れる水のはたらき

学習日　　月　　日

教科書　79〜80ページ　　答え　19ページ

1 図のように、土のしゃ面に水を流して、流れる水のはたらきを調べました。

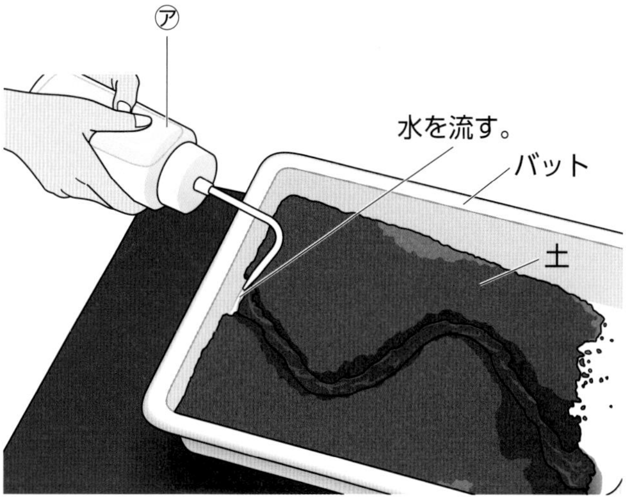

(1) 水を流すために使っている物㋐を何といいますか。
（　　　　　　　）

(2) 水が流れたところは、土がけずられました。このようなはたらきを何といいますか。
（　　　　　　　）

(3) けずられた土が、水によって運ばれました。このようなはたらきを何といいますか。
（　　　　　　　）

(4) 運ばれた土が、土がなかったところに積もりました。このようなはたらきを何といいますか。
（　　　　　　　）

2 図のように、土でつくった山に水を流しました。かたむきは㋐が大きく、㋑、㋒の順に小さくなっています。

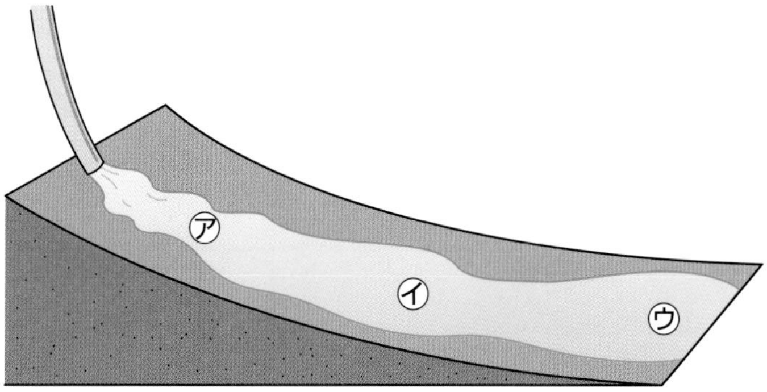

(1) しん食するはたらきが、いちばん大きいのはどこですか。図の㋐〜㋒から選びましょう。
（　　　）

(2) 運ぱんするはたらきが、いちばん大きいのはどこですか。図の㋐〜㋒から選びましょう。
（　　　）

(3) たい積するはたらきが、いちばん大きいのはどこですか。図の㋐〜㋒から選びましょう。
（　　　）

(4) V《ブイ》字《じ》谷《こく》は、水のどのようなはたらきでできた土地ですか。正しいものに○をつけましょう。

ア（　　）しん食　　**イ**（　　）運ぱん　　**ウ**（　　）たい積

(5) 扇状《せんじょう》地《ち》は、水のどのようなはたらきでできた土地ですか。正しいもの2つに○をつけましょう。

ア（　　）しん食　　**イ**（　　）運ぱん　　**ウ**（　　）たい積

6. 流れる水のはたらき

③流れる水のはたらきの大きさ

学習日　　月　　日

めあて
どのようなときに流れる水のはたらきが大きくなるかを確認しよう。

教科書 81〜85ページ　答え 20ページ

次の(　　)にあてはまる言葉をかこう。

1 流れる水のはたらきが大きくなるのは、どのようなときだろうか。

教科書 81〜85ページ

▶せんじょうびんを1つから2つにして、流れる水の量を変えて、水のはたらきを調べる。
土のしゃ面に水を流すと、
- 流れる水の速さ
  →(①　　　　　　)なる。
- 土のけずられ方
  →(②　　　　　　)なる。
- 運ばれる土の量
  →(③　　　　　　)なる。

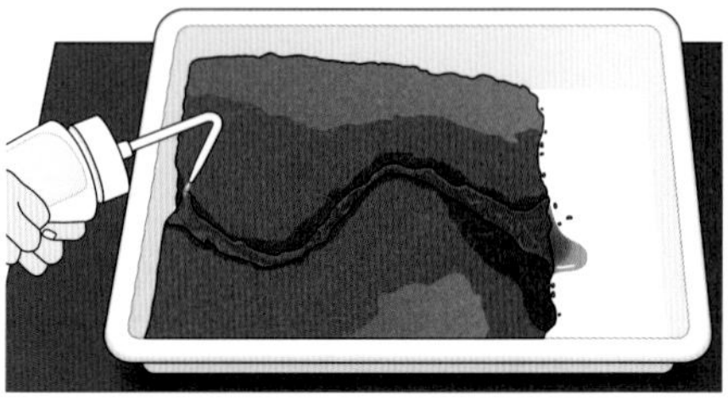

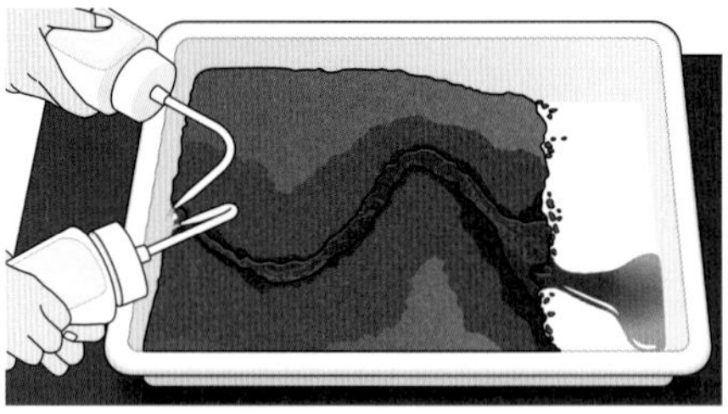

▶流れる水のはたらきが大きくなるのは、どのようなときだろうか。

大雨の前のようす

大雨で水がふえたときのようす

大雨の後のようす

▶流れる水のはたらきが大きくなるのは、雨がふり続いたり、台風などで大雨がふったりして、ふだんより川の水の量が(④　　　　　　)ときである。

▶流れる水の量が多くなると、
- 水の流れが(⑤　　　　　　)なる。
- (⑥　　　　　　)したり、(⑦　　　　　　)したりするはたらきが大きくなる。
- 短時間で(⑧　　　　　　)のようすが大きく変化することがある。

ここが だいじ!

①流れる水のはたらきが大きくなるのは、ふだんより川の水の量がふえたときである。

②流れる水の量が多くなると、水の流れが速くなり、しん食したり、運ぱんしたりするはたらきが大きくなり、短時間で土地のようすが大きく変化することがある。

ぴたトリビア　川の水の量がふだんよりふえる原因《げんいん》として、大雨や台風のほかに、春の雪《ゆき》解《ど》けなどもあります。

6. 流れる水のはたらき

③流れる水のはたらきの大きさ

教科書 81～85ページ　答え 20ページ

1 図のように、土のしゃ面に流す水の量を変えて、流れる水のはたらきのちがいを調べました。

⑴ しゃ面に流す水の量を変えて実験をするとき、しゃ面のかたむきはどうしますか。正しいものに○をつけましょう。

ア(　　)水の量が少ない㋐のときは、かたむきを小さくする。

イ(　　)水の量が多い㋑のときは、かたむきを小さくする。

ウ(　　)㋐と㋑のときで、かたむきは同じにする。

⑵ 水の流れが速いのは、㋐、㋑のどちらですか。

(　　　)

⑶ 土でつくったしゃ面が深くけずられたのは、㋐、㋑のどちらですか。(　　　)

⑷ 流れる水の量が多くなると、大きくなるはたらきは何ですか。正しいもの2つに○をつけましょう。

ア(　　)しん食　イ(　　)運ぱん　ウ(　　)たい積

㋐せんじょうびん1つ

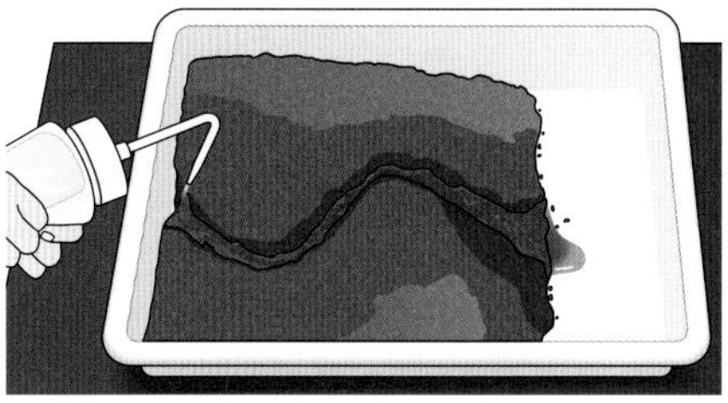

㋑せんじょうびん2つ

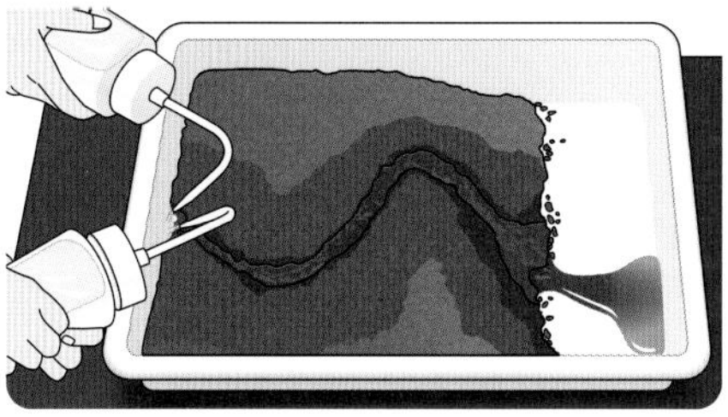

2 水の量と流れる水のはたらきの関係を調べました。

⑴ 雨がふり続いたり、台風などで大雨がふったりすると、どうなりますか。次の文の(　　)にあてはまる言葉をかきましょう。

- 川の水の量が(①　　　　　　)。
- 流れる水のはたらきが(②　　　　　　)なる。
- 短時間で(③　　　　　　)のようすが大きく変化することがある。

⑵ ア、イの写真のどちらが大雨がふっているときのようすと考えられますか。

(　　　)

ア

イ

ヒント　2 ⑵ 大雨がふると、川の水がふえたりにごったりします。

6. 流れる水のはたらき

④わたしたちのくらしと災害《さいがい》

学習日　　月　　日

めあて
川の水がふえると起きる災害やその備えについて確認しよう。

教科書 86〜90ページ　答え 21ページ

次の(　　)にあてはまる言葉をかこう。

1 川の水がふえると、どのような災害が起きるだろうか。

教科書 86〜87ページ

- 雨がふり続いたり、台風などで大雨がふったりすると、川の水が(①　　　　　)て、災害が起き、わたしたちのくらしにえいきょうをおよぼすことがある。
- 川の水がふえて、てい防《ぼう》などがこわれてあふれ出し、(②　　　　　)になることがある。

2 川の水による災害にどのように備《そな》えているだろうか。

教科書 88〜89ページ

(①　　　　　)
…けずられた土や石が、いちどに下流に流れていくのを防《ふせ》いでいる。

てい防
…コンクリートで固め、川岸がけずられるのを防いでいる。

(②　　　　　)
…ふった雨水をたくわえ、大量の水がいちどに下流に流れていくのを防いでいる。

ブロック
…川岸がけずられるのを防いでいる。

3 わたしたちの地いきを流れる川を調べよう。

教科書 89〜90ページ

- 川の流れが曲がっているところでは、その(①　　　　　)側をコンクリートで固めたり、流れの勢《いきお》いを弱める(②　　　　　)を置いたりして、災害を防いでいる。

川の流れが曲がっているところは、外側のほうがけずられやすいね。

ここがだいじ!
①てい防《ぼう》やブロックは、川岸がけずられるのを防《ふせ》いでいる。
②ダムやさ防ダムは、大量の水や土、石が、いちどに流れるのを防いでいる。

ぴたトリビア
森が豊《ゆた》かな山は、落ち葉や木の根、土に雨水がしみこみ、一時的に水をたくわえる自然のダムになっています。田畑も同じように、水をたくわえるダムの役わりを果たしています。

6. 流れる水のはたらき

④わたしたちのくらしと災害《さいがい》

教科書　86～90ページ　答え　21ページ

1 川の水による災害から生命を守るために、さまざまな備《そな》えがされています。

(1) あのように、ふった雨水をたくわえ、大量の水がいちどに下流に流れていくのを防《ふせ》いでいる物は何ですか。

（　　　　　　）

(2) さ防《ぼう》ダムがつくられているのは、何のためですか。正しいものに○をつけましょう。

ア（　　）いちどに下流に大量のごみが流れるのを防ぐ。
イ（　　）いちどに下流に大量の水が流れるのを防ぐ。
ウ（　　）いちどに下流に土や石が流れるのを防ぐ。
エ（　　）いちどに下流に魚が流れるのを防ぐ。

(3) いのように川岸をコンクリートで固めるのは、何のためですか。次の文の（　　）にあてはまる言葉をかきましょう。

○ 川岸が（　　　　　　　　）のを防ぐため。

2 ある川の川岸がコンクリートで固められ、川の中にはブロックが置かれていました。

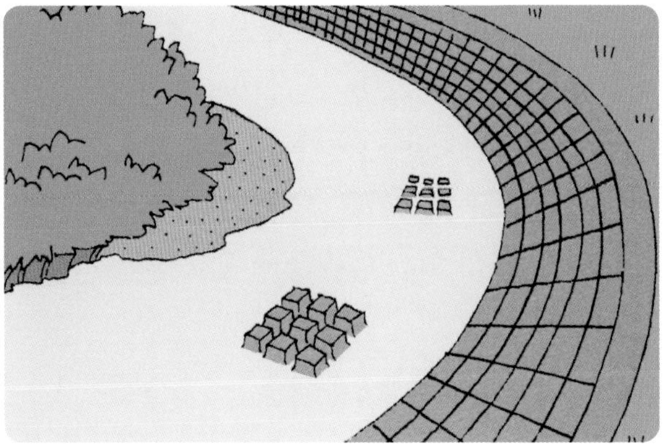

(1) ブロックには、どのようなはたらきがありますか。正しいものに○をつけましょう。

ア（　　）川岸をおし固める。
イ（　　）川底をおし固める。
ウ（　　）水の流れをゆるやかにする。

(2) コンクリートで固めたのは、川岸の内側と外側のどちらですか。正しいほうに○をつけましょう。

ア（　　）内側
イ（　　）外側

ぴったり3
確かめのテスト

6. 流れる水のはたらき

時間 30 分
／100
合格 70 点

教科書 72～93ページ　答え 22ページ

よく出る

1 川と川原《かわら》の小石、川を流れる水についてまとめました。

1つ7点(42点)

(1) 川はばが広いのは、どこを流れている川ですか。正しいものに〇をつけましょう。

ア(　　)山の中　**イ**(　　)平地へ流れ出たあたり　**ウ**(　　)平地

(2) 土地(川底)のかたむきが大きいのは、どのあたりの川ですか。正しいものに〇をつけましょう。

ア(　　)山の中の川　**イ**(　　)平地へ流れ出たあたりの川　**ウ**(　　)平地を流れる川

(3) 同じ川の 3 つの場所で、川岸や川原の石を集めました。下の**ア**～**ウ**は、そのスケッチです。いちばん流れの速いところで集められたものはどれですか。正しいものに〇をつけましょう。

ア(　　)

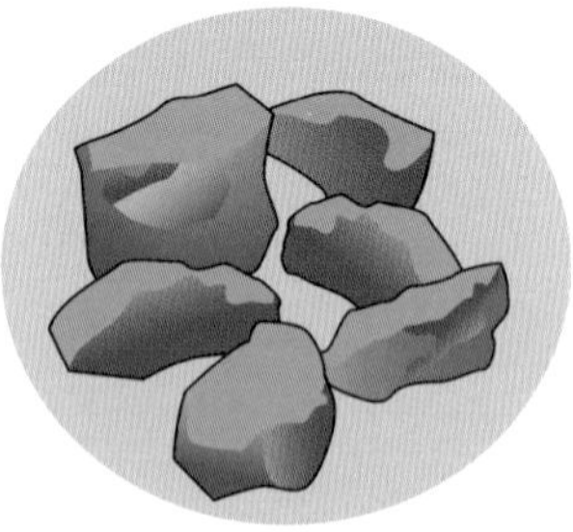

イ(　　)

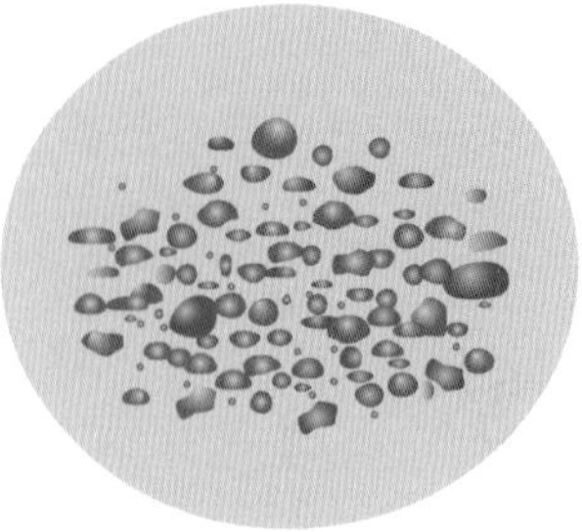

ウ(　　)

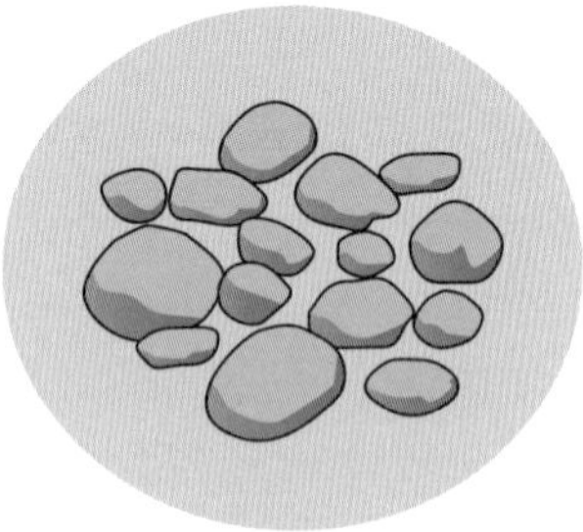

(4) 流れる水のはたらきを、それぞれ何といいますか。

①地面をけずるはたらき　(　　　　　)

②土や石などを運ぶはたらき　(　　　　　)

③運ばれてきた土や石などを積もらせるはたらき　(　　　　　)

2 川の両側に、写真のような切り立ったがけが見られることがあります。

1つ9点(18点)

(1) このようながけができるところの、川の水の流れの速さは、平地を流れる川と比《くら》べてどうですか。正しいほうに〇をつけましょう。

ア(　　)速い。

イ(　　)おそい。

(2) このようながけは、どのあたりの川に多く見られますか。正しいほうに〇をつけましょう。

ア(　　)山の中の川

イ(　　)平地を流れる川

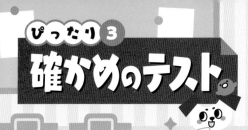

学習日　　月　　日

3 川の流れが曲がっているところでは、コンクリートで固められていることがあります。

1つ10点(10点)

記述 写真では川の流れの外側を固めていますが、その理由をかきましょう。

(　　　　　　　　　　　　　　　　　　　　)

できたらスゴイ!

4 川の流れの中に、「中《なか》す」とよばれる島のようなものが見られることがあります。

思考・表現　1つ10点(30点)

(1) 「中す」は、川の上流から運ばれてきた石やすななどが積もってできます。「中す」が多く見られるのは、どのあたりを流れている川ですか。正しいものに○をつけましょう。

ア(　　)山の中を流れている川

イ(　　)山から平地に出たあたりを流れている川

ウ(　　)平地を流れている川

(2) 「中す」と同じようなでき方をした地形はどれですか。正しいものに○をつけましょう。

ア(　　)

イ(　　)

ウ(　　)

(3) 記述 ダムは、ふった雨水《あまみず》をたくわえ、下流に、いちどに大量の水が流れていくのを防《ふせ》ぎ、川の水による災害《さいがい》を減《へ》らすのに役立っています。このほかに、ダムがあることによって、人のくらしにとって役立っていることを1つかきましょう。

(　　　　　　　　　　　　　　　　　　　　)

ふりかえり
1 の問題がわからなかったときは、34ページの 1 と36ページの 1 にもどってたしかめましょう。
4 の問題がわからなかったときは、36ページの 1 と40ページの 2 にもどってたしかめましょう。

ぴったり1 準備

3分でまとめ

7. 物のとけ方

①物が水にとけるとき

学習日　月　日

めあて
水にとけて見えなくなった物はどうなったかを確認しよう。

教科書 95～100ページ　答え 23ページ

次の(　)にあてはまる言葉をかこう。

1 水にとけて見えなくなった物は、どうなったのだろうか。

教科書 95～98ページ

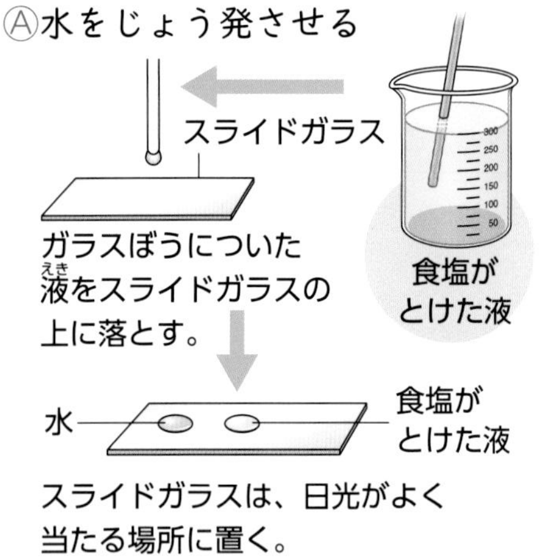

Ⓐ水をじょう発させる
スライドガラス
ガラスぼうについた
液《えき》をスライドガラスの
上に落とす。
食塩が
とけた液
水
食塩が
とけた液
スライドガラスは、日光がよく
当たる場所に置く。

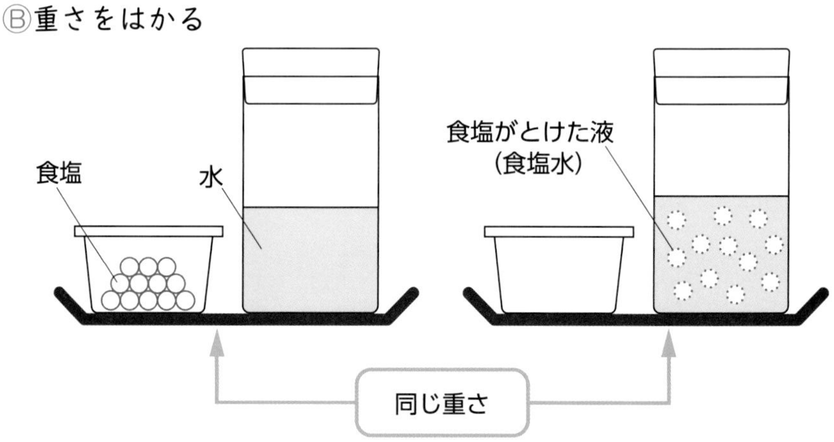

Ⓑ重さをはかる
食塩
水
食塩がとけた液
(食塩水)
同じ重さ

▶Ⓐで、水のみのほうは、ほとんど何も出てこなかったが、食塩がとけた液のほうは、白い物が出てきた。

▶Ⓑで、食塩を水にとかす前と、とかした後とでは、全体の重さは(①　　　　)。

▶物は、水にとけて見えなくなっても、とけた液の中に(②　　　　)。

▶物は、水にとけても、重さは(③　　　　)。

2 物が水にとけるようすを観察しよう。

教科書 99～100ページ

㋐
㋑

▶食塩を水に入れてかき混《ま》ぜたり(㋐)、コーヒーシュガーを水に入れてそのままにしておいたりすると(㋑)、つぶが見えなくなり、液が(①　　　　)見えるようになる。

▶物が水にとけたとき、とけた物は、液全体に、同じように(②　　　　)いる。

▶物が水にとけた液のことを、(③　　　　)という。

ここがだいじ!
①物は、水にとけて見えなくなっても、とけた液《えき》の中にあり、重さは変わらない。
②物が水にとけた液のことを、水《すい》よう液《えき》という。

ぴたトリビア
水にとけると、とけた物は目に見えないほど小さくなっています。なくなったのではなく水の中にあるので、とけた物の重さもなくなりません。

7. 物のとけ方
①物が水にとけるとき

教科書 95〜100ページ　答え 23ページ

1 100 mL の水に 20 g の食塩をとかして、その重さを比《くら》べました。

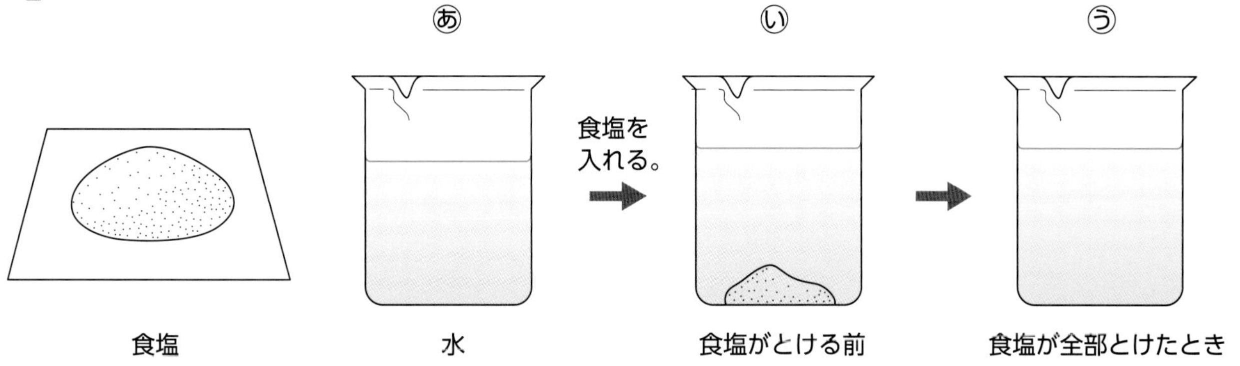
あ
い
う
食塩を
入れる。
食塩
水
食塩がとける前
食塩が全部とけたとき

(1) あといの重さを比べるとどうなりますか。正しいものに○をつけましょう。
ア（　）あのほうが重い。　イ（　）いのほうが重い。
ウ（　）あといは同じ重さになる。

(2) いとうの重さを比べるとどうなりますか。正しいものに○をつけましょう。
ア（　）いのほうが重い。　イ（　）うのほうが重い。
ウ（　）いとうは同じ重さになる。

(3) この実験の結果から、どのようなことがわかりますか。正しいものに○をつけましょう。
ア（　）食塩を水にとかすと、全体の重さが変わるので、食塩はなくなった。
イ（　）食塩を水にとかすと、全体の重さが変わるが、食塩はなくなっていない。
ウ（　）食塩を水にとかすと、全体の重さが変わらないが、食塩はなくなっている。
エ（　）食塩を水にとかすと、全体の重さが変わらないので、食塩はなくなっていない。

2 写真は、コーヒーシュガーを水にとかしたようすです。

(1) コーヒーシュガーが水にとけたようすを図で表しました。正しいものに○をつけましょう。

ア（　）　イ（　）　ウ（　）

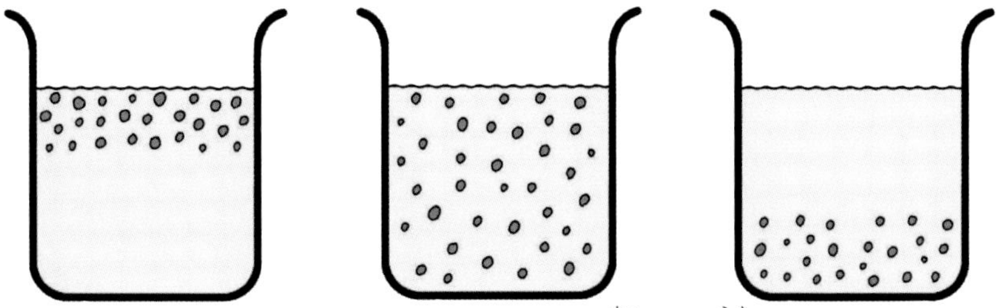

(2) コーヒーシュガーを水にとかした物は水《すい》よう液《えき》ですか。正しいほうに○をつけましょう。
ア（　）液に色がついているので、水よう液とはいえない。
イ（　）液がすき通っているので、水よう液といえる。

ヒント ❶ 物を水にとかす前後で、全体の重さは変わりません。

7. 物のとけ方

②物が水にとける量 1

学習日　　月　　日

めあて
物が水にとける量には、限りがあるのかを確認しよう。

教科書 101～102ページ　答え 24ページ

次の（　）にあてはまる言葉をかくか、あてはまるものを○でかこもう。

1 物が水にとける量には、限《かぎ》りがあるのだろうか。

教科書 101～102ページ

- メスシリンダーを使うと、決まった（①　　　　　）の液体《えきたい》を正確《せいかく》にはかりとることができる。
- メスシリンダーの使い方（50 mL の液のはかりとり方）
  - メスシリンダーを（②　　　　　）なところに置く。
  - 「50」の目もりの少し（③ 上 ・ 下 ）のところまで、液を入れる。
  - （④　　　　　）から液面（のへこんだ部分）を見ながら、（⑤　　　　　）で液を少しずつ入れ、液面を「50」の目もりに合わせる。

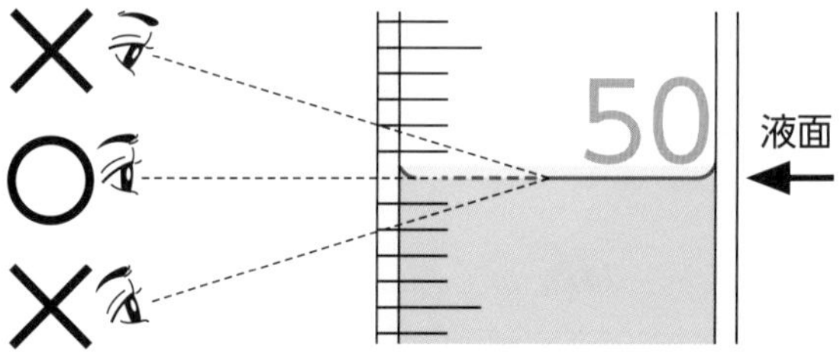
50
液面

液面のへこんだ部分が「50」の目もりに合うようにする。

- 食塩とミョウバンが水にとける量を調べる。

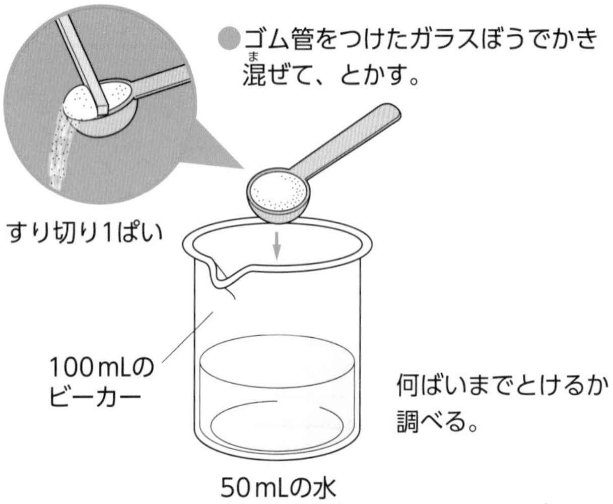
ゴム管をつけたガラスぼうでかき混《ま》ぜて、とかす。
すり切り1ぱい
100mLのビーカー
何ばいまでとけるか調べる。
50mLの水

結果（例）

とかした物	食塩	ミョウバン
50 mL の水にとけた量	すり切り 6 はい	すり切り 2 はい

- 物が水にとける量には、（⑥　　　　　）がある。
- 物によって、水にとける量には（⑦　　　　　）がある。

7はい目でとけ残りが出たら、6はいまでとけたということだね。

ここが だいじ！
①物が水にとける量には、限《かぎ》りがある。
②物によって、水にとける量にはちがいがある。

ぴたトリビア　水にとける量だけでなく、水以外の液《えき》にとける量と温度の関係も、物によってちがいます。

7. 物のとけ方

②物が水にとける量１

1 **あの器具を使って、水をはかりとります。また、いは、あの一部を大きくしたものです。**

あ

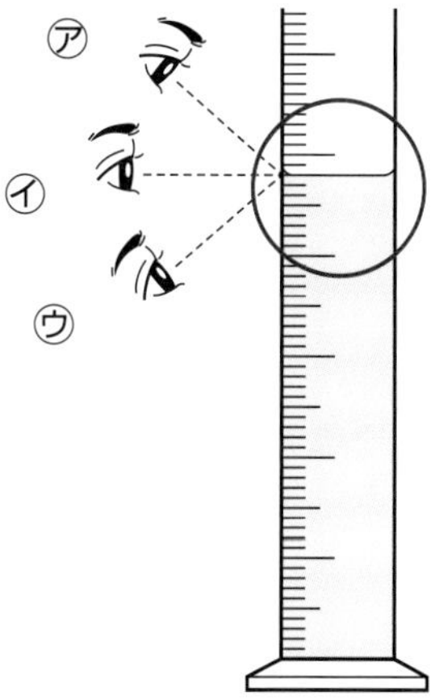

い

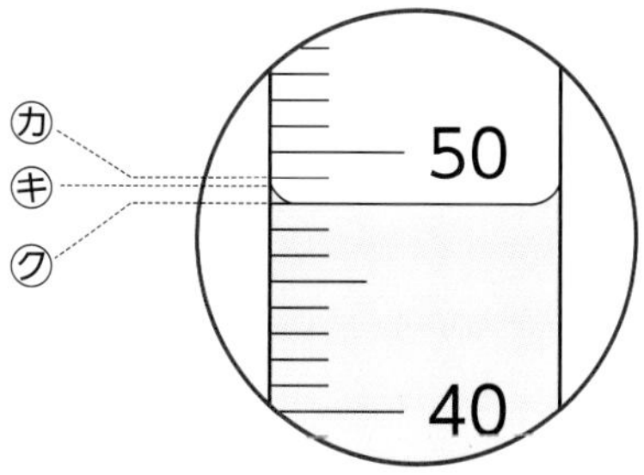

(1) 水などの液体《えきたい》をはかりとるときに使う、あの器具を何といいますか。
（　　　　　　　　）

(2) あの目もりを読むときの目の位置は、ア～ウのどれですか。
（　　　）

(3) いの液面のときに読みとる目もりの位置は、カ～クのどれですか。
（　　　）

(4) 水を 50 mL はかりとります。

①あの器具に、水を少しずつ入れるときに使う器具は何ですか。
（　　　　　　　　）

②あの器具には、あと何 mL の水を入れればよいですか。
（　　　　　　　　）

2 **とかす物の種類を変えて、物が水にとける量をはかったところ、表のようになりました。**

とかした物	食塩	ミョウバン
50 mL の水にとけた量	すり切り 6 はい	すり切り 2 はい

(1) 食塩とミョウバンでとける量はどうなりますか。正しいものに〇をつけましょう。

ア（　　）50 mL の水にとける量は、食塩とミョウバンで同じになる。

イ（　　）50 mL の水に食塩がとける量は、ミョウバンがとける量の 2 倍になる。

ウ（　　）50 mL の水にミョウバンがとける量は、食塩がとける量の 2 倍になる。

エ（　　）50 mL の水にとける量は、食塩とミョウバンでちがう。

(2) 50 mL の水に入れる食塩とミョウバンの量をそれぞれすり切り 10 はいにすると、とける量はどうなりますか。正しいものに〇をつけましょう。

ア（　　）食塩もミョウバンもとける。

イ（　　）食塩は全部とけるが、ミョウバンはとけ残る。

ウ（　　）食塩はとけ残るが、ミョウバンは全部とける。

エ（　　）食塩もミョウバンもとけ残る。

7. 物のとけ方

②物が水にとける量２

めあて
水の量や温度によって、物のとける量は変わるのかを確認しよう。

教科書 103〜107ページ　答え 25ページ

次の（　）にあてはまる言葉をかこう。

1 水の量や温度によって、物のとける量は変わるのだろうか。

教科書 103〜107ページ

Ⓐ水の量をふやす

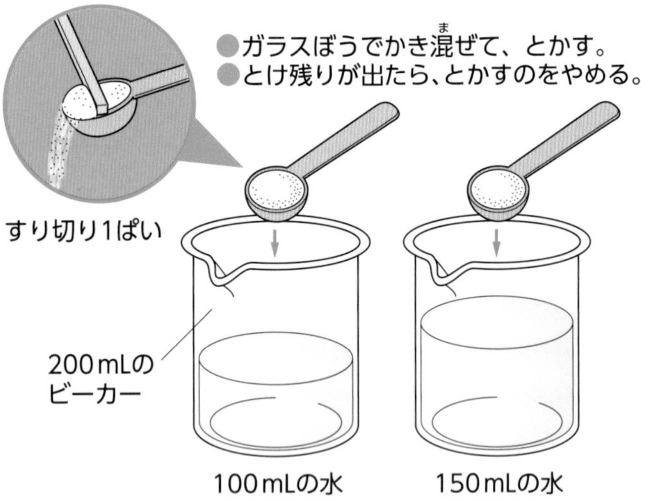
●ガラスぼうでかき混《ま》ぜて、とかす。
●とけ残りが出たら、とかすのをやめる。
すり切り1ぱい
200mLのビーカー
100mLの水
150mLの水

結果（例）

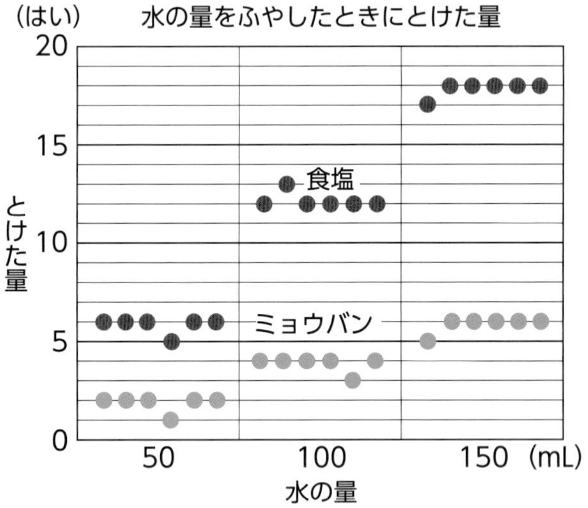
(はい)　水の量をふやしたときにとけた量
20
15
10
5
0
とけた量
食塩
ミョウバン
50
100
150 (mL)
水の量

▶水の量をふやすと、物が水にとける量は（①　　　　　）。

Ⓑ水の温度を上げる

水の温度を上げて、食塩やミョウバンをとかす。
ゴム手ぶくろ
湯
発ぽうポリスチレンの入れ物

結果（例）

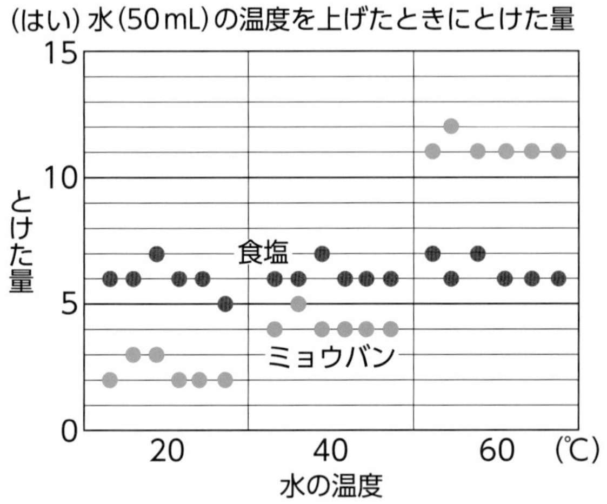
(はい) 水(50mL)の温度を上げたときにとけた量
15
10
5
0
とけた量
食塩
ミョウバン
20
40
60 (℃)
水の温度

▶水の温度を上げると、ミョウバンはとける量が（②　　　　　）。

▶水の温度を上げると、食塩はとける量がほとんど（③　　　　　）。

▶水の温度を上げたときの、水にとける量の変化のしかたは、とかす物によって（④　　　　　）。

ここがだいじ！

①水の量をふやすと、物が水にとける量もふえる。
②水の温度を上げると、ミョウバンはとける量がふえる。
③水の温度を上げると、食塩はとける量がほとんど変わらない。
④水の温度を上げたときの、水にとける量の変化のしかたは、とかす物でちがう。

ぴたトリビア　水の量が半分になると、水にとける物の量も半分になります。

7. 物のとけ方

②物が水にとける量 2

教科書 103〜107ページ　答え 25ページ

1 とかす水の量を変えて、食塩とミョウバンがとける量をはかりました。

水の量	50 mL	100 mL	150 mL
とけた食塩の量	すり切り 6 はい	すり切り 12 はい	すり切り 18 はい

水の量	50 mL	100 mL	150 mL
とけたミョウバンの量	すり切り 2 はい	すり切り 4 はい	すり切り 6 はい

(1) とかす水の量を 2 倍にしたとき、食塩とミョウバンがとける量は何倍になりましたか。正しいものに○をつけましょう。

ア（　　）食塩もミョウバンもとける量は 2 倍になった。
イ（　　）食塩のとける量は 2 倍になったが、ミョウバンのとける量は 2 倍にならなかった。
ウ（　　）食塩のとける量は 2 倍にならなかったが、ミョウバンのとける量は 2 倍になった。
エ（　　）食塩もミョウバンもとける量は 2 倍にならなかった。

(2) とかす水の量を 3 倍にしたとき、食塩とミョウバンがとける量は何倍になりましたか。正しいものに○をつけましょう。

ア（　　）食塩もミョウバンもとける量は 3 倍になった。
イ（　　）食塩のとける量は 3 倍になったが、ミョウバンのとける量は 3 倍にならなかった。
ウ（　　）食塩のとける量は 3 倍にならなかったが、ミョウバンのとける量は 3 倍になった。
エ（　　）食塩もミョウバンもとける量は 3 倍にならなかった。

2 温度を変えた水 50 mL にとけるミョウバンの量を調べて、グラフに表しました。

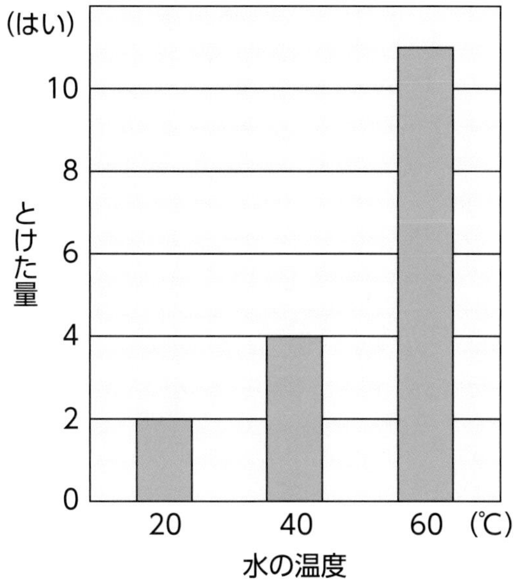

(1) 水の温度を変えたとき、ミョウバンのとける量はどのようになりましたか。正しいものに○をつけましょう。

ア（　　）水の温度が高くなると、ミョウバンのとける量はふえた。
イ（　　）水の温度が高くなると、ミョウバンのとける量はへった。
ウ（　　）水の温度が高くなっても、ミョウバンのとける量はほとんど変わらなかった。

(2) 水の温度を変えたときの、水にとける量の変化は、食塩とミョウバンで同じですか、ちがいますか。

（　　　　　　　　）

7. 物のとけ方

③水にとけた物をとり出す

めあて
水にとけた物のとり出し方を確認しよう。

教科書 108～110ページ　答え 26ページ

次の(　)にあてはまる言葉をかくか、あてはまるものを○でかこもう。

1 水にとけた物は、どのようにすればとり出すことができるのだろうか。

教科書 108～110ページ

- ろ紙でこして、液体《えきたい》に混《ま》ざった(①　　　　)を分ける方法を、(②　　　　)という。
  - ろ過《か》をするときは、液をガラスぼうに伝わらせて、少しずつ入れる。そして、ろうとの先の(③　長い　・　短い　)方を、ビーカーの(④　　　　)につける。
- ろ過したミョウバンの水よう液を冷やすと、(⑤　　　　)が出てきた。
- ろ過した食塩の水よう液を冷やすと、食塩は、ほとんど(⑥　　　　)。
- ミョウバンの水よう液の温度を(⑦　上げる　・　下げる　)と、水にとけたミョウバンをとり出すことができる。
- 食塩の水よう液の温度を下げても、水にとけた食塩はほとんどとり出すことが(⑧　できる　・　できない　)。

Ⓐ水よう液を冷やす

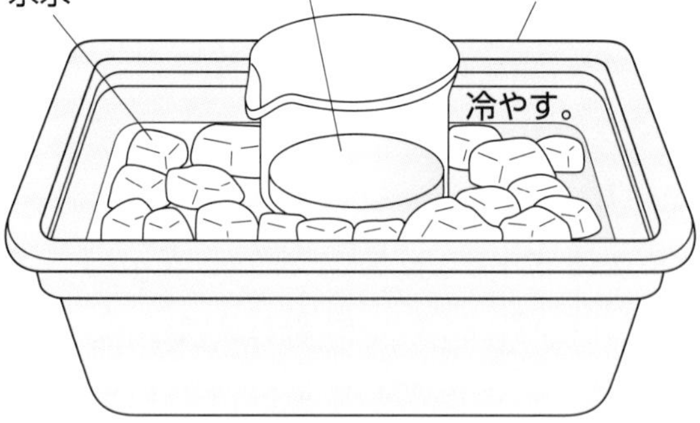
ろ過した液
発ぽうポリスチレンの入れ物
氷水
冷やす。

Ⓑ水よう液から水をじょう発させる

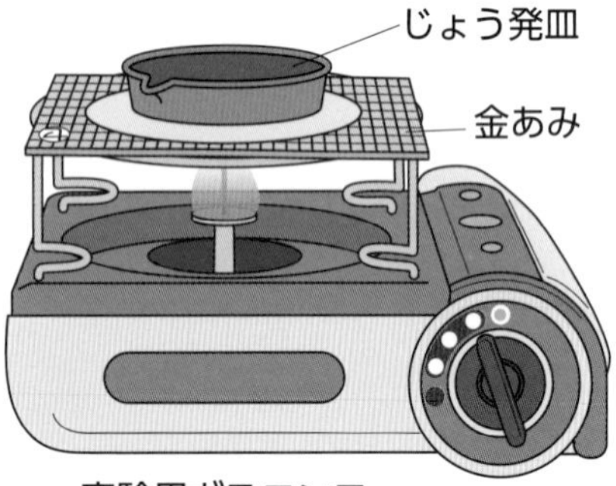
じょう発皿
金あみ
実験用ガスコンロ

- 水よう液を、ピペットで(⑨　　　　)mLぐらいずつとり、(⑩　　　　)に入れて熱して、水をじょう発させる。
  - 加熱しているじょう発皿を、(⑪　　　　)からのぞきこんではいけない。
  - 液を熱するときに、液が飛ぶことがあるので、(⑫　　　　)をつける。
  - 液がなくなる前に火を(⑬　　　　)。
- 食塩の水よう液から水をじょう発させると、(⑭　　　　)が出てきた。
- ミョウバンの水よう液から水をじょう発させると、(⑮　　　　)が出てきた。
- 水よう液から水を(⑯　　　　)させると、水にとけた物をとり出すことができる。

ここが、だいじ!

①ミョウバンの水よう液《えき》の温度を下げると、ミョウバンをとり出せる。
②食塩の水よう液の温度を下げても、食塩をほとんどとり出せない。
③水よう液から水をじょう発させると、水にとけた物をとり出せる。

ぴたトリビア　ボリビアという国にあるウユニ塩湖《えんこ》には、多くの塩分をふくんだ水があります。水のじょう発によって、多くの塩分が出ているのを見ることができます。

7. 物のとけ方

③水にとけた物をとり出す

学習日　　月　　日

教科書 108〜110ページ　答え 26ページ

1 とけ残りがあるミョウバンの水よう液《えき》をろ過《か》して、さらに氷水で冷やしました。

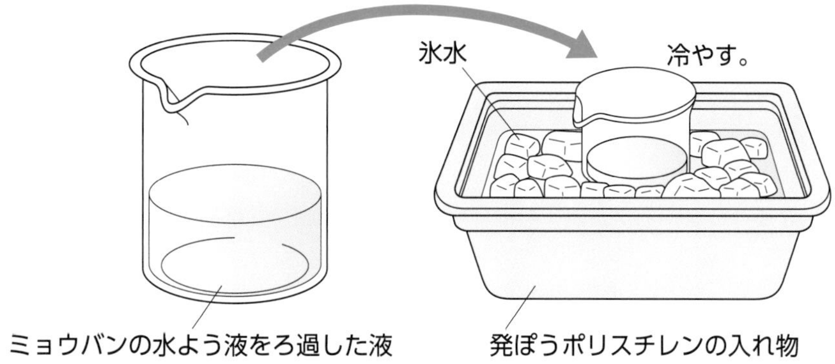

(1) ミョウバンの水よう液をろ過した液を冷やしたとき、ビーカーの中にミョウバンは出てきましたか、出てきませんでしたか。（　　　　　　　　）

(2) ミョウバンの水よう液をろ過した液と、それを冷やした液には、ミョウバンがふくまれていましたか。正しいものに○をつけましょう。

ア（　　）ろ過した液にはふくまれていたが、冷やした液にはふくまれていなかった。
イ（　　）ろ過した液にはふくまれていなかったが、冷やした液にはふくまれていた。
ウ（　　）ろ過した液と、冷やした液のどちらにもふくまれていた。
エ（　　）ろ過した液と、冷やした液のどちらにもふくまれていなかった。

2 図のようにあの器具に水よう液をとり、水よう液の水をじょう発させました。

(1) あの器具を何といいますか。

（　　　　　　　　）

(2) あに水よう液を 5 mL ぐらいとるのに、ゴム球のついたガラス器具を使いました。この器具を何といいますか。

（　　　　　　　　）

(3) 水よう液を熱していると、液が飛ぶことがあります。それから目を守るためにつけるものは何ですか。

（　　　　　　　　）

(4) 食塩の水よう液と、ミョウバンの水よう液を、それぞれじょう発させるとどうなりましたか。正しいものに○をつけましょう。

ア（　　）食塩もミョウバンも出てきた。
イ（　　）食塩は出てきたが、ミョウバンは出てこなかった。
ウ（　　）ミョウバンは出てきたが、食塩は出てこなかった。
エ（　　）食塩もミョウバンも出てこなかった。

ヒント
❶ ろ過する前の液にはとけ残りがあったので、その液には、これ以上とけないぐらい、とける物が入っていることになります。

ぴったり3
確かめのテスト

7. 物のとけ方

時間 30 分

／100

合格 70 点

教科書 94〜113ページ　答え 27ページ

1 物を水の中に入れると、とけるときととけないときがあります。 1つ5点(30点)

(1) 物が水にとけたとき、この液《えき》には、どのような性質《せいしつ》がありますか。正しいものに○、正しくないものに×をつけましょう。

ア(　　)時間がたつと、水にとけている物がだんだん下に集まってくる。

イ(　　)一部分をスポイトでとると、何もとけていないことがある。

ウ(　　)物が水にとける前と後で、全体の重さは変わらない。

エ(　　)ぜったいに色がついていない。

オ(　　)すき通っている。

(2) 物が水にとけた液のことを、何といいますか。

(　　　　　　　　)

よく出る

2 メスシリンダーを使うと、液体の体積を正確《せいかく》にはかることができます。 1つ5点(10点)

(1) 右の写真は、100 mLまではかれるメスシリンダーに入れた水のようすを表しています。水の体積は何 mLですか。

技能

(　　　　　　　　)

(2) メスシリンダーではかりとった水に、すり切り1ぱいの食塩を入れてかき混《ま》ぜると、食塩は全部とけました。同じ量の食塩を、同じ量の水に入れたままかき混ぜないでおくと、水の中の食塩はどうなりますか。正しいものに○をつけましょう。ただし、水はじょう発しないものとし、温度も変わらないものとします。

ア(　　)食塩は、とけずに底にしずんだままになる。

イ(　　)食塩は、少しずつ水にとけていくが、ある量がとけると、それ以上はとけなくなる。

ウ(　　)食塩は、少しずつ水にとけていき、やがて全部とけて、目に見えなくなる。

エ(　　)食塩は、やがて全部とけるが、そのままにしておくと、底にしずんでくる。

3 食塩を水にとかしたところ、とけ残りが出たので、ろ過《か》しました。

1つ5点(20点)

(1) ろ過した液をためるビーカーに対して、ろうとはどのようにとりつけますか。正しいものに○をつけましょう。　技能

ア(　　)　イ(　　)　ウ(　　)　エ(　　)

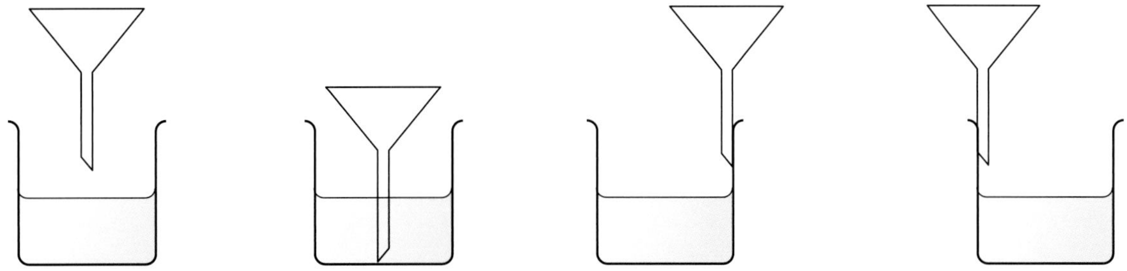

(2) ろ過とはどのような方法のことですか。次の文の(　　)にあてはまる言葉をかきましょう。

(①　　　　　　)でこして、(②　　　　　　)に混ざった固体を分ける方法。

(3) ろ過と同じしくみで物を分けているのはどれですか。正しいものに○をつけましょう。　思考・表現

ア(　　)麦茶をやかんでわかすとき、ふたのうらに水てきがつく。
イ(　　)お茶やこう茶を入れるときに、茶こしやきゅうすで、お茶とお茶の葉を分ける。
ウ(　　)でんぷんを水に入れて混ぜると、でんぷんがしずんだので、上ずみをすくいとった。

できたらスゴイ!

4 食塩とミョウバンを計量スプーンではかり、いろいろな温度の水にどれくらいとけるかを、グラフにまとめました。

思考・表現　1つ10点(40点)

(1) グラフは、水の量が50 mLのときのものです。水を100 mLにすると、とける食塩の量は何倍になりますか。正しいものに○をつけましょう。

ア(　　)ほぼ2倍　イ(　　)ほぼ3倍
ウ(　　)ほぼ4倍

水の温度ととける量との関係

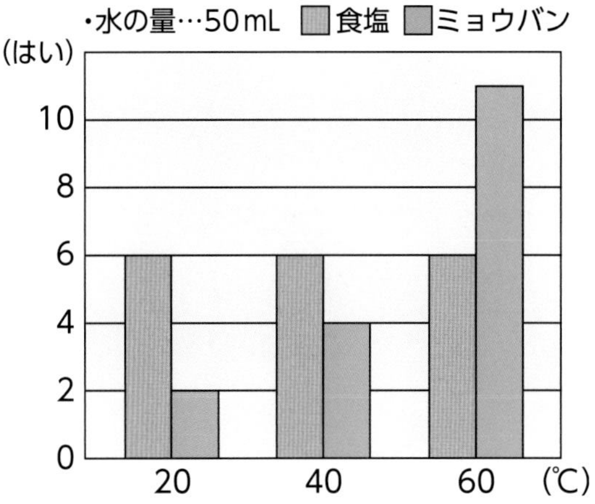

(2) 水の温度を2倍にすると、食塩やミョウバンが水50 mLにとける量はどうなるといえますか。正しいものに○をつけましょう。

ア(　　)食塩もミョウバンも2倍になる。
イ(　　)食塩もミョウバンも2倍にならない。
ウ(　　)食塩は2倍にならないが、ミョウバンは2倍になる。

(3) 記述 温度を上げて、食塩を水にたくさんとかした液を冷やしても、あまり食塩をとり出すことができないのはなぜですか。
(　　　　　　　　　　)

(4) 記述 食塩を水にたくさんとかした液から、食塩をとり出すには、どうしたらよいですか。
(　　　　　　　　　　)

この本の終わりにある「冬のチャレンジテスト」をやってみよう!

ふりかえり
2の問題がわからなかったときは、44ページの2と46ページの1にもどってたしかめましょう。
4の問題がわからなかったときは、48ページの1と50ページの1にもどってたしかめましょう。

8. 人のたんじょう

①人の生命のたんじょう 1

めあて
人の子どもは、どのように育ってうまれてくるのかを確認しよう。

教科書 115〜119ページ　答え 28ページ

次の(　)にあてはまる言葉をかこう。

1 人の子どもは、母親の子宮《しきゅう》の中でどのように育って、うまれてくるのだろうか。 教科書 115〜119ページ

▶ 女性《じょせい》の体内でつくられた(①　　　　)(卵子《らんし》)と、男性《だんせい》の体内でつくられた(②　　　　)が結びつくことを、(③　　　　)という。

▶ 受精《じゅせい》すると、人の生命がたんじょうして、(④　　　　)(受精した卵《らん》)は成長を始める。

▶ 受精卵《じゅせいらん》は、女性の体内にある(⑤　　　　)の中で子どもに育ってから、うまれてくる。

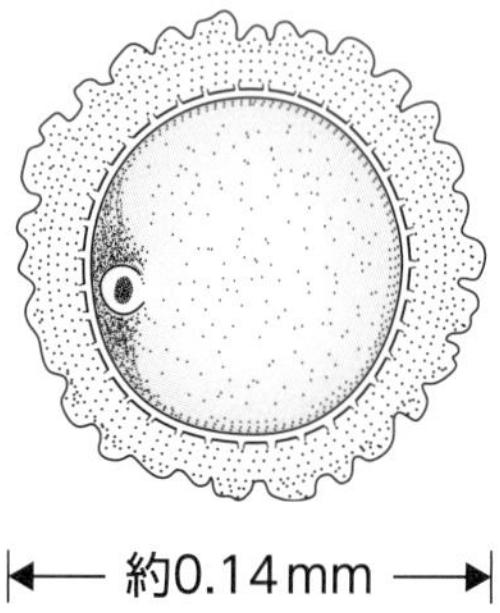
約0.14mm

(⑥　　　　)

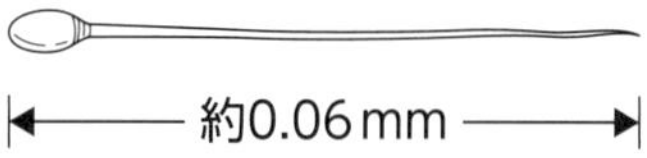
約0.06mm

(⑦　　　　)

▶ (⑧　　　　)の中での子どもの育ち方

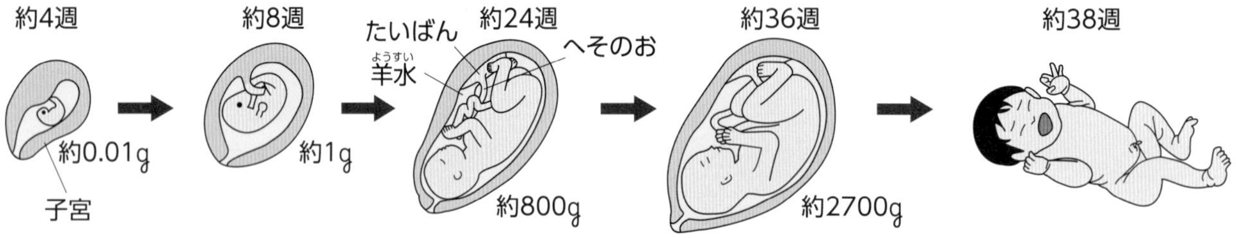
約4週
約0.01g
子宮
約8週
約1g
たいばん
約24週
へそのお
羊水《ようすい》
約800g
約36週
約2700g
約38週

- 受精してから約4週…(⑨　　　　)が動き始める。
- 約8週…(⑩　　　　)や耳ができる。(⑪　　　　)やあしの形がはっきりしてきて、からだを動かし始める。
- 約16週…からだの(⑫　　　　)や顔のようすがはっきりしてくる。女性か男性かが区別できる。
- 約24週…(⑬　　　　)の動きが活発になり、からだを(⑭　　　　)させて、よく動くようになる。
- 約36週…(⑮　　　　)の中で回転できないぐらいに、大きくなる。
- 約38週…うまれ出てくる。

ここが だいじ!
①女性《じょせい》がつくった卵《らん》(卵子《らんし》)と男性《だんせい》がつくった精子《せいし》が結びつくことを受精《じゅせい》という。
②人の子どもは、母親の子宮《しきゅう》の中で成長し、38週ほどでうまれ出てくる。

ぴたトリビア 子宮の中の赤ちゃんの育ち方をくわしく知るために、ちょう音波《おんぱ》を使った画像《がぞう》の検査《けんさ》が行われます。赤ちゃんの顔を見るだけでなく、大きさや男女のちがいなども知ることができます。

ぴったり2 練習

8. 人のたんじょう

①人の生命のたんじょう1

学習日　月　日

教科書 115〜119ページ　答え 28ページ

1 図のようにして、女性《じょせい》の体内でつくられたあと、男性《だんせい》の体内でつくられたいが結びつくと、人の生命がたんじょうし、成長を始めます。

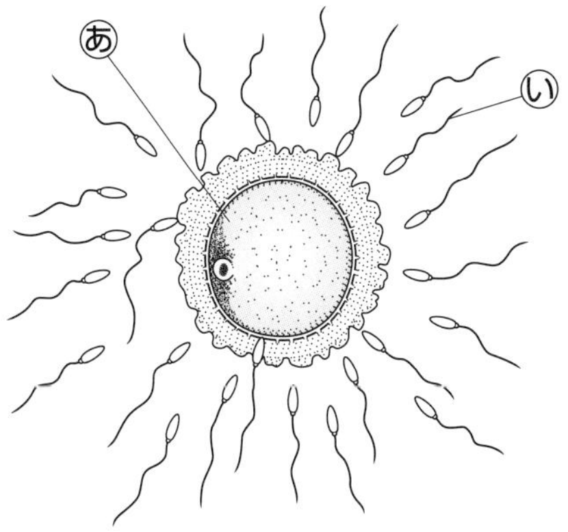

(1) あといをそれぞれ何といいますか。

あ(　　　　　　)
い(　　　　　　)

(2) あといが結びつくことを何といいますか。

(　　　　　　)

(3) あといが結びついてできるものを何といいますか。

(　　　　　　)

(4) あといが結びついてできるものが育つのは、女性の体内のどこですか。

(　　　　　　)

2 女性の体内での子どもの育ち方を調べました。

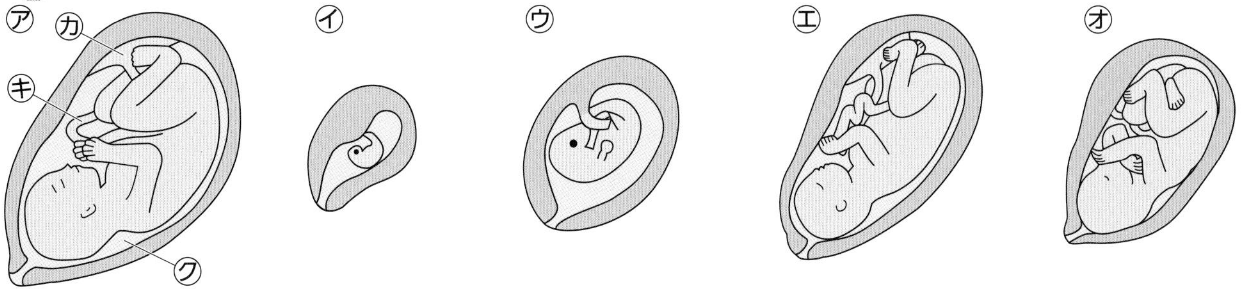

(1) 図のイ〜オを、アまで成長する順にならべかえましょう。

(　　→　　→　　→　　→ア)

(2) 次の ①〜⑤ にあてはまるのは、それぞれ、ア〜オのどれですか。

① からだの形や顔のようすがはっきりしてきて、女性か男性かが区別できる。(　　)
② 目や耳ができ、手やあしの形がはっきりしてきて、からだを動かし始める。(　　)
③ 心ぞうの動きが活発になり、からだを回転させてよく動くようになる。(　　)
④ 子宮の中で回転できないぐらいに大きくなる。(　　)
⑤ 心ぞうが動き始める。(　　)

(3) アのカ〜クをそれぞれ何といいますか。

カ(　　　　　　)
キ(　　　　　　)
ク(　　　　　　)

ぴったり1 **準備**

8. 人のたんじょう

①人の生命のたんじょう 2

学習日　　月　　日

めあて 子宮の中のようすは、どうなっているのかを確認しよう。

教科書 119～120ページ　答え 29ページ

次の（　）にあてはまる言葉をかこう。

1 子宮《しきゅう》の中のようすは、どうなっているのだろうか。　教科書 119～120ページ

▶母親の子宮の中のようす

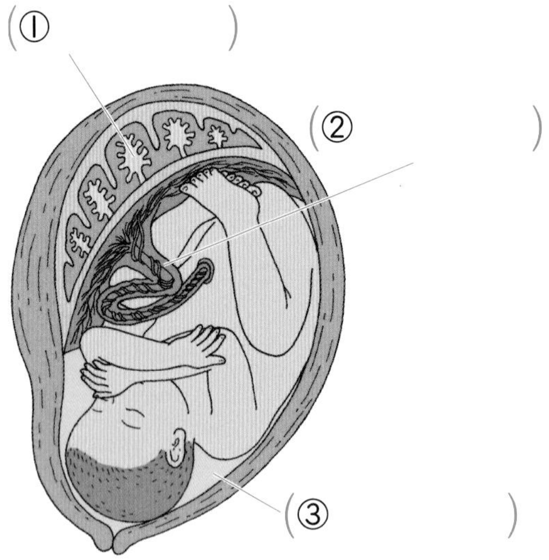
(①　　　)
(②　　　)
(③　　　)

子宮の中の子どもは、
何も食べなくても成長
できるんだね。

▶（④　　　　）は、母親から運ばれてきた（⑤　　　　）と、子どもから運ばれてきた（⑥　　　　）を交かんする。

▶子どもは、（⑦　　　　）でたいばんとつながっており、これを通して、母親から運ばれてきた養分などをとり入れ、いらなくなった物を母親に返す。

▶子宮の中を満たしている液体《えきたい》を（⑧　　　　）といい、外部からの力をやわらげ、子どもを守るはたらきをしている。

▶約 38 週でうまれてくる人の子どもは、身長が約（⑨　　　）cm である。

▶人の子どもは、母親の子宮の中で、（⑩　　　　）を通して、母親から養分などをとり入れながら成長していく。そして、受精《じゅせい》してからおよそ（⑪　　　）週たつと、母親からうまれ出てくる。

ここが だいじ！

①人の子どもは、母親の子宮《しきゅう》の中で、へそのおを通して、母親から養分などをとり入れながら成長していく。

②人の子どもは、受精《じゅせい》してからおよそ 38 週たつと、母親からうまれ出てくる。

ぴたトリビア いま地球にすむ人類は、みな「ホモ・サピエンス」という同じ種類の生物です。

8. 人のたんじょう

①人の生命のたんじょう２

教科書 119〜120ページ　答え 29ページ

1 図は、母親の体内にいる子どものようすを表しています。

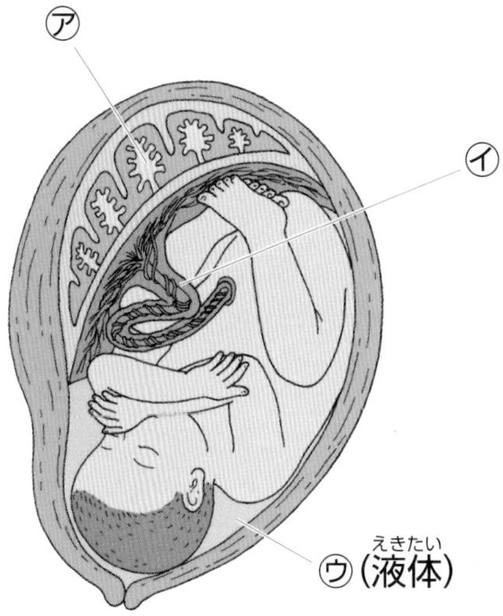

(1) 子どもがいるのは、母親の体内の何というところですか。

(　　　　　　)

(2) ㋐〜㋒の部分を、それぞれ何といいますか。

㋐(　　　　　　)
㋑(　　　　　　)
㋒(　　　　　　)

(3) ㋐と㋑はそれぞれ、どのようなはたらきをしていますか。正しいもの２つに○をつけましょう。

ア(　　)母親からの養分を、㋐から㋑を通して子どもにわたす。
イ(　　)母親がいらなくなった物を、㋐から㋑を通して子どもにわたす。
ウ(　　)子どもからの養分を、㋑を通して㋐で母親にわたす。
エ(　　)子どもがいらなくなった物を、㋑を通して㋐で母親にわたす。

2 次のグラフは、子宮《しきゅう》の中での子どもの育ち方について表したものです。

子どもの身長の変化
(4週と8週は頭の先からおしりまでの長さ)

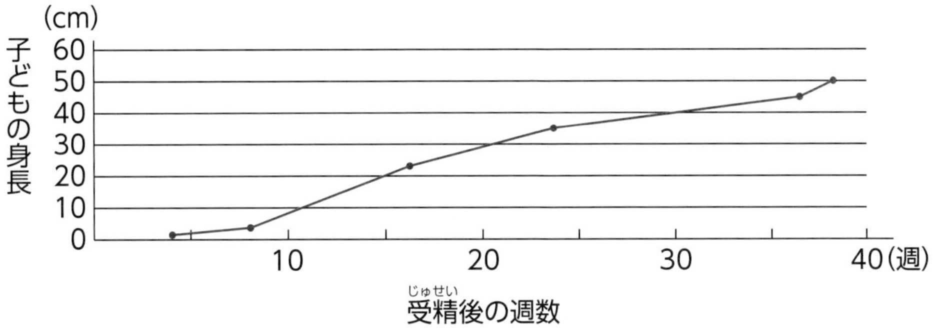

(1) いっぱんに、子どもが母親の体内で育つのは、およそどのくらいの期間ですか。正しいものに○をつけましょう。

ア(　　)約18週　イ(　　)約28週　ウ(　　)約38週　エ(　　)約48週

(2) (1)の期間でうまれたばかりの人の子どもの身長は、どのくらいですか。正しいものに○をつけましょう。

ア(　　)約20cm　イ(　　)約30cm　ウ(　　)約40cm　エ(　　)約50cm

8. 人のたんじょう

時間 30 分　／100　合格 70 点

教科書 114〜123ページ　答え 30ページ

1 図は、人の卵《らん》(卵子《らんし》)と精子《せいし》を表したものです。

1つ7点(35点)

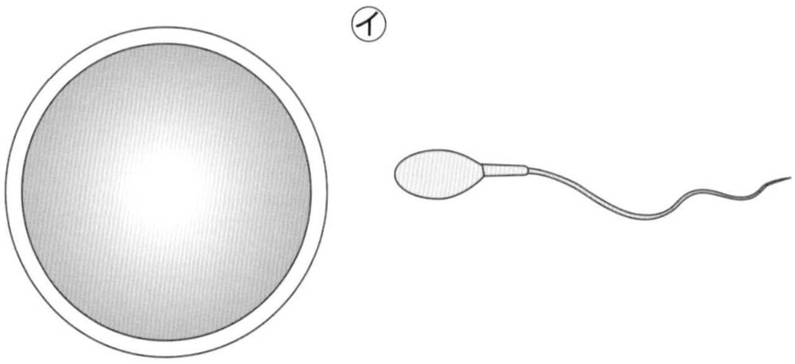

(1) 人の卵は、㋐、㋑のどちらですか。

(　　　)

(2) 精子はどこでつくられますか。正しいほうに○をつけましょう。

ア(　　)女性《じょせい》の体内
イ(　　)男性《だんせい》の体内

(3) ㋐の実際《じっさい》の大きさはどのくらいですか。正しいものに○をつけましょう。

ア(　　)約 0.14 mm　イ(　　)約 0.14 cm　ウ(　　)約 50 cm

(4) 卵と精子が結びつくことを何といいますか。

(　　　　　　　)

(5) 卵が子どもに育つのは、母親の体内のどこですか。

(　　　　　　　)

よく出る

2 図は、母親の体内の子どものようすです。

1つ7点(28点)

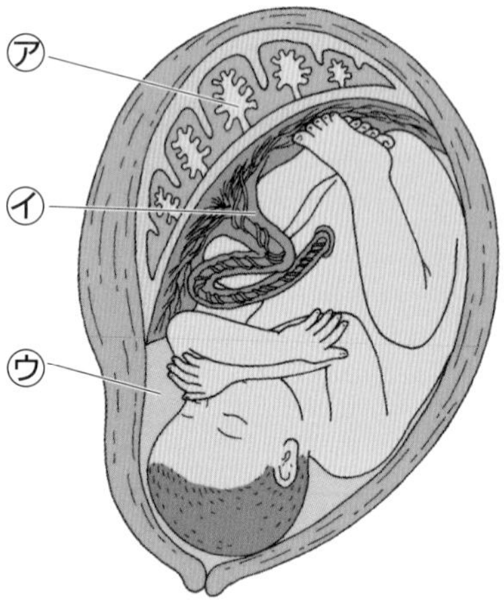

(1) たいばんは、㋐〜㋒のどれですか。

(　　　)

(2) 子どものまわりを囲《かこ》んでいる液体《えきたい》㋒のはたらきは何ですか。正しいものに○をつけましょう。

ア(　　)外部からの力をやわらげ、子どもを守るはたらきをしている。
イ(　　)母親から運ばれてきた養分と、子どもから運ばれてきたいらなくなった物を交かんする。
ウ(　　)母親から運ばれてきた養分と、子どもから運ばれてきたいらなくなった物の通り道になっている。

(3) へそのおのはたらきは何ですか。次の文の(　　)にあてはまる言葉をかきましょう。

> 子どもは、へそのおを通して、母親から運ばれてきた(①　　　　　　)などをとり入れ、(②　　　　　　)を母親に返す。

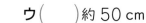

3 次の図は、母親の体内で子どもが育つようすを表しています。

1つ7点(28点)

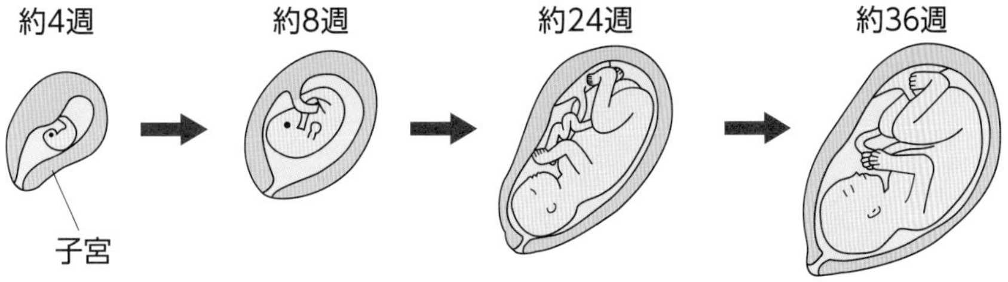

(1) 約４週の子どもの体重はどのくらいですか。正しいものに○をつけましょう。

ア(　　)約 0.01 g　**イ**(　　)約 1 g　**ウ**(　　)約 100 g

(2) 子どもの心ぞうが動き始めるのは、受精《じゅせい》してからどのくらいですか。正しいものに○をつけましょう。

ア(　　)約４週　**イ**(　　)約８週　**ウ**(　　)約 24 週　**エ**(　　)約 36 週

(3) 右の写真は、ちょう音波を使って、母親の体内の子どものようすを立体的な画像《がぞう》にしたものです。写真の子どもは、からだの形がはっきりしていますが、からだの形や顔のようすがはっきりしてくるのは、受精してからどのくらいですか。正しいものに○をつけましょう。

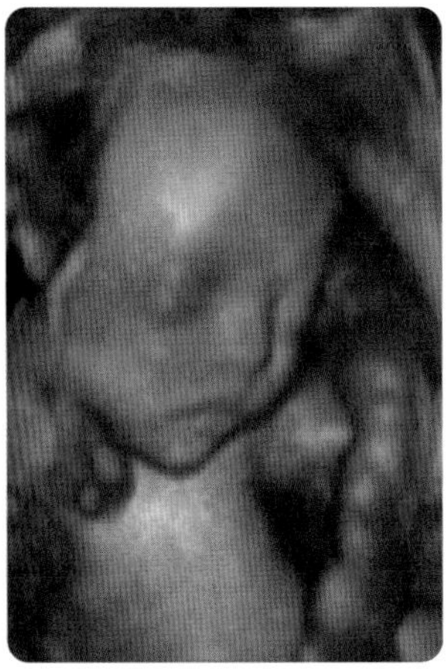

ア(　　)約４週　**イ**(　　)約 16 週　**ウ**(　　)約 38 週

(4) 約 38 週でうまれた子どもの身長はどのくらいですか。正しいものに○をつけましょう。

ア(　　)約 30 cm　**イ**(　　)約 50 cm

ウ(　　)約 70 cm

できたらスゴイ!

4 人とメダカの育ち方を比《くら》べます。

思考・表現　1つ9点(9点)

記述 人が生命をつないでいくしくみと、メダカが生命をつないでいくしくみを比べて、似《に》ているところを１つあげて、説明しましょう。

(　　　　　　　　　　)

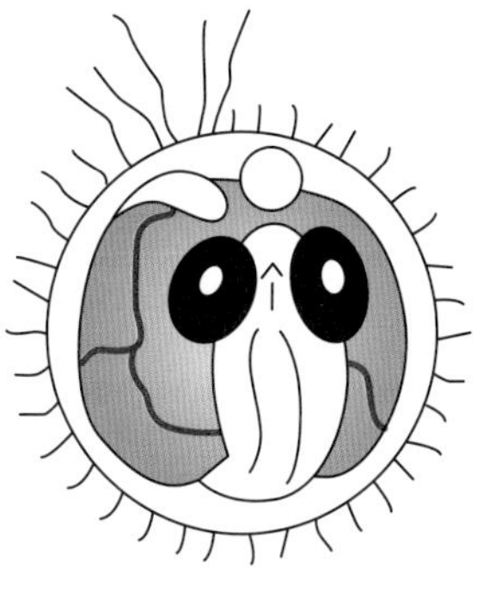

ふりかえり
2 の問題がわからなかったときは、56 ページの 1 にもどってたしかめましょう。
4 の問題がわからなかったときは、16 ページの 1 と 54 ページの 1 にもどってたしかめましょう。

9. 電流がうみ出す力

①電磁石《でんじしゃく》の性質《せいしつ》

3分でまとめ

学習日　　月　　日

めあて
電磁石には、どんな性質があるのかを確認しよう。

教科書 125〜128ページ　答え 31ページ

次の（　）にあてはまる言葉をかくか、あてはまるものを○でかこもう。

1 電磁石には、どんな性質があるのだろうか。

教科書 125〜128ページ

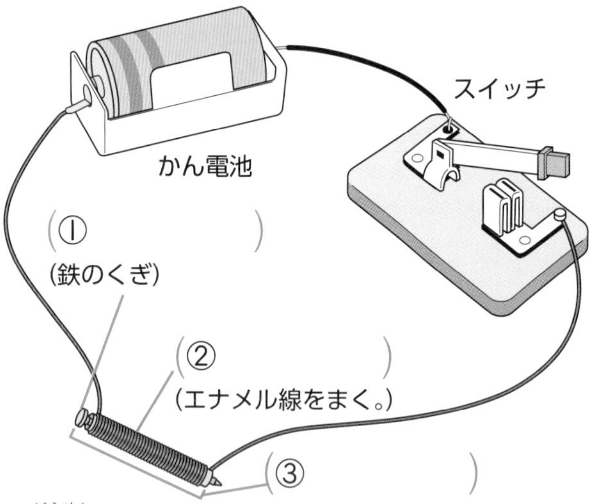

かん電池
スイッチ
（①　　　　）
（鉄のくぎ）
（②　　　　）
（エナメル線をまく。）
（③　　　　）

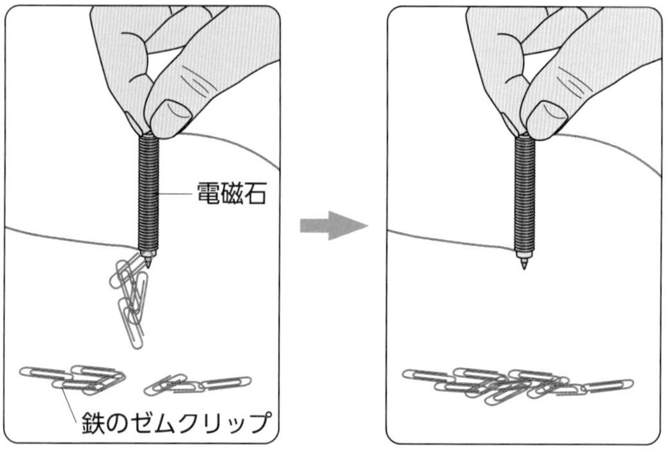

電磁石
鉄のゼムクリップ

スイッチを入れたとき　　スイッチを切ったとき

- 導線《どうせん》をまいた物のことを（④　　　　　）という。
- 導線には銅線《どうせん》にエナメルがぬられたエナメル線を使い、はしを紙やすりでけずる。銅は電気を（⑤　通し　・　通さず　）、エナメルは電気を（⑥　通す　・　通さない　）。
- コイルに（⑦　　　　　）（鉄のくぎ）を入れて電流を流すと、鉄しんが鉄を引きつけるようになり、これを（⑧　　　　　）という。
- 電磁石の極について調べる。
  - 回路に電流を流すと、電磁石の両側に置いた方位磁針《じしん》のはりは一定の向きで止まり、かん電池の向きを変えると、方位磁針のはりのさす向きが（⑨　　　　　）になる。
- 電磁石は、コイルに電流が流れている間だけ、（⑩　　　　　）の性質をもつようになる。
- コイルに流れる電流の向きが反対になると、電磁石のN極《エヌきょく》とS極《エスきょく》が（⑪　　　　　）になる。

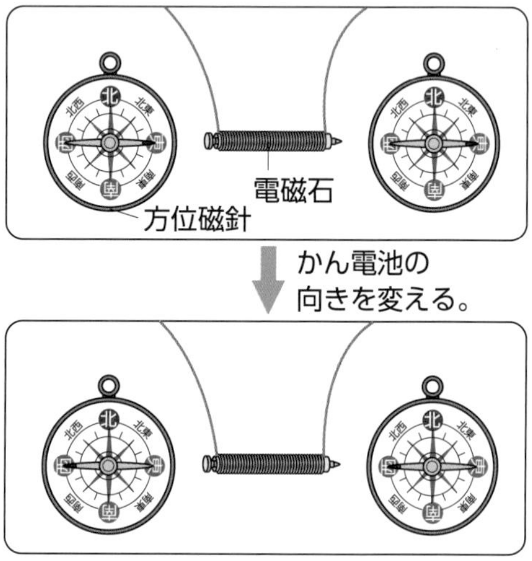

電磁石
方位磁針
かん電池の向きを変える。

ここがだいじ！
①電磁石《でんじしゃく》は、コイルに電流が流れている間だけ、磁石の性質《せいしつ》をもつようになる。
②コイルに流れる電流の向きが反対になると、電磁石のN極《エヌきょく》とS極《エスきょく》が反対になる。

ぴたトリビア
電流を流したコイルを方位磁針《じしん》に近づけると、はりは向きを変えますが、コイルに鉄しんを入れると、磁石《じしゃく》の力はより強くなります。

9. 電流がうみ出す力

①電磁石《でんじしゃく》の性質《せいしつ》

教科書 125〜128ページ　答え 31ページ

1 エナメル線をまいた物に、鉄のくぎを入れて電流を流しました。

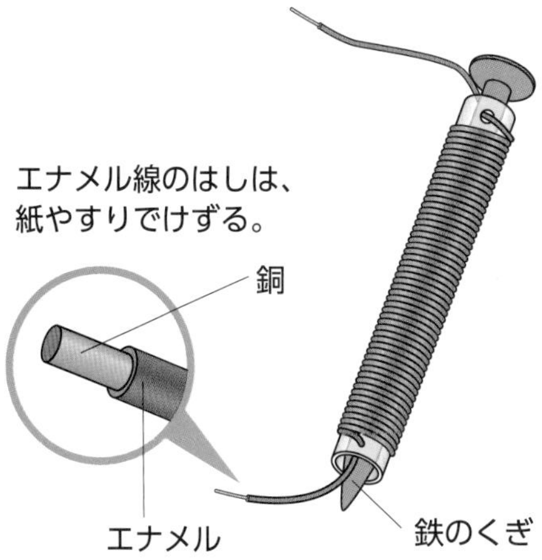

(1) エナメル線は、導線《どうせん》の1つで、銅線《どうせん》にエナメルがぬられた物です。銅とエナメルは電気を通しますか。正しいものに○をつけましょう。

ア(　　)銅もエナメルも電気を通す。
イ(　　)銅は電気を通すが、エナメルは電気を通さない。
ウ(　　)銅は電気を通さないが、エナメルは電気を通す。

(2) 導線をまいた物を何といいますか。
(　　　　　　　　)

(3) 導線をまいた物に入れた鉄のくぎを何といいますか。
(　　　　　　　　)

(4) 鉄のくぎに導線をまいた物に電流を流すと、鉄のくぎが鉄を引きつけるようになります。このような物のことを何といいますか。
(　　　　　　　　)

2 電磁石の性質を調べました。

(1) 鉄のゼムクリップの上に、電流を流した電磁石を近づけました。ゼムクリップはどのようにつきましたか。正しいものに○をつけましょう。

ア(　　)　イ(　　)　ウ(　　)　エ(　　)

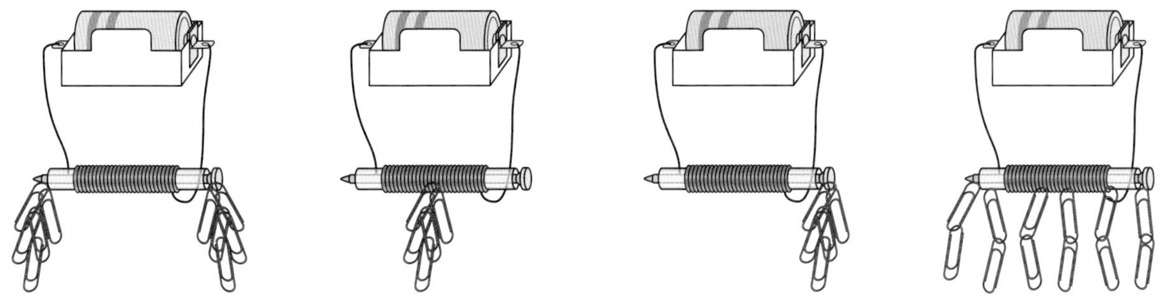

(2) 電磁石に電流を流すのをやめると、ついていたゼムクリップはどうなりますか。正しいものに○をつけましょう。

ア(　　)電磁石についていたゼムクリップは、ついたままである。
イ(　　)電磁石についていたゼムクリップは、全部落ちる。
ウ(　　)電磁石についていたゼムクリップは、ついたままの物と、落ちる物がある。

(3) かん電池のつなぎ方を反対にすると、電磁石のN極《エヌきょく》とS極《エスきょく》はどうなりますか。正しいほうに○をつけましょう。

ア(　　)かん電池のつなぎ方を反対にすると、電磁石のN極とS極は反対になる。
イ(　　)かん電池のつなぎ方を反対にしても、電磁石のN極とS極は変わらない。

ヒント ❷ 電磁石にも極があります。

9. 電流がうみ出す力

②電磁石《でんじしゃく》の強さ

学習日　　月　　日

めあて
電磁石を強くするには、どうすればよいのかを確認しよう。

教科書 129〜134ページ　答え 32ページ

次の(　)にあてはまる言葉をかくか、あてはまるものを○でかこもう。

1 電磁石を強くするには、どうすればよいのだろうか。

教科書 129〜134ページ

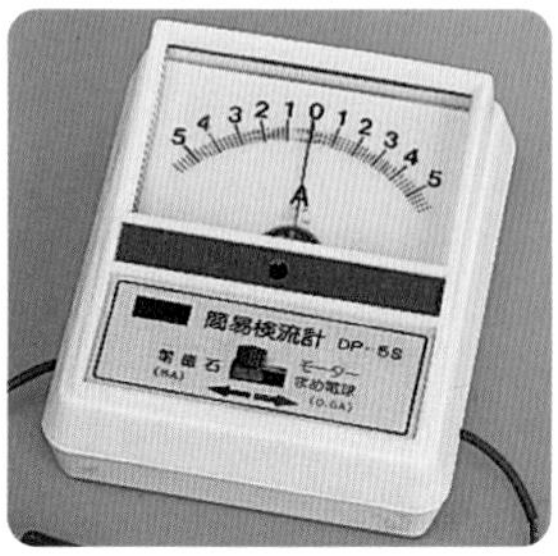

▶検流計《けんりゅうけい》を使うと、回路に流れる電流の(①　　　　)と大きさを調べることができる。

▶(②　　　　)を使うと、検流計よりも、電流の大きさをくわしくはかることができる。

- 電流の大きさは、(③　　　　)(A)やミリアンペア(mA)という単位で表す。
- 一極側《マイナスきょくがわ》の導線《どうせん》を(④　50 mA　・　500 mA　・　5 A　)の一たんしにつなぎ、スイッチを入れて目もりを読みとる。
- はりのふれが小さいときは、一極側の導線を(⑤　50 mA　・　500 mA　・　5 A　)の一たんしに、それでもはりのふれが小さいときは、(⑥　50 mA　・　500 mA　・　5 A　)の一たんしの順につなぎかえる。

+《プラス》たんし(赤)
−たんし(黒)
1Aは1000mAだよ。

- 右の目もりは、5 Aの一たんしにつないでいる場合は(⑦　　　　)A、50 mAの一たんしにつないでいる場合は(⑧　　　　)mAと読みとる。

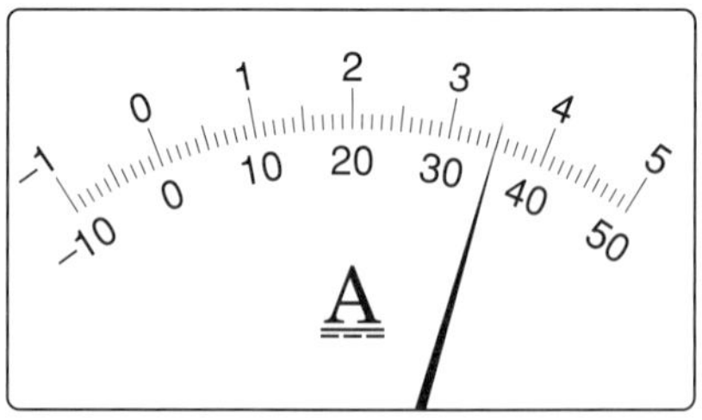
-1 0 1 2 3 4 5
-10 0 10 20 30 40 50
A

▶検流計や電流計は、(⑨　　　　)だけをつなぐとこわれるので、絶対《ぜったい》に、(⑨)だけをつないではいけない。

▶電磁石を強くする方法を調べる。

- かん電池2個《こ》を(⑩　　　　)につないで電流を大きくすると、鉄のゼムクリップのつく数が(⑪　　　　)。
- 導線のまき数を多くすると、鉄のゼムクリップのつく数が(⑫　　　　)。

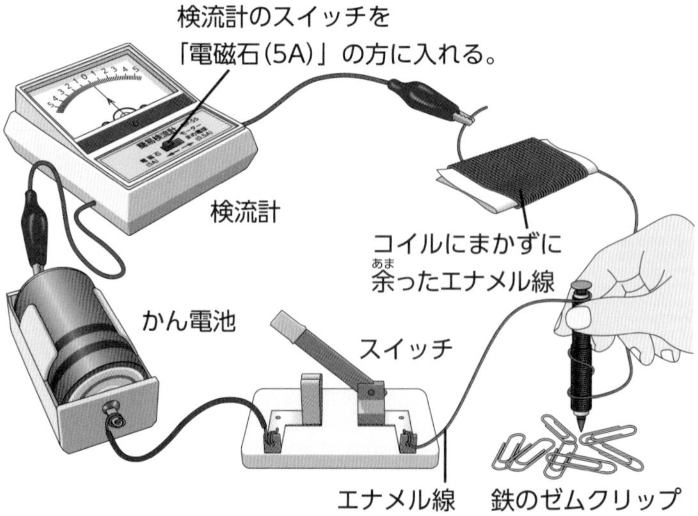
検流計のスイッチを「電磁石(5A)」の方に入れる。
検流計
コイルにまかずに余《あま》ったエナメル線
かん電池
スイッチ
エナメル線
鉄のゼムクリップ

▶電流を(⑬　　　　)すると、電磁石は強くなる。

▶導線のまき数を(⑭　　　　)すると、電磁石は強くなる。

ここがだいじ!
①電流を大きくすると、電磁石《でんじしゃく》は強くなる。
②導線《どうせん》のまき数を多くすると、電磁石は強くなる。

ぴたトリビア
磁石《じしゃく》についていた鉄くぎが、磁石からはなれても鉄を引きつけることがあるように、電磁石の鉄しんにしていた鉄くぎが、電流を切った後も鉄を引きつけることがあります。

9. 電流がうみ出す力

②電磁石《でんじしゃく》の強さ

教科書 129～134ページ　答え 32ページ

1 図の器具で、電流の大きさをはかりました。

(1) 図の器具は何ですか。

(　　　　　　　)

(2) 50 mA のたんしとつなぐのは、かん電池の＋極《プラスきょく》側と－《マイナス》極側のどちらですか。

(　　　　　　　)

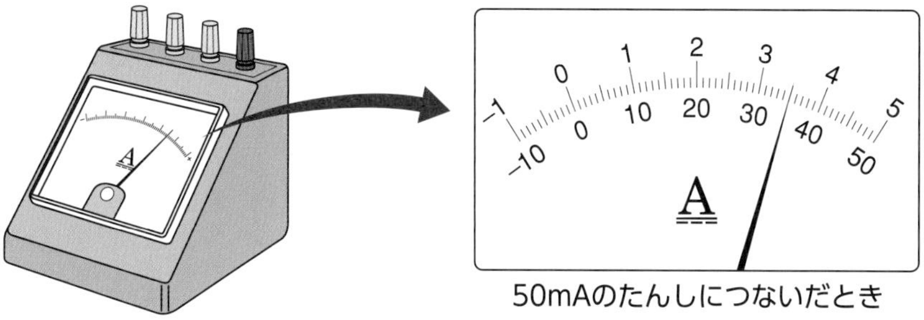
-1
0
1
2
3
4
5
-10
0
10
20
30
40
50
A
50mAのたんしにつないだとき

(3) 電流の大きさを表す単位の mA を何と読みますか。カタカナでかきましょう。

(　　　　　　　)

(4) 図の目もりは、何 mA と読みとれますか。

(　　　　　　　)

2 電磁石を強くする方法を調べました。

(1) 図の器具㋐は何ですか。

(　　　　　　　)

(2) 図の器具㋐で調べられることは何ですか。2つかきましょう。

(　　　　　　　)

(　　　　　　　)

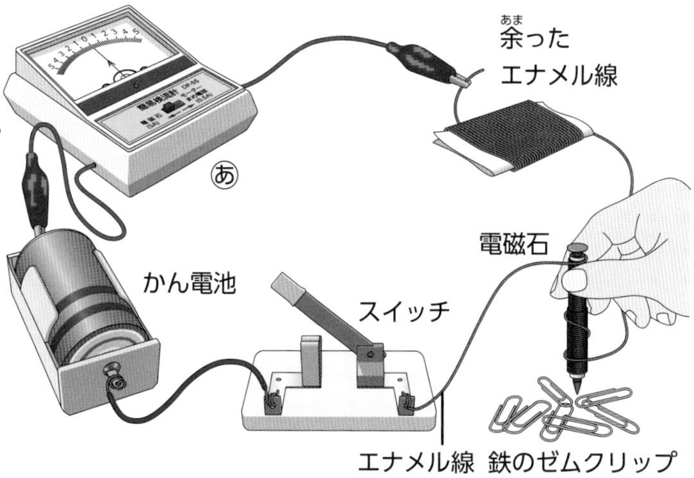
余《あま》った
エナメル線
㋐
電磁石
かん電池
スイッチ
エナメル線
鉄のゼムクリップ

(3) 電磁石に流れる電流を大きくするには、かん電池をどのようにつなぐとよいですか。正しいほうに○をつけましょう。

ア(　　)かん電池2個《こ》を直列につなぐ。

イ(　　)かん電池2個をへい列につなぐ。

(4) この実験をしたとき、電磁石がつり上げたゼムクリップの数は、表のようになりました。

かん電池の数	電流の大きさ	ゼムクリップの数
1 個	1.8 A	14 個
2 個	2.8 A	20 個

導線《どうせん》のまき数	電流の大きさ	ゼムクリップの数
100 回	1.8 A	14 個
200 回	1.8 A	20 個

①導線のまき数を同じにして、電流を大きくすると、電磁石の強さはどうなりましたか。正しいものに○をつけましょう。

ア(　　)強くなった。　イ(　　)変わらなかった。　ウ(　　)弱くなった。

②電流の大きさを同じにして、導線のまき数を多くすると、電磁石の強さはどうなりましたか。正しいものに○をつけましょう。

ア(　　)強くなった。　イ(　　)変わらなかった。　ウ(　　)弱くなった。

9. 電流がうみ出す力

時間 30 分
／100
合格 70 点

教科書 124～137ページ　答え 33ページ

よく出る

1 **導線《どうせん》をまいた物に鉄のくぎを入れて電流を流すと、電磁石《でんじしゃく》になります。**　1つ5点(30点)

(1) 電磁石をつくっている、導線をまいた物を何といいますか。(　　　　)

(2) 電磁石の中にある、鉄のくぎを何といいますか。(　　　　)

(3) あ～うのようにして、導線に電流を流したときの電磁石のはたらきを比《くら》べました。

思考・表現

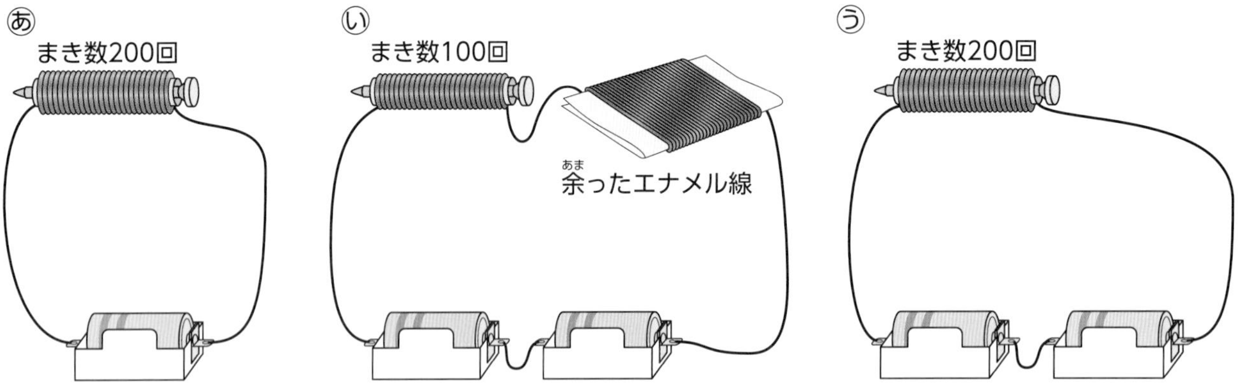
あ
まき数200回
い
まき数100回
余《あま》ったエナメル線
う
まき数200回

①電流の大きさと、電流を流したときの電磁石の強さの関係を調べるには、どれとどれを比べるとよいですか。正しい組み合わせに○をつけましょう。

ア(　　)あとい　　イ(　　)あとう　　ウ(　　)いとう

②導線のまき数と、電流を流したときの電磁石の強さの関係を調べるには、どれとどれを比べるとよいですか。正しい組み合わせに○をつけましょう。

ア(　　)あとい　　イ(　　)あとう　　ウ(　　)いとう

③電流を流したとき、電磁石がいちばん強いのは、あ～うのどれですか。(　　　)

(4) かん電池をつなぐ向きを反対にすると、電磁石はどうなりますか。正しいほうに○をつけましょう。

ア(　　)N極《エヌきょく》とS極《エスきょく》が反対になる。　　イ(　　)電磁石の強さが変わる。

よく出る

2 **電磁石に流れる電流の大きさをはかります。**　技能　1つ8点(16点)

(1) はじめにつなぐ−《マイナス》たんしは、どれですか。正しいものに○をつけましょう。

ア(　　)500 mA のたんし
イ(　　)50 mA のたんし
ウ(　　)5 A のたんし

(2) 作図 電磁石に流れる電流の大きさがはかれる回路になるように、右の図の器具を線でつなぎましょう。

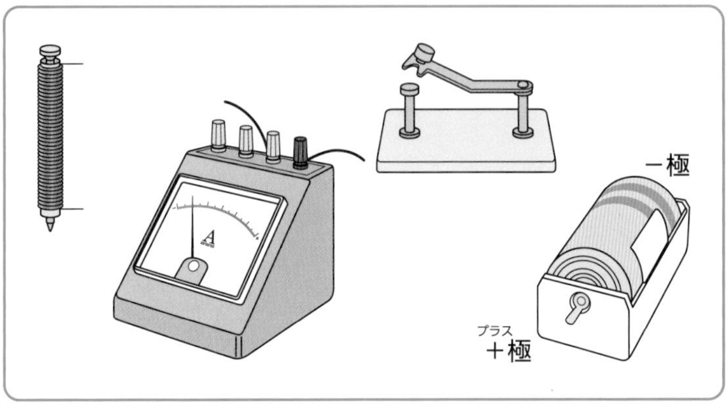
A
−極
プラス
＋極

3 検流計《けんりゅうけい》で、回路に流れる電流のようすを調べます。

1つ8点(24点)

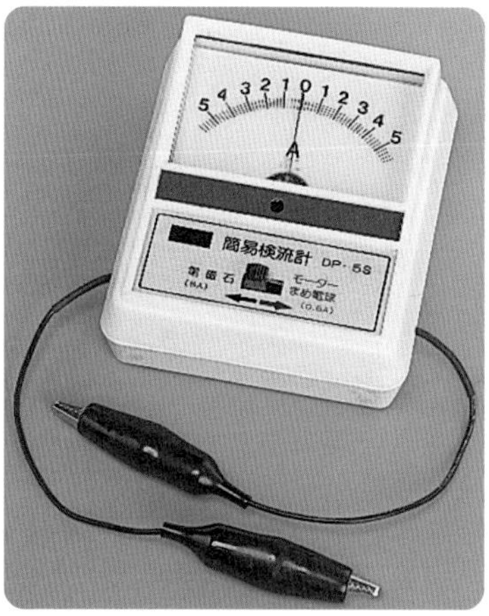

(1) 検流計のはりを読みとります。次のことから、電流の何がわかりますか。

①はりのふれる向き　(　　　　　)

②はりのさす目もり　(　　　　　)

(2) 記述 検流計や電流計に、かん電池だけをつないではいけないのはなぜですか。その理由をかきましょう。

(　　　　　　　　　　　　　　　)

できたらスゴイ!

4 使用ずみの空きかんなどは回しゅうされ、電磁石を使って分別《ぶんべつ》されます。

1つ10点(30点)

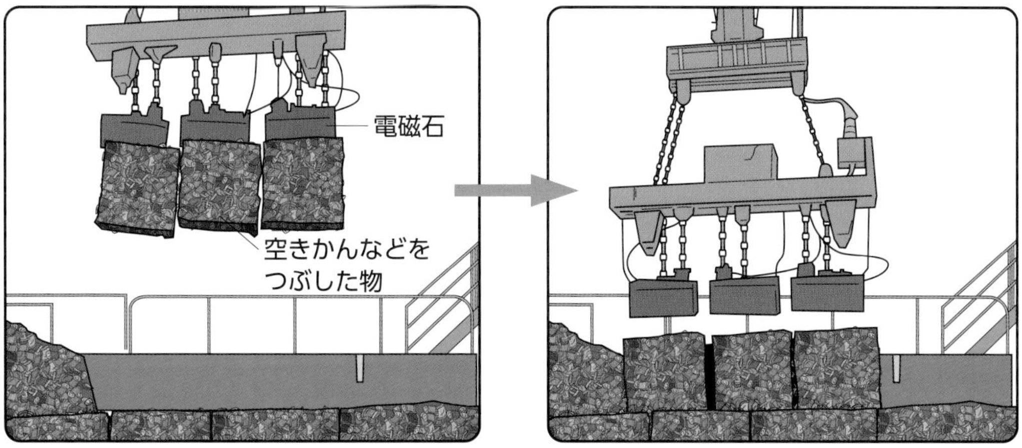

引きつける。　　　　はなす。

(1) 電磁石を使うと、どのように分別できますか。正しいものに○をつけましょう。

ア(　　)燃《も》える物と、燃えない物に分別することができる。

イ(　　)ペットボトルと、それ以外の物に分別することができる。

ウ(　　)金属《きんぞく》のかんなどと、それ以外の物に分別することができる。

エ(　　)鉄のかんなどと、それ以外の物に分別することができる。

(2) 電磁石で分別できる物についているマークはどれですか。正しいものに○をつけましょう。

ア(　　)　イ(　　)　ウ(　　)　エ(　　)

(3) 記述 上のような分別をするとき、磁石ではなく、電磁石を使うのはなぜですか。　思考・表現

(　　　　　　　　　　　　　　　)

ふりかえり
❷の問題がわからなかったときは、62ページの❶にもどってたしかめましょう。
❹の問題がわからなかったときは、60ページの❶にもどってたしかめましょう。

学習日　　月　　日

10. ふりこのきまり

①ふりこの1往復《おうふく》する時間1

3分でまとめ

めあて
長さを変えて、ふりこの1往復する時間を確認しよう。

教科書 139〜143ページ　答え 34ページ

次の（　）にあてはまる言葉をかこう。

1 ふりこの1往復する時間は、何によって変わるのだろうか。

教科書 139〜143ページ

▶ぼうやひもなどにおもりをつけて、左右にふれるようにした物を（①　　　　）という。

▶ふりこの｜往復する時間の求め方

- ふりこの（⑤　　　　）往復する時間をストップウォッチやデジタルタイマーなどで3回はかる。
- ふりこの10往復する時間の3回分の合計を3でわり、10往復する時間の（⑥　　　　）を求める。
- 10でわり、ふりこの（⑦　　　　）する時間の平均《へいきん》を求める。
- 表に記録するときは、小数第2位で（⑧　　　　）して、小数第｜位までをかく。

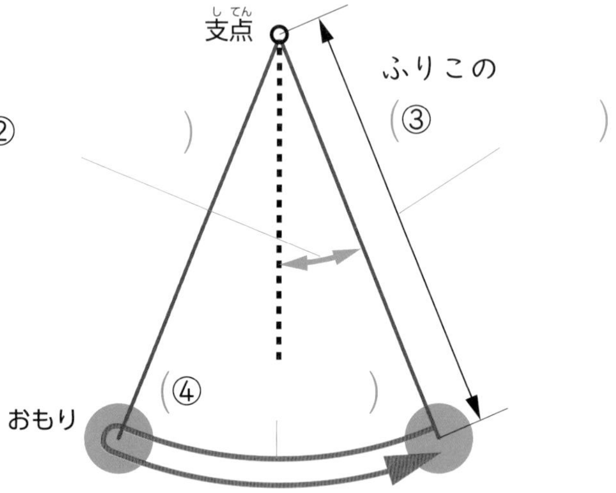

支点《してん》
ふりこの（③　　　　）
（②　　　　）
（④　　　　）
おもり

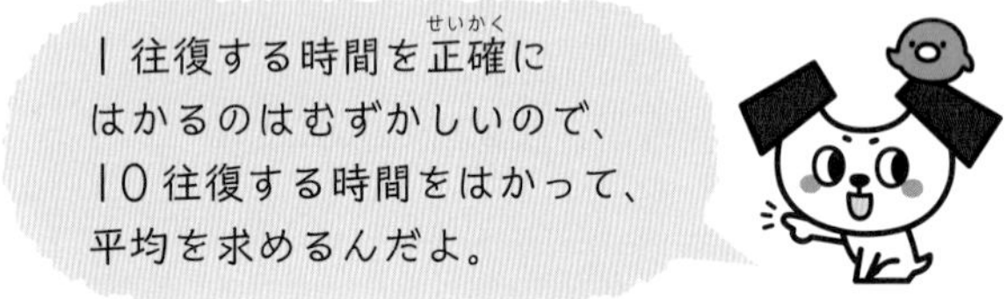

｜往復する時間を正確《せいかく》にはかるのはむずかしいので、10往復する時間をはかって、平均を求めるんだよ。

▶ふりこの長さとふりこの｜往復する時間

- 変える条件《じょうけん》は、ふりこの長さ(15 cm、30 cm、45 cm)である。
- 変えない条件は、おもりの重さ(10 g)と、ふれはば(20°)である。

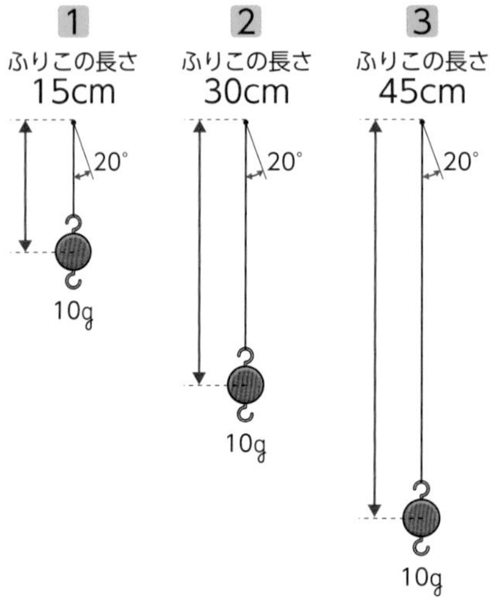

1 ふりこの長さ 15cm
2 ふりこの長さ 30cm
3 ふりこの長さ 45cm
20°
10g

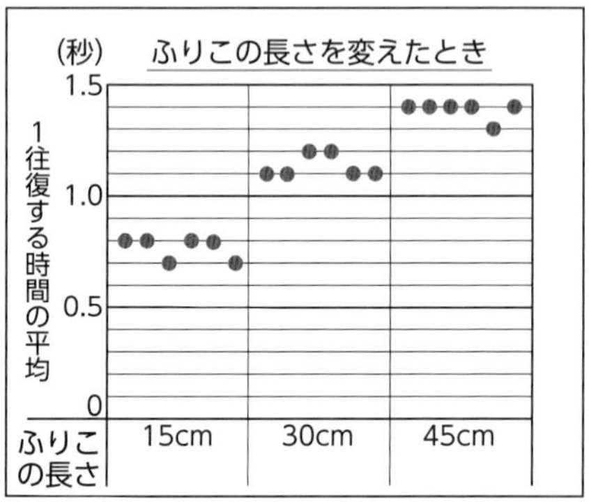

(秒)
ふりこの長さを変えたとき
1往復する時間の平均
1.5
1.0
0.5
0
ふりこの長さ
15cm
30cm
45cm

▶ふりこの長さは、（⑨　　　　）からおもりの（⑩　　　　）までの長さとする。

▶ふりこの｜往復する時間は、ふりこの（⑪　　　　）によって変わる。

▶ふりこの長さが（⑫　　　　）ほど、ふりこの｜往復する時間は長くなる。

ここが、だいじ！

①ふりこの1往復《おうふく》する時間は、10往復する時間をはかって、平均《へいきん》を求める。

②ふりこの1往復する時間は、ふりこの長さによって変わり、ふりこの長さが長いほど、ふりこの1往復する時間は長くなる。

ぴたトリビア　音楽のテンポを合わせるために使われるメトロノームも、ふりこのしくみを利用しています。おもりの位置を上下させるとふりこの長さが変わるので、テンポを変えることができます。

10. ふりこのきまり

①ふりこの1往復《おうふく》する時間1

教科書 139〜143ページ
答え 34ページ

1 写真は、ふりこがはしからはしまで動くようすを、0.1秒ごとにさつえいしたものです。

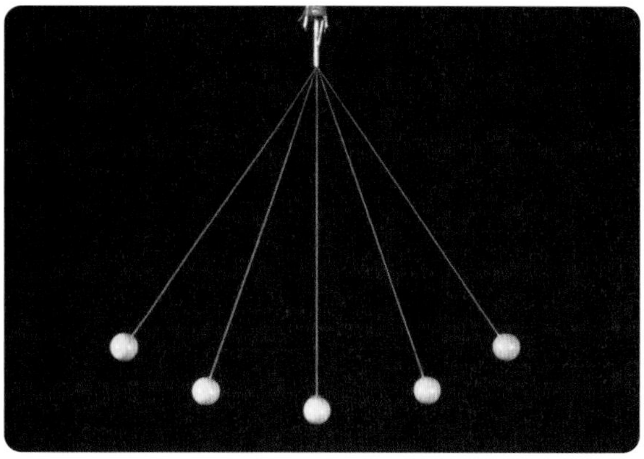

(1) このふりこの1往復する時間は、何秒ですか。正しいものに○をつけましょう。

ア(　　)0.1秒
イ(　　)0.2秒
ウ(　　)0.4秒
エ(　　)0.8秒

(2) ふりこの長さは、どこの長さのことをいいますか。正しいものに○をつけましょう。

ア(　　)ふりこがつり下げられている点から、おもりの上までの長さ(糸の長さ)
イ(　　)ふりこがつり下げられている点から、おもりの中心までの長さ
ウ(　　)ふりこがつり下げられている点から、おもりの下までの長さ

2 ふりこの長さを変えて、ふりこの10往復する時間を3回調べました。

ふりこの長さ	10往復する時間(秒)				10往復する時間の平均《へいきん》(秒)	1往復する時間の平均(秒)
	1回目	2回目	3回目	合計		
15 cm	8.0	7.9	7.7	23.6	(　①　)	0.8
30 cm	11.0	11.1	10.9	33.0	11.0	(　②　)
45 cm	13.5	13.3	13.3	40.1	13.4	(　③　)

(1) この実験で、変える条件《じょうけん》は何ですか。正しいものに○をつけましょう。

ア(　　)ふりこの長さ　　イ(　　)おもりの重さ　　ウ(　　)ふれはば

(2) この実験で、変えない条件は何ですか。正しいもの2つに○をつけましょう。

ア(　　)ふりこの長さ　　イ(　　)おもりの重さ　　ウ(　　)ふれはば

(3) 表の①〜③にあてはまる数字をかきましょう。ただし、平均を求めるときは、小数第2位で四しゃ五入しましょう。

①(　　　　　　)　②(　　　　　　)　③(　　　　　　)

(4) この実験からわかることは何ですか。次の文の(　　)にあてはまる言葉をかきましょう。

ふりこの1往復する時間は、ふりこの(①　　　　　)によって変わる。ふりこの長さが(②　　　　　)ほど、ふりこの1往復する時間は長くなる。

ヒント
❶ (1) ふりこの1往復する時間は、右のはしから出発するとしたら、再《ふたた》び右のはしにもどるまでの時間となります。

学習日　月　日

10. ふりこのきまり

①ふりこの1往復《おうふく》する時間2

めあて
重さやふれはばを変えて、ふりこの1往復する時間を確認しよう。

教科書 144〜148ページ　答え 35ページ

次の(　)にあてはまる言葉をかこう。

1 ふりこの1往復する時間は、何によって変わるのだろうか。

教科書 144〜148ページ

▶おもりの重さとふりこの１往復する時間

- 変える条件《じょうけん》は、おもりの重さ(10 g、20 g、30 g)である。
- 変えない条件は、ふりこの長さ(30 cm)と、ふれはば(20°)である。
- 複数《ふくすう》のおもりをつるすときは、すべてのおもりを(①　　　　)の同じところにかけるようにして、上下につるさない。

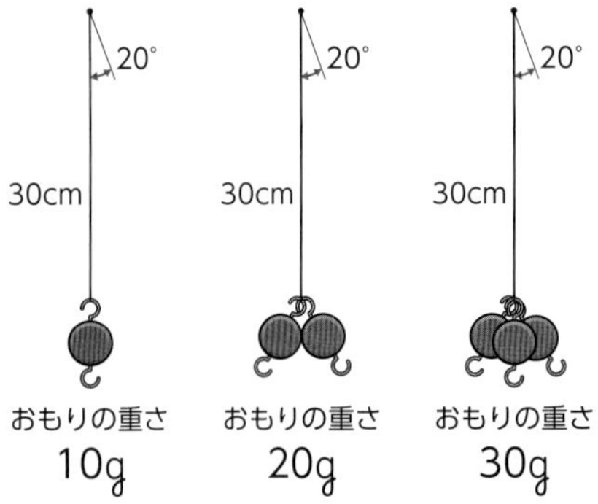

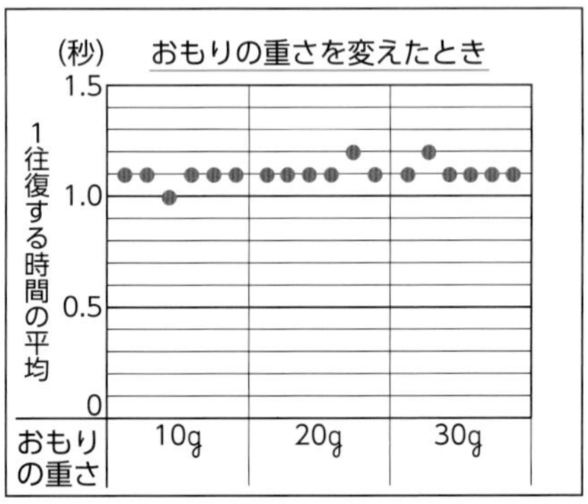

おもりを上下につるすと、ふりこの長さが変わってしまうよ。

▶ふりこの１往復する時間は、おもりの重さによっては(②　　　　　　)。

▶ふれはばとふりこの１往復する時間

- 変える条件は、ふれはば(10°、20°、30°)である。
- 変えない条件は、ふりこの長さ(30 cm)と、おもりの重さ(10 g)である。

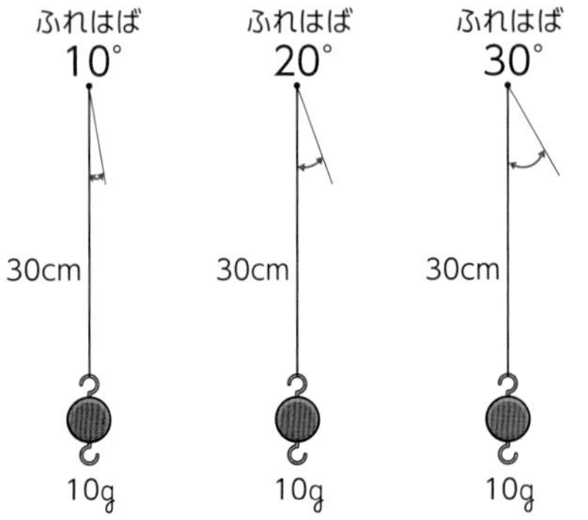

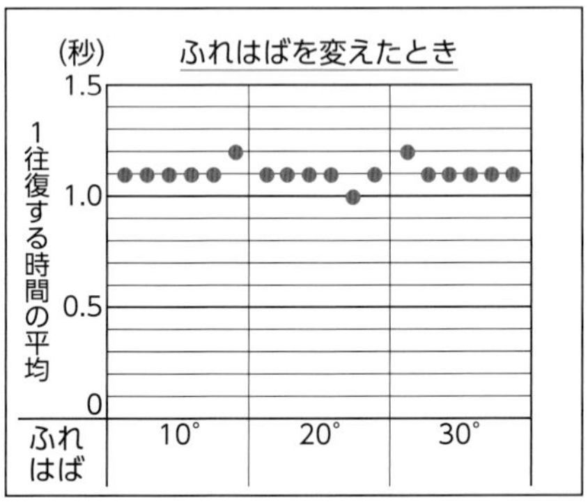

▶ふりこの１往復する時間は、ふれはばによっては(③　　　　　　)。

ここが、だいじ!
①ふりこの1往復《おうふく》する時間は、おもりの重さやふれはばによっては変わらない。

ぴたトリビア
同じ長さのふりこの1往復《おうふく》する時間が、ふりこの重さやふれはばを変えても変わらないことを「ふりこの等時性《とうじせい》」といいます。

ぴったり2

練習

学習日　月　日

10. ふりこのきまり

①ふりこの1往復《おうふく》する時間2

教科書 144～148ページ　答え 35ページ

1 おもりの重さを変えて、ふりこの10往復する時間を3回調べました。

おもりの重さ	10往復する時間(秒)				10往復する時間の平均《へいきん》(秒)	1往復する時間の平均(秒)
	1回目	2回目	3回目	合計		
10 g	11.0	10.9	10.9	32.8	(　①　)	1.1
20 g	10.9	11.0	10.8	32.7	10.9	(　②　)
30 g	11.1	11.0	11.1	33.2	11.1	(　③　)

⑴ この実験で、変える条件《じょうけん》は何ですか。正しいものに○をつけましょう。

ア(　　)ふりこの長さ　イ(　　)おもりの重さ　ウ(　　)ふれはば

⑵ この実験で、変えない条件は何ですか。正しいもの2つに○をつけましょう。

ア(　　)ふりこの長さ　イ(　　)おもりの重さ　ウ(　　)ふれはば

⑶ 表の①～③にあてはまる数字をかきましょう。ただし、平均を求めるときは、小数第2位で四しゃ五入しましょう。

①(　　　　)　②(　　　　)　③(　　　　)

⑷ ふりこの1往復する時間は、おもりの重さによって変わりますか、変わりませんか。

(　　　　)

2 ふれはばを変えて、ふりこの10往復する時間を3回調べました。

ふれはば	10往復する時間(秒)				10往復する時間の平均(秒)	1往復する時間の平均(秒)
	1回目	2回目	3回目	合計		
10°	11.2	11.0	10.9	33.1	(　①　)	1.1
20°	11.0	11.0	10.9	32.9	(　②　)	1.1
30°	11.1	10.8	11.1	33.0	11.0	(　③　)

⑴ この実験で、変える条件は何ですか。正しいものに○をつけましょう。

ア(　　)ふりこの長さ　イ(　　)おもりの重さ　ウ(　　)ふれはば

⑵ この実験で、変えない条件は何ですか。正しいもの2つに○をつけましょう。

ア(　　)ふりこの長さ　イ(　　)おもりの重さ　ウ(　　)ふれはば

⑶ 表の①～③にあてはまる数字をかきましょう。ただし、平均を求めるときは、小数第2位で四しゃ五入しましょう。

①(　　　　)　②(　　　　)　③(　　　　)

⑷ ふりこの1往復する時間は、ふれはばによって変わりますか、変わりませんか。

(　　　　)

時間 30 分

／100

合格 70 点

教科書 138〜151ページ　答え 36ページ

よく出る

1 ふりこの 1 往復《おうふく》する時間を調べます。　1つ5点(25点)

(1) ふりこを下げた点あを何といいますか。

(　　　　　　　)

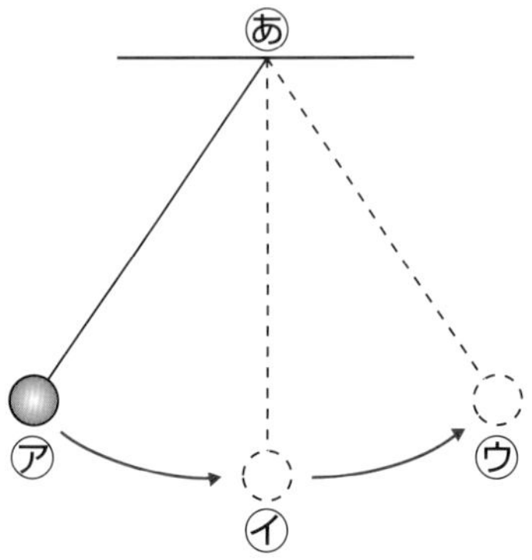

(2) ㋐からふれ始めたふりこの 1 往復を表しているのはどれですか。
正しいものに○をつけましょう。

ア(　　)㋐→㋑→㋒

イ(　　)㋐→㋑→㋒→㋑

ウ(　　)㋒→㋑→㋐

エ(　　)㋐→㋑→㋒→㋑→㋐

(3) ふりこの 1 往復する時間の求め方について、次の(　　)にあてはまる言葉をかきましょう。

技能

> 　ふりこの 1 往復する時間を正確《せいかく》にはかるのはむずかしいので、実験では、ふりこの 10 往復する時間を 3 回はかり、その合計を 3 でわり、10 往復する時間の(①　　　　　　)を求める。
> 　そして、(②　　　　　　)でわり、ふりこの 1 往復する時間の(①)を求める。
> 表に記録するときは、小数第 2 位で(③　　　　　　)する。

2 ふりこの長さを変えて、ふりこの 1 往復する時間を調べました。　1つ5点、(1)は全部できて5点(15点)

(1) この実験で、変えない条件《じょうけん》は何ですか。2 つかきましょう。

(　　　　　　　)　(　　　　　　　)

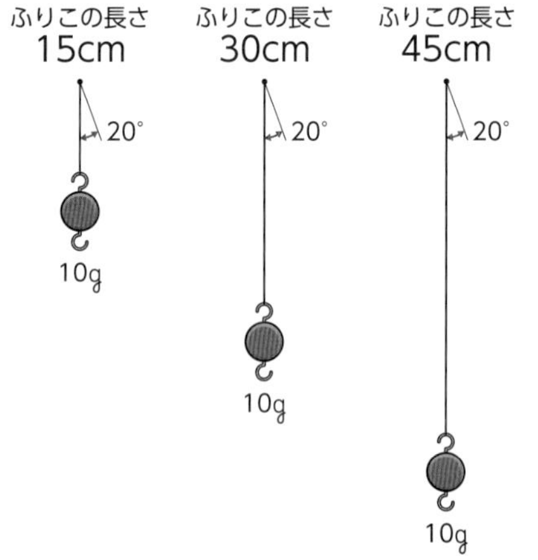

(2) 表の ① にあてはまる数字として、正しいものに○をつけましょう。

ア(　　) 0.7 秒　イ(　　) 1.0 秒

ウ(　　) 1.2 秒　エ(　　) 1.4 秒

(3) 記述 ふりこの 1 往復する時間と、ふりこの長さにはどのような関係があるか、説明しましょう。　思考・表現

(　　　　　　　　　　　　　　)

ふりこの長さ	1 往復する時間の平均《へいきん》
15 cm	0.7 秒
30 cm	1.2 秒
45 cm	(　①　)秒

学習日　　月　　日

3 おもりの重さを変えて、ふりこの１往復する時間を調べました。

1つ5点(10点)

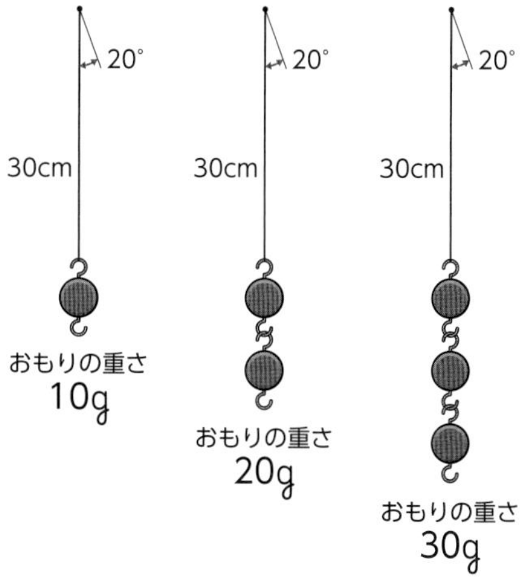

(1) 記述 この実験で複数《ふくすう》のおもりをつるすときは、図のように上下におもりをつるさないようにしますが、それはなぜでしょうか。　思考・表現

(　　　　　　　　　　)

(2) ふりこの１往復する時間と、おもりの重さにはどのような関係がありますか。次の文の(　　)にあてはまる言葉をかきましょう。

○ ふりこの１往復する時間は、おもりの重さによって(　　　　　　)。

4 ふれはばを変えて、ふりこの１往復する時間を３回調べました。

1つ4点(12点)

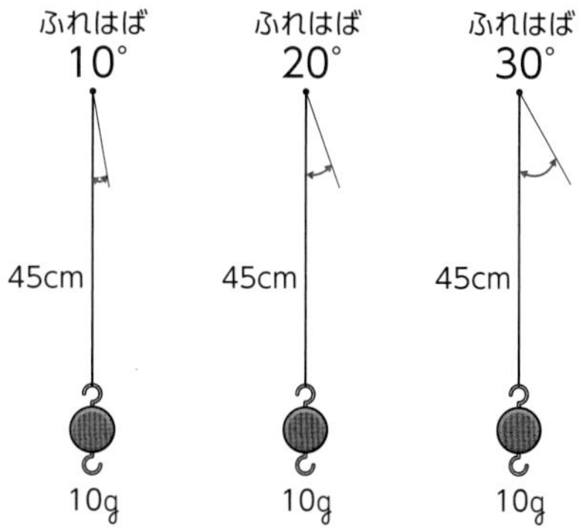

ふれはば	10往復する時間(秒)				10往復する時間の平均(秒)	1往復する時間の平均(秒)
	1回目	2回目	3回目	合計		
10°	14.1	14.2	14.1	42.4	14.1	(①)
20°	14.1	14.3	14.2	42.6	14.2	1.4
30°	14.2	14.3	14.3	42.8	(②)	(③)

表の①～③にあてはまる数字をかきましょう。ただし、平均を求めるときは、小数第２位で四しゃ五入しましょう。

①(　　　　)　②(　　　　)　③(　　　　)

72ページに続きます。

5 図のような条件で、ふりこの 1 往復する時間を調べました。

1つ5点(10点)

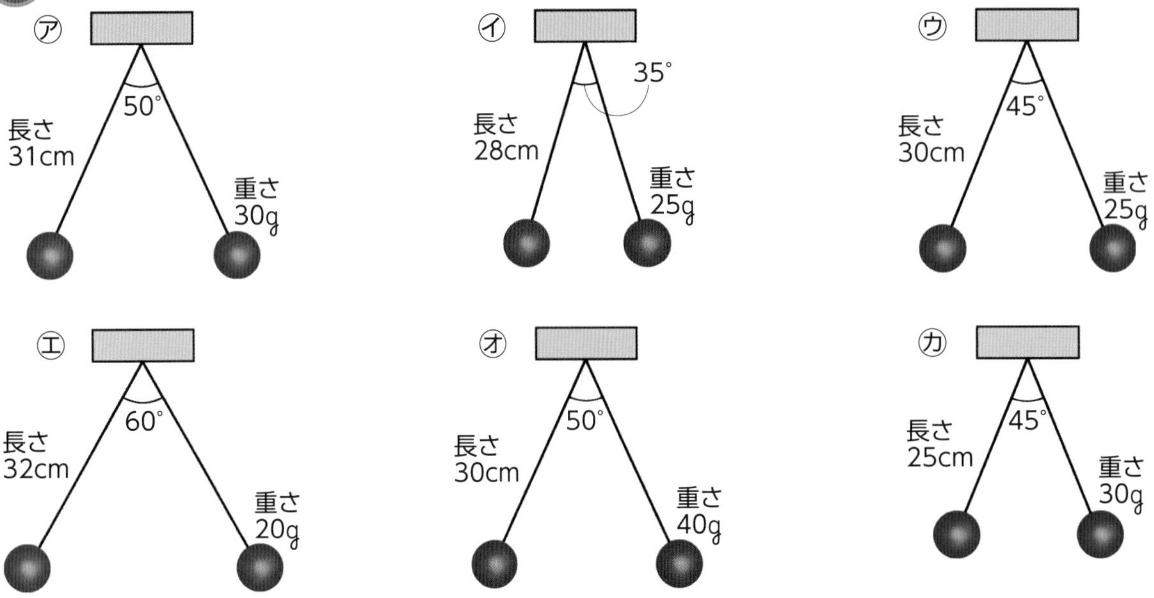

㋐
50°
長さ
31cm
重さ
30g
㋑
35°
長さ
28cm
重さ
25g
㋒
45°
長さ
30cm
重さ
25g
㋓
60°
長さ
32cm
重さ
20g
㋔
50°
長さ
30cm
重さ
40g
㋕
45°
長さ
25cm
重さ
30g

(1) 1往復する時間が同じふりこは、㋐～㋕のうちでは、どれとどれですか。

(　　　　と　　　　)

(2) 1往復する時間がいちばん長いふりこは、㋐～㋕のどれですか。 (　　　)

できたらスゴイ!

6 ふりこ時計は、ふりこの 1 往復する時間をもとにしてはりが進みます。

思考・表現

1つ7点(28点)

(1) 金属《きんぞく》でできたふりこの長さは、温度が高くなると長くなり、温度が低くなると短くなります。ふりこ時計は、その季節によってはりの進み方が変わります。それはなぜですか。正しいものに○をつけましょう。

ア(　　)季節によって、日光の強さが変わるから。

イ(　　)季節によって、昼の長さが変わるから。

ウ(　　)季節によって、気温が変わるから。

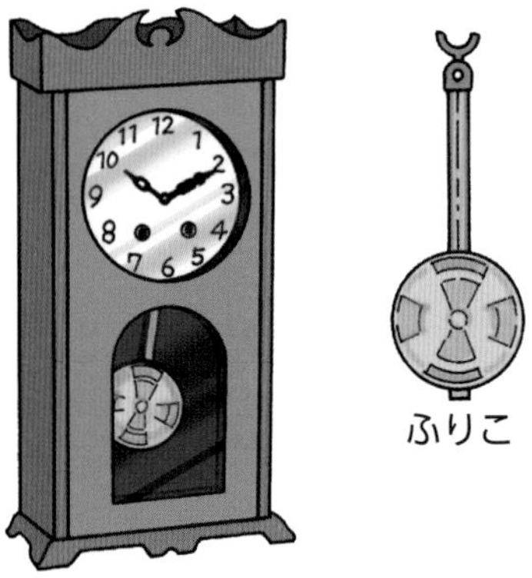

ふりこ

(2) 季節によって、ふりこの1往復する時間が変わるのは、ふりこの何が変わるからですか。

(　　　　　　　)

(3) 夏は、冬と比《くら》べて、ふりこ時計のはりの進み方が、速くなりますか。それともおそくなりますか。

(　　　　　　　)

(4) 記述 夏になって、ふりこ時計のはりの進み方が変わってしまったのを正しくするには、どうすればよいですか。

(　　　　　　　　　　　　　　　　　　　　)

夏のチャレンジテスト

教科書 6～49ページ

名前　　　月　　日

時間 40分

知識・技能	思考・判断・表現	合格80点
／60	／40	／100

答え38ページ

知識・技能

1 雲のようすを観察しました。

1つ3点(6点)

(1) 空全体を10としたとき、天気を「晴れ」とする雲の量はどれですか。正しいものに○をつけましょう。

ア(　　)0～1
イ(　　)0～8
ウ(　　)8～10
エ(　　)1～10

(2) 天気が「くもり」なのは、あ、いのどちらですか。

(　　)

2 インゲンマメの種子について調べました。

1つ3点(12点)

(1) インゲンマメの種子を　㋐　㋑

3 インゲンマメの種子をバーミキュライトにまき、一方だけに水をあたえて観察しました。

1つ3点(6点)

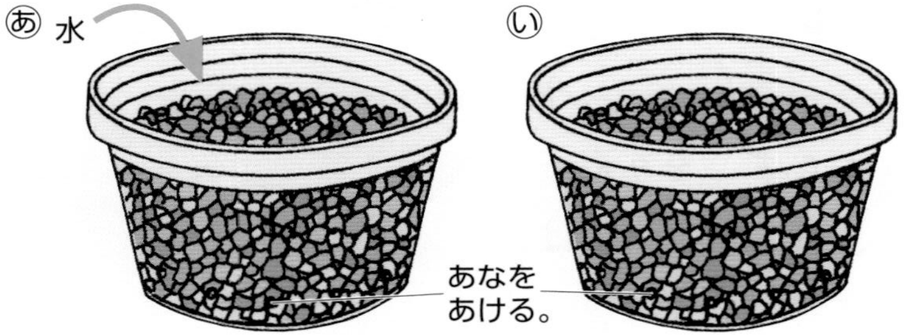

(1) この実験で使ったバーミキュライトはどのような土ですか。正しいものに○をつけましょう。

ア(　　)空気を通しにくい土である。
イ(　　)肥料《ひりょう》をふくまない土である。
ウ(　　)水はけがよい土である。

(2) 発芽したのはあだけでした。この実験の結果からわかることは何ですか。正しいものに○をつけましょう。

ア(　　)発芽には水と空気が必要である。
イ(　　)発芽には水も空気も必要ない。
ウ(　　)発芽には水が必要である。
エ(　　)発芽には水は必要ない。

わって開きました。

①葉やくきや根になる部分は、㋐、㋑のどちらですか。　（　　　）

②㋐の部分を何といいますか。

（　　　　　　）

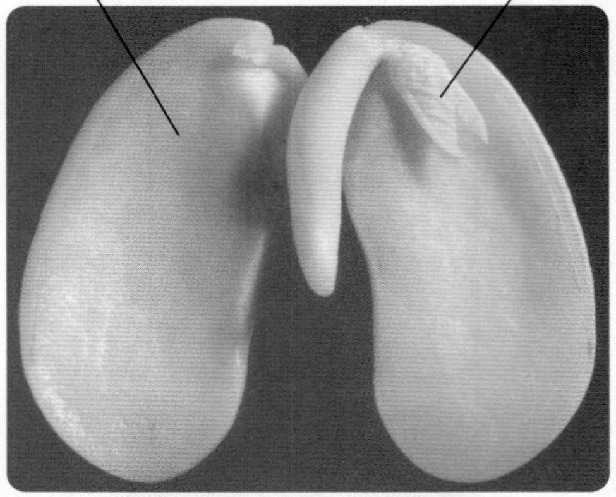

(2) 発芽する前の㋐とした後の㋐をヨウ素液《そえき》にひたしました。

発芽する前

発芽した後

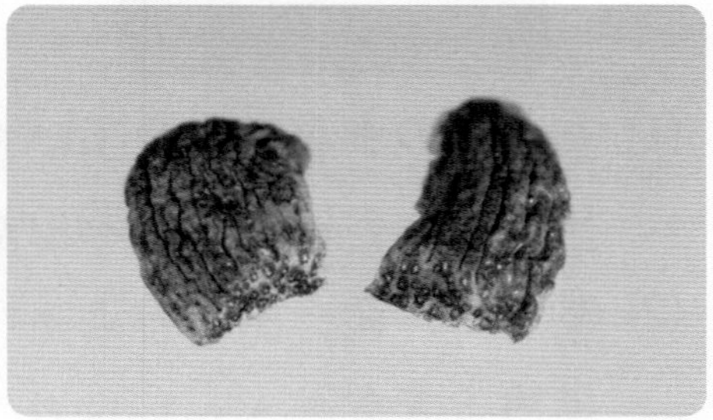

①ヨウ素液で、色が変わったところにふくまれている物は何ですか。　（　　　　　　）

②発芽する前と後で、①の量はどうなりましたか。正しいものに○をつけましょう。

ア（　　）多くなった。　イ（　　）少なくなった。

ウ（　　）変化しなかった。

4 いろいろな条件《じょうけん》で、インゲンマメの種子が芽を出すかどうかを調べました。

1つ3点(12点)

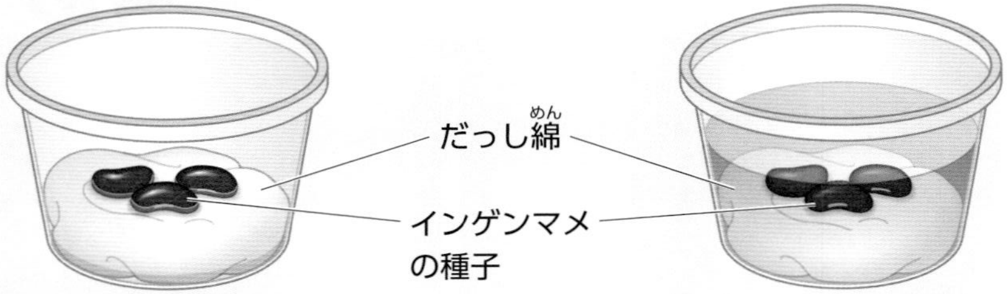

㋐ いつも空気にふれているようにする。　㋑ 水にしずめて、空気にふれないようにする。

(1) ㋐のだっし綿は、どうしておくとよいですか。正しいほうに○をつけましょう。

ア（　　）いつも水でしめらせておく。

イ（　　）よくかわかしておく。

(2) 発芽したのは、㋐、㋑のどちらですか。　（　　　）

(3) 温度の条件を調べるために、種子をまいた入れ物を冷ぞう庫に入れて、光が当たらない場所において箱をかぶせた物と比《くら》べました。箱をかぶせたのは、何の条件を同じにするためですか。正しいものに○をつけましょう。

ア（　　）空気　イ（　　）温度　ウ（　　）光(日光)

(4) 種子の発芽に関係しない条件はどれですか。あてはまる組み合わせに○をつけましょう。

ア（　　）肥料と適当《てきとう》な温度　イ（　　）土と空気

ウ（　　）光と適当な温度　エ（　　）土と光

うらにも問題があります。

(切り取り線)

(切り取り線)

冬のチャレンジテスト

教科書 52〜113ページ

月　日

名前

時間 40分

知識・技能	思考・判断・表現	合格80点
／60	／40	／100

答え40ページ

知識・技能

1 ヘチマとアサガオの花のつくりを比《くら》べました。

1つ3点(9点)

ヘチマの花㋐　ヘチマの花㋑

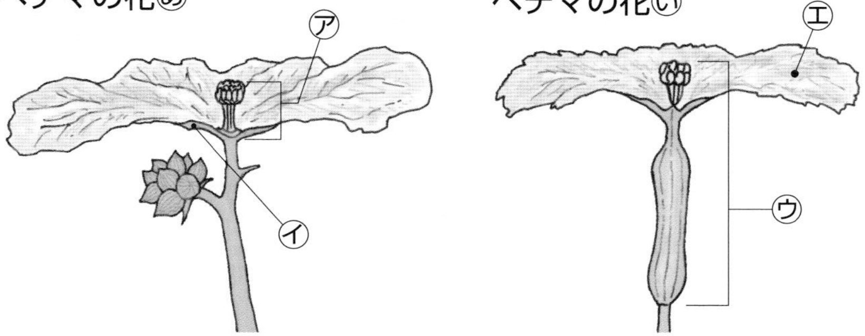

アサガオの花

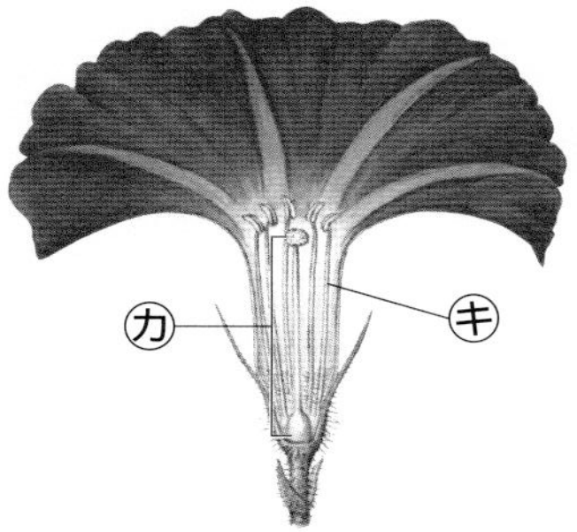

(1) ヘチマの花のおばなは、あ、いのどちらですか。
(　　　)

(2) ヘチマの花粉《かふん》ができるのは、㋐〜㋓のどこですか。
(　　　)

(3) アサガオの花の㋕は、ヘチマの花の㋐〜㋓のどれにあたりますか。
(　　　)

3 同じ川の3つの場所で、川原《かわら》の石を集めました。

1つ3点(12点)

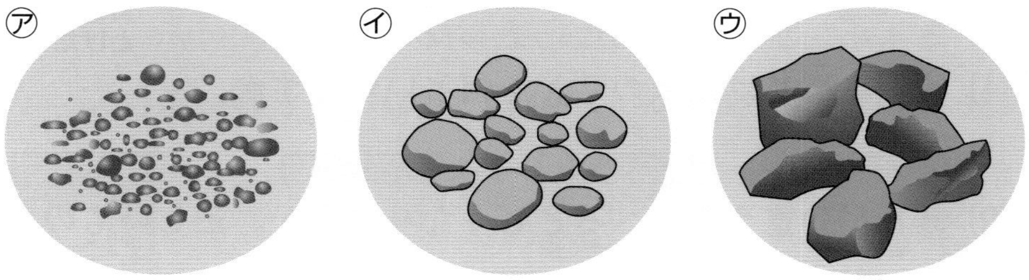

(1) 水の流れが速く、川はばのせまいところで集められた石は㋐〜㋒のどれですか。
(　　　)

(2) 平地を流れている、川の流れがゆるやかな川原で集められた石は㋐〜㋒のどれですか。
(　　　)

(3) 流れる水が土や石などを運ぶはたらきを何といいますか。
(　　　)

(4) 流れる水が土や石などを積もらせるはたらきを何といいますか。
(　　　)

4 土でつくった山の上から水を流しました。

1つ3点(9点)

2 ています。　　1つ3点(9点)

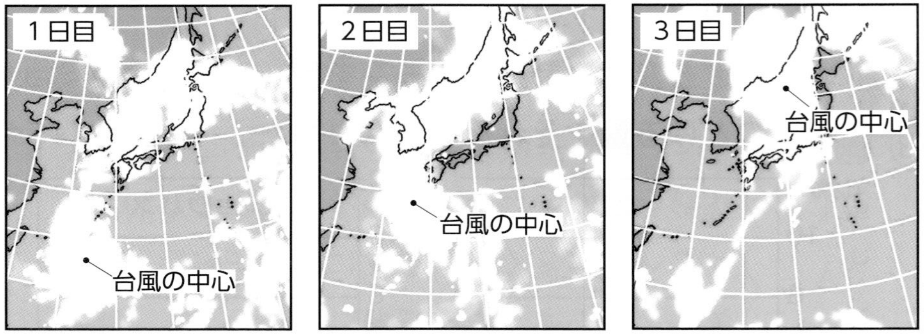

1日目
台風の中心
2日目
台風の中心
3日目
台風の中心

(1) 台風が日本に多くやってくるのはいつごろですか。正しいものに◯をつけましょう。

ア(　　)春　　イ(　　)春から夏にかけて

ウ(　　)夏　　エ(　　)夏から秋にかけて

(2) 3日間の、台風の動きの向きと速さはどうでしたか。正しいものに◯をつけましょう。

ア(　　)北から南の方へ動き、しだいに速くなった。

イ(　　)北から南の方へ動き、しだいにおそくなった。

ウ(　　)南から北の方へ動き、しだいに速くなった。

エ(　　)南から北の方へ動き、しだいにおそくなった。

(3) 台風が近づくと、天気はどのように変わりますか。正しいものに◯をつけましょう。

ア(　　)強い風がふき、短時間に大雨がふることが多い。

イ(　　)弱い雨や風が、長時間にわたり続くことが多い。

かたむきが大きい。
かたむきが小さい。

(1) 流れる水が地面をけずるはたらきを何といいますか。

(　　　　　　)

(2) 山のかたむきが大きいと、流れる水が地面をけずるはたらきはどうなりますか。正しいものに◯をつけましょう。

ア(　　)山のかたむきが大きいと、流れる水が地面をけずるはたらきも大きい。

イ(　　)山のかたむきが大きいと、流れる水が地面をけずるはたらきは小さい。

ウ(　　)山のかたむきが大きくても、流れる水が地面をけずるはたらきは変わらない。

(3) 流す水の量を多くすると、流れる水が地面をけずるはたらきは大きくなりますか。それとも小さくなりますか。

(　　　　　　)

春のチャレンジテスト

教科書 114~151ページ

名前　　　　月　　日

時間 40分

知識・技能	思考・判断・表現	合格80点
／60	／40	／100

答え42ページ

知識・技能

1 図のあといが結びつくと、人の生命がたんじょうします。

1つ3点(9点)

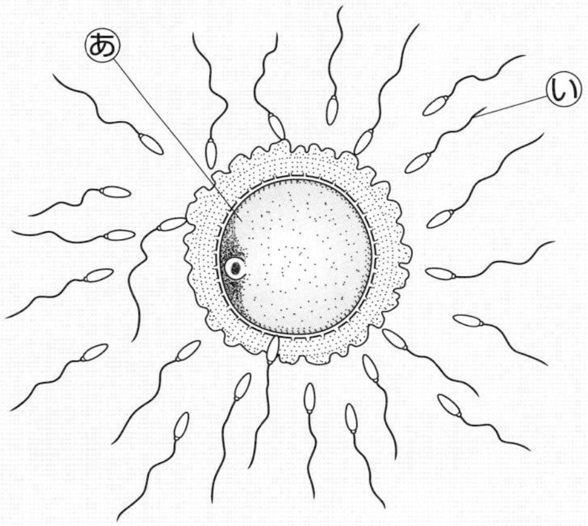

(1) 女性《じょせい》の体内でつくられるのは、あ、いのどちらですか。

(　　　)

(2) いを何といいますか。

(　　　)

(3) あといが結びつくことを何といいますか。

(　　　)

2 図は、女性の体内の子どものようすを表しています。

1つ3点(12点)

(1) 図のように、女性の体内にある、子どもがうまれるまで育つところを何といいますか。

3 エナメル線をまいてつくったコイルに、鉄のくぎを入れました。

1つ3点(9点)

(1) エナメル線は、銅線《どうせん》にエナメルをぬった物です。銅とエナメルは、それぞれ電気を通しますか。正しいものに○をつけましょう。

ア(　　)銅もエナメルも電気を通す。
イ(　　)銅は電気を通すが、エナメルは電気を通さない。
ウ(　　)銅は電気を通さないが、エナメルは電気を通す。
エ(　　)銅もエナメルも電気を通さない。

(2) コイルに電流を流して、電磁石《でんじしゃく》にしました。これを鉄のゼムクリップの上に近づけると、ゼムクリップはどのようにつきますか。正しいものに○をつけましょう。

ア(　　)　イ(　　)　ウ(　　)　エ(　　)

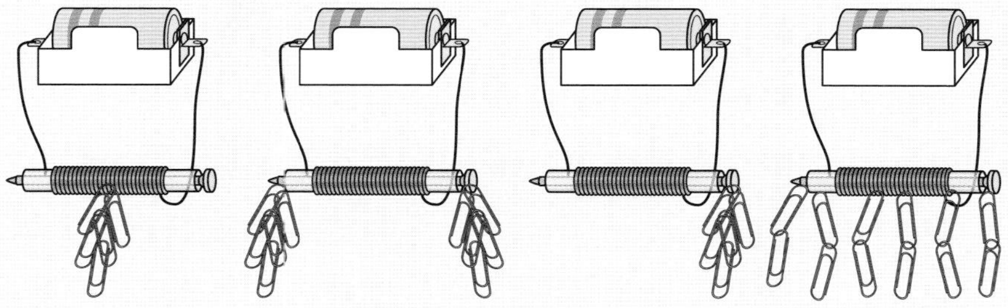

(3) かん電池のつなぎ方を反対にすると、電磁石のN極《エヌきょく》とS極《エスきょく》

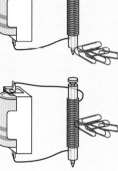

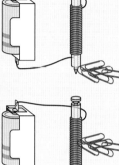

(　　　　　　)

(2) 図の㋐のことを何といいますか。

(　　　　　　)

(3) 図の㋑のはたらきは何ですか。正しいものに○をつけましょう。

ア(　　)ここを通して、母親から養分などをとり入れ、いらなくなったものを返す。

イ(　　)ここを通して、母親から血液(けつえき)が流れこみ、養分などをもらっている。

ウ(　　)母親から運ばれてきた養分と、子どもから運ばれてきたいらなくなった物を交かんする。

エ(　　)子どもができるだけ動かないように、母親のからだにつなぎとめている。

(4) [記述] ㋒は、子どもをかこんでいる液体です。これは、どのようなはたらきをしていますか。

(　　　　　　　　　　　　　　)

はどうなりますか。正しいものに○をつけましょう。

ア(　　)どちらもN極になる。

イ(　　)どちらもS極になる。

ウ(　　)N極とS極が反対になる。

エ(　　)N極とS極は変わらない。

4 図のような電流計で、電流の大きさをはかりました。

1つ5点(15点)

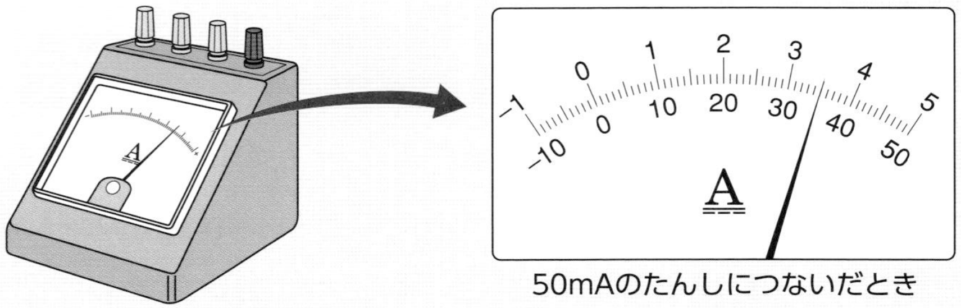

50mAのたんしにつないだとき

(1) 初めにつなぐ－(マイナス)たんしは、5Aと50mAのどちらですか。

(　　　　　　)

(2) 図のはりがさす目もりは、何mAですか。

(　　　　　　)

(3) [記述] 電流計にかん電池だけをつないではいけません。その理由をかきましょう。

(　　　　　　　　　　　　　　)

うらにも問題があります。

(切り取り線)

5年 理科のまとめ 学力診断《しんだん》テスト

名前　　　　　　　月　　日

時間 40分　　合格80点　　／100

答え44ページ

1 条件《じょうけん》を変えてインゲンマメを育てて、植物の成長の条件を調べました。

1つ3点、(1)、(2)は全部できて3点(9点)

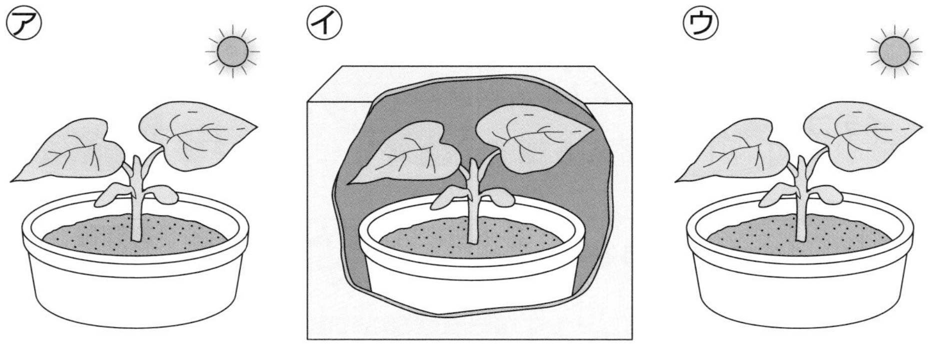

・日光＋肥料《ひりょう》＋水　　・肥料＋水　　・日光＋水

(1) 日光と成長の関係を調べるには、㋐～㋒のどれとどれを比《くら》べるとよいですか。　(　　)と(　　)

(2) 肥料と成長の関係を調べるには、㋐～㋒のどれとどれを比べるとよいですか。　(　　)と(　　)

(3) 最もよく成長するのは、㋐～㋒のどれですか。　(　　)

2 メダカを観察しました。

1つ3点(9点)

4 アサガオの花のつくりを観察しました。

1つ2点(14点)

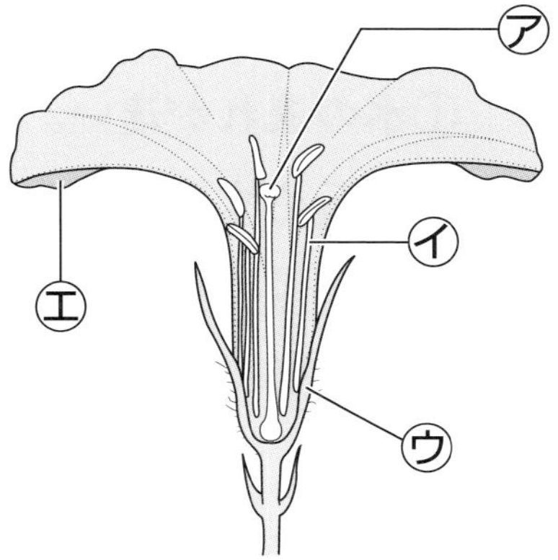

(1) ㋐～㋓の部分を、それぞれ何といいますか。

㋐(　　　　)
㋑(　　　　)
㋒(　　　　)
㋓(　　　　)

(2) おしべの先にある粉《こな》を、何といいますか。　(　　　　)

(3) めしべの先に(2)がつくことを、何といいますか。　(　　　　)

(4) 実ができると、その中には何ができていますか。　(　　　　)

5 天気の変化を観察しました。

1つ2点、(2)は全部できて2点(10点)

(1) 下の雲のようすは、それぞれ晴れとくもりのどちらの天気

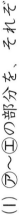

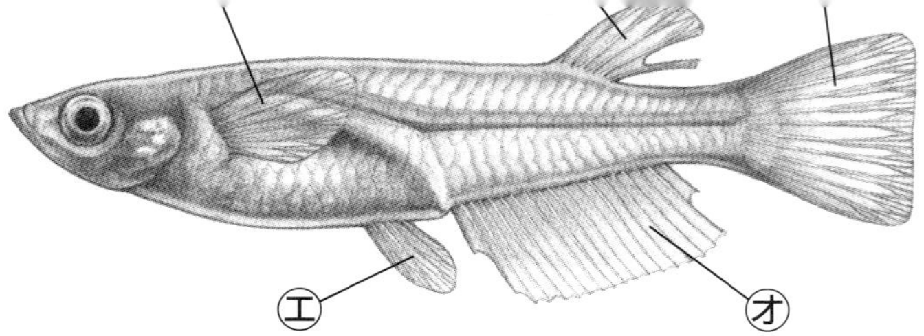

(1) 図のメダカは、めすですか、おすですか。

(　　　　)

(2) めすとおすを見分けるには、㋐～㋔のどのひれに注目するとよいですか。2つ選び、記号で答えましょう。

(　　)と(　　)

3 **図は、母親の体内で成長する人の子どもです。**

1つ3点(9点)

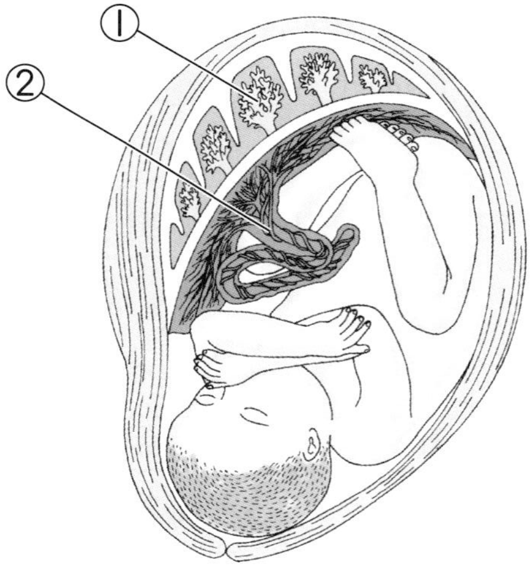

(1) ①、②の部分を、それぞれ何といいますか。

①(　　　　　　)

②(　　　　　　)

(2) 人の子どもが、母親の体内で育つ期間は約何週間ですか。

約(　　　)週間

ですか。

雲の量：3

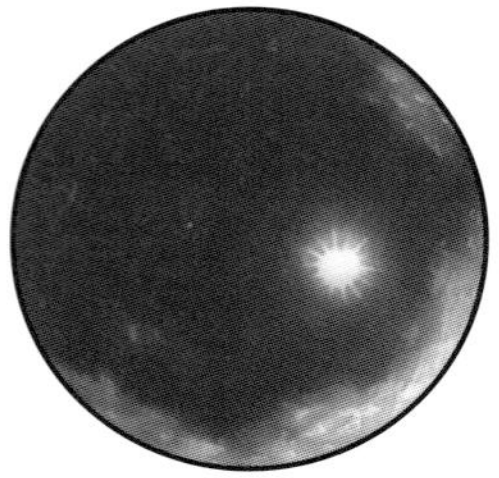

雲の量：6

雲の量：9

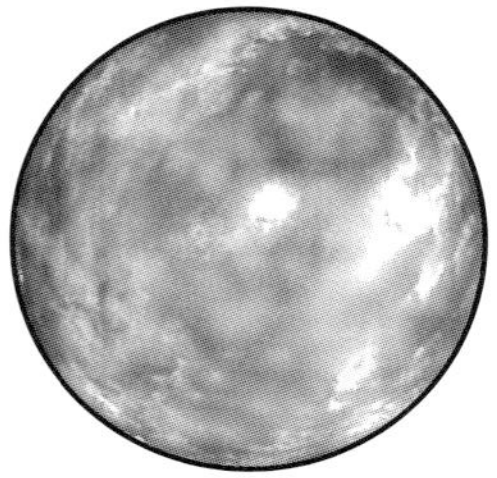

㋐(　　　　)　㋑(　　　　)　㋒(　　　　)

(2) 下の図は、台風の動きを表しています。①～③を、日づけの順にならべましょう。

① ② ③

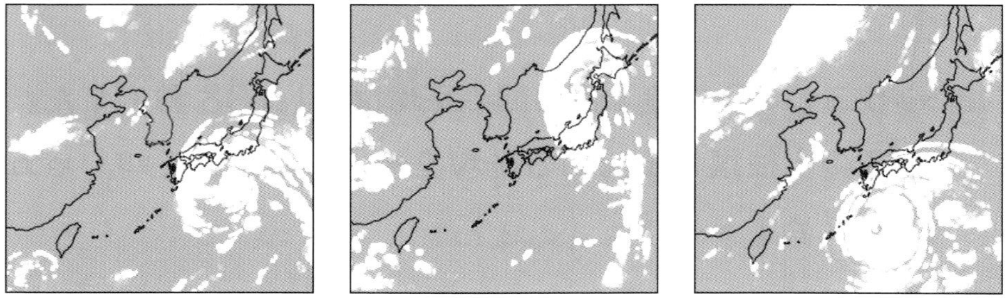

(　　→　　→　　)

(3) 台風はどこで発生しますか。㋐～㋓から選んで、記号で答えましょう。

(　　)

㋐日本の北の方の陸上　㋑日本の北の方の海上
㋒日本の南の方の陸上　㋓日本の南の方の海上

うらにも問題があります。

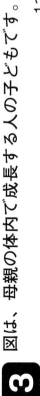

教科書ぴったりトレーニング

丸つけラクラク解答

この「丸つけラクラク解答」は
とりはずしてお使《つか》いください。

東京書籍版
理科５年

「丸つけラクラク解答」では問題《もんだい》と同じ紙面《しめん》に、赤字で答えを書いています。

①問題がとけたら、まずは答え合わせをしましょう。

②まちがえた問題やわからなかった問題は、てびきを読んだり、教科書を読み返したりしてもう一度《いちど》見直しましょう。

おうちのかたへ では、次のようなものを示しています。

- 学習のねらいやポイント
- 他の学年や他の単元の学習内容とのつながり
- まちがいやすいことやつまずきやすいところ

お子様への説明や、学習内容の把握などにご活用ください。

見やすい答え

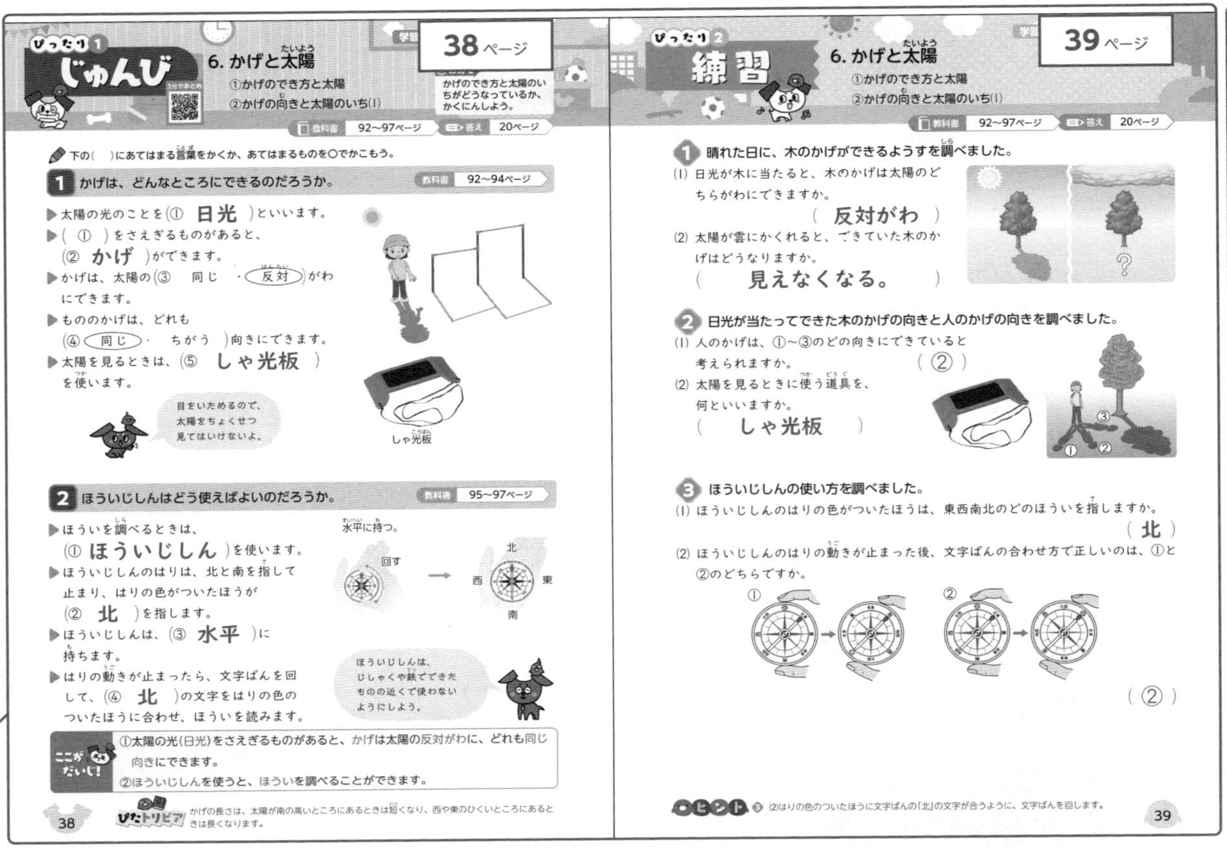
ぴったり１ じゅんび

6. かげと太陽《たいよう》

①かげのでき方と太陽
②かげの向《む》きと太陽のいち(1)

38ページ

かげのでき方と太陽のいちがどうなっているか、かくにんしよう。

教科書 92〜97ページ　答え 20ページ

下の(　)にあてはまる言葉《ことば》をかくか、あてはまるものを○でかこもう。

1 かげは、どんなところにできるのだろうか。 教科書 92〜94ページ

▶太陽の光のことを(① 日光)といいます。
▶(①)をさえぎるものがあると、(② かげ)ができます。
▶かげは、太陽の(③ 同じ ・ 反対《はんたい》(○))がわにできます。
▶もののかげは、どれも(④ 同じ(○) ・ ちがう)向きにできます。
▶太陽を見るときは、(⑤ しゃ光板)を使《つか》います。

2 ほういじしんはどう使えばよいのだろうか。 教科書 95〜97ページ

▶ほういを調《しら》べるときは、(① ほういじしん)を使います。
▶ほういじしんのはりは、北と南を指《さ》して止まり、はりの色がついたほうが(② 北)を指します。
▶ほういじしんは、(③ 水平)に持《も》ちます。
▶はりの動《うご》きが止まったら、文字ばんを回して、(④ 北)の文字をはりの色のついたほうに合わせ、ほういを読みます。

ここがだいじ！
①太陽の光(日光)をさえぎるものがあると、かげは太陽の反対がわに、どれも同じ向きにできます。
②ほういじしんを使うと、ほういを調べることができます。

ぴたトリビア かげの長さは、太陽が南の高いところにあるときは短《みじか》くなり、西や東のひくいところにあるときは長くなります。

38

ぴったり２ 練習

6. かげと太陽《たいよう》

①かげのでき方と太陽
②かげの向《む》きと太陽のいち(1)

39ページ

教科書 92〜97ページ　答え 20ページ

1 晴れた日に、木のかげができるようすを調《しら》べました。

(1) 日光が木に当たると、木のかげは太陽のどちらがわにできますか。
(反対がわ)

(2) 太陽が雲にかくれると、できていた木のかげはどうなりますか。
(見えなくなる。)

2 日光が当たってできた木のかげの向きと人のかげの向きを調べました。

(1) 人のかげは、①〜③のどの向きにできていると考えられますか。
(②)

(2) 太陽を見るときに使《つか》う道具《どうぐ》を、何といいますか。
(しゃ光板)

3 ほういじしんの使い方を調べました。

(1) ほういじしんのはりの色がついたほうは、東西南北のどのほういを指《さ》しますか。
(北)

(2) ほういじしんのはりの動《うご》きが止まった後、文字ばんの合わせ方で正しいのは、①と②のどちらですか。
(②)

ヒント 3 (2)はりの色のついたほうに文字ばんの「北」の文字が合うように、文字ばんを回します。

39

39ページ　てびき

❶ (1)かげは太陽《たいよう》の反対《はんたい》がわにできます。
(2)日光をさえぎるものがあると、かげができます。日光が当たらなければ、かげはできません。

❷ (1)かげはどれも同じ向《む》きにできるため、人のかげは木のかげと同じ向きにできます。
(2)目をいためるので、ぜったいに太陽をちょくせつ見てはいけません。

❸ (1)ほういじしんのはりの色がついたほうは、北を向いて止まります。
(2)ほういじしんのはりの動きが止まってから、文字ばんを回して、「北」の文字をはりの色のついたほうに合わせます。

くわしいてびき

おうちのかたへ　**6. かげと太陽**

日光により影ができること、太陽が動くと影も動くこと、日なたと日かげではようすが違うことを学習します。太陽と影(日かげ)との関係が考えられるか、日なたと日かげの違いについて考えることができるか、などがポイントです。

おうちのかたへ

※紙面はイメージです。

ぴったり1 準備

1. 天気の変化
①雲と天気

3分でまとめ

学習 **2ページ**

天気の変化と雲のようすにどのような関係があるのかを確認しよう。

教科書 7~11ページ　答え 2ページ

次の(　)にあてはまる言葉をかこう。

1 天気の変化と雲のようすには、どのような関係があるのだろうか。　教科書 7~11ページ

▶天気の見分け方

- 「晴れ」と「くもり」の天気は、空全体を(① 10)としたときの、およその雲の量で決める。
- 雲の量が0~(② 8)のときを「晴れ」、(③ 9)~10のときを「くもり」とする。
- それぞれの天気をかこう。

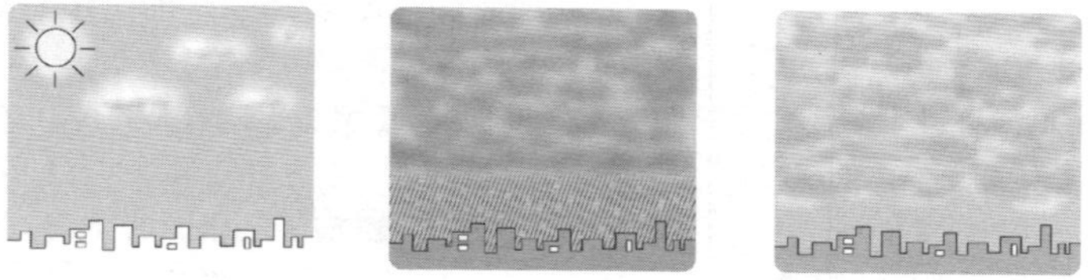

(④ 晴れ)　(⑤ 雨)　(⑥ くもり)

▶天気が変わるときの雲のようすを調べる。

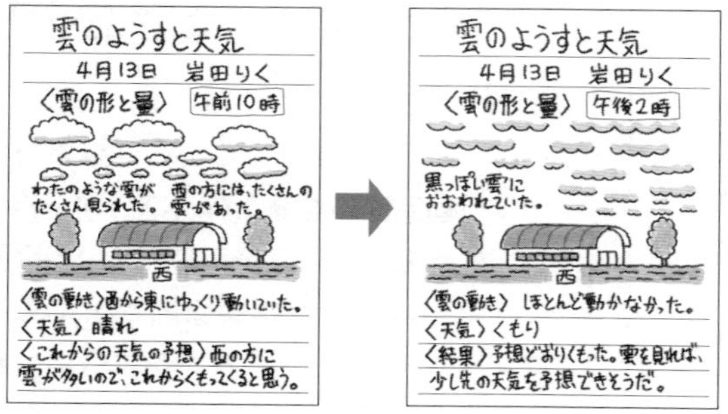
雲のようすと天気
4月13日　岩田りく
〈雲の形と量〉 午前10時
わたのような雲がたくさん見られた。
西の方には、たくさんの雲があった。
西
〈雲の動き〉西から東にゆっくり動いていた。
〈天気〉晴れ
〈これからの天気の予想〉西の方に雲が多いので、これからくもってくると思う。
雲のようすと天気
4月13日　岩田りく
〈雲の形と量〉 午後2時
黒っぽい雲におおわれていた。
西
〈雲の動き〉ほとんど動かなかった。
〈天気〉くもり
〈結果〉予想どおりくもった。雲を見れば、少し先の天気を予想できそうだ。

- 天気の変化には、雲の(⑦ 量)や(⑧ 動き)が関係している。
- 天気が変化するときには、(⑨ 雲)のようすが変化する。

ここがだいじ!
①天気の変化には、雲の量や動きが関係している。
②天気が変化するときには、雲のようすが変化する。

ぴたトリビア　黒っぽい色で空一面に広がっている、雨や雪をふらせる雲を「らんそう雲《うん》(雨雲《あまぐも》)」とよびます。

ぴったり2 練習

1. 天気の変化
①雲と天気

学習 **3ページ**

教科書 7~11ページ　答え 2ページ

1 雲のようすを観察しました。

(1) 雲の色が白っぽいのは、あ、いのどちらですか。
(い)

(2) 雲が空の広い部分をおおっているのは、あ、いのどちらですか。
(あ)

(3) 雨がふっているときに、よく見られる雲は、あ、いのどちらですか。
(あ)

(4) 天気が「晴れ」なのは、あ、いのどちらですか。
(い)

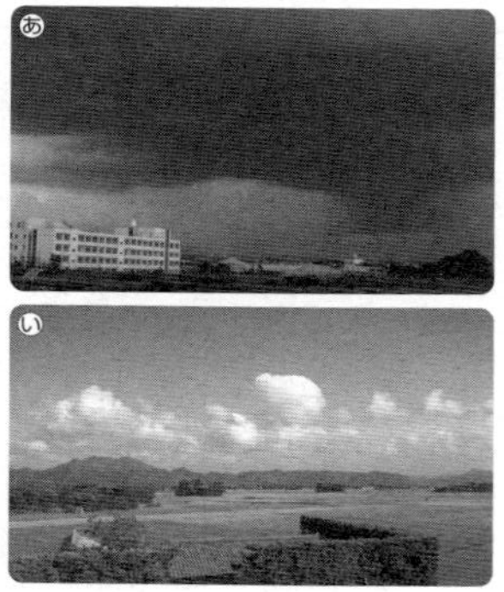
あ
い

2 1日のうちの時こくを変えて、雲の形と量を調べました。図は、その記録の一部です。

(1) 記録された雲のようすから考えて、この日の午前10時と午後2時の天気は、それぞれ何でしたか。
午前10時(晴れ)
午後2時(くもり)

(2) 午前10時と午後2時の雲の動きは、どのようなものでしたか。正しいものに○をつけましょう。
ア(　)どちらもあまり動かなかった。
イ(○)午前10時はゆっくり動いていたが、午後2時にはあまり動かなかった。
ウ(　)どちらも動いていた。

(3) 午後2時に空をおおった雲は、どのようにしてできましたか。正しいほうに○をつけましょう。
ア(　)雲が大きくなった。
イ(○)ほかのところにあった雲が動いてきた。

〈雲の形と量〉 午前10時
わたのような雲がたくさん見られた。
西の方には、たくさんの雲があった。
西
〈雲の形と量〉 午後2時
黒っぽい雲におおわれていた。
西

おうちのかたへ　1. 天気の変化
雲の様子と天気の変化について学習します。雲の量や動き方によって天気がどのように変化するか理解しているか、気象情報を読み取って天気を予想することができるか、などがポイントです。

3ページ　てびき

❶ (1)雲が厚《あつ》くなって、太陽の光を通さなくなると、かげになって雲が黒く見えるようになります。
(3)雨をふらせる雲は厚さが厚く、下からは黒く見えます。
(4)空全体を10としたとき、雲の量が0~8のときを「晴れ」、9~10のときを「くもり」とします。

❷ (1)午前10時にも午後2時にも雨がふっていません。そのようなときは、空をおおう雲の量で、晴れかくもりかを決めます。
(2)、(3)午前10時には西の方にたくさんの雲があったので、午後2時になるまでの間に雲が動いてきて、空をおおいつくしたと考えられます。

おうちのかたへ
天気による1日の気温の変化は、4年で学習しています。また、台風による天気の変化は、「5. 台風と天気の変化」で学習します。

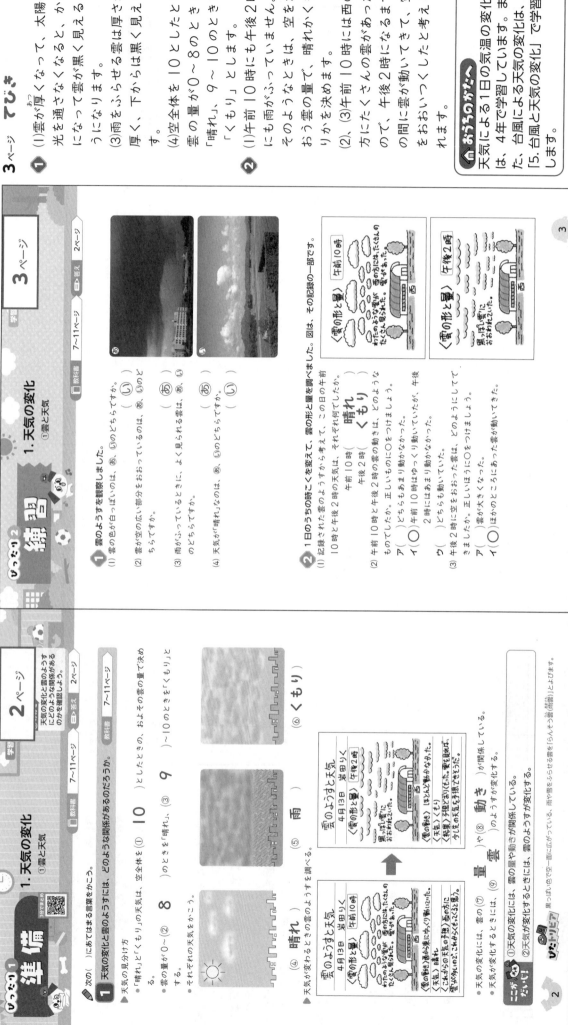

ぴったり1 準備

1. 天気の変化
②天気の予想

学習 **4ページ**

天気の変化のしかたにきまりのようなものがあるのかを確認しよう。

教科書 12〜16ページ　答え 3ページ

次の(　)にあてはまる言葉をかこう。

1 天気の変化のしかたには、きまりのようなものがあるのだろうか。　教科書 12〜16ページ

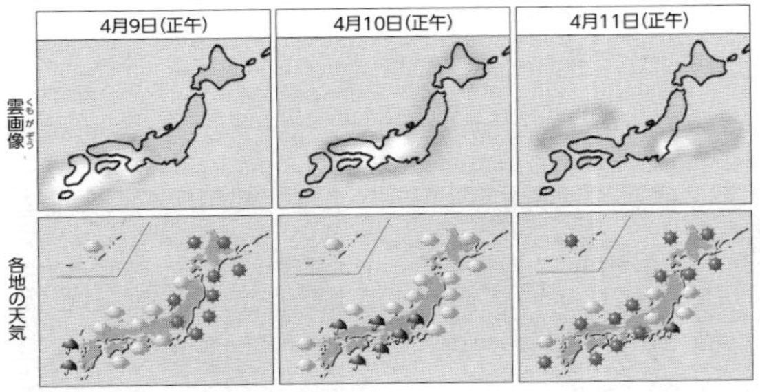

4月9日(正午)
4月10日(正午)
4月11日(正午)
雲画像《くもがぞう》
各地の天気

▶全国各地の雨量や風向・風速、気温などのデータを、自動的に計測《けいそく》し、そのデータをまとめるシステムを(① アメダス)という。

▶春のころの日本付近では、雲は、およそ(② 西)から(③ 東)へ動いていく。

▶天気も、雲の動きにつれて、およそ(④ 西)の方から変わっていく。

▶4月21日から4月23日のアメダスの雨量情報《じょうほう》をもとに、雲のようすや天気を予想する。

- 4月(⑤ 22)日に大阪あたりにあった雨をふらせる雲が、(⑥ 23)日には東京あたりに動いている。
- 東京あたりにあった雨雲は、24日には(⑦ 東)の方に動き、東京の雨はふりやむ。

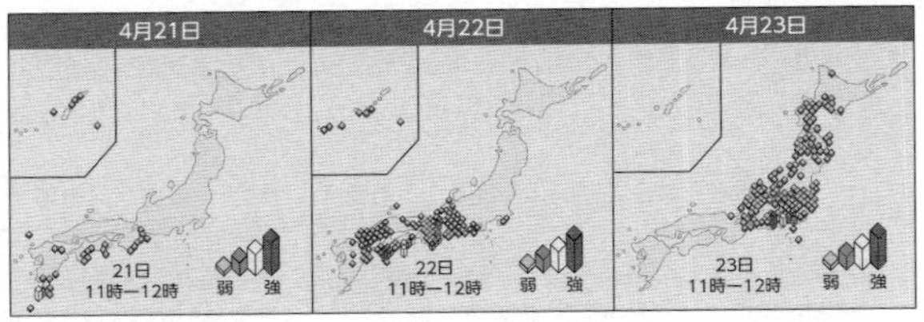

4月21日
4月22日
4月23日
21日 11時−12時
22日 11時−12時
23日 11時−12時
弱
強

ここがだいじ!
①春ごろの日本付近では、雲は、およそ西から東へ動いていく。
②春ごろの日本付近では、雲の動きにつれて、天気もおよそ西の方から変わる。
③雲を観察したり、さまざまな気象情報《きしょうじょうほう》をもとにしたりして、天気を予想できる。

ぴたトリビア　雲は、できる高さと形によって、10種類に分けられます。雲の種類によって特ちょうがあり、雨がふるかどうかを知るのに、役立てることができます。

ぴったり2 練習

1. 天気の変化
②天気の予想

学習 **5ページ**

教科書 12〜16ページ　答え 3ページ

1 ある年の5月2日から5月4日の正午の雲画像《がぞう》が、次のようになりました。

5月2日(正午)　5月3日(正午)　5月4日(正午)

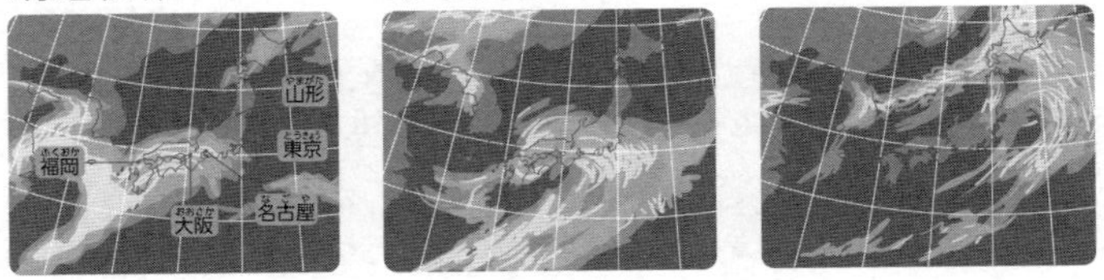

山形《やまがた》
東京《とうきょう》
福岡《ふくおか》
大阪《おおさか》
名古屋《なごや》

(1) 図の雲画像から、日本付近の雲は、およそどの向きに動いているといえますか。正しいものに○をつけましょう。

ア(　)およそ、東から西の方に動いている。
イ(○)およそ、西から東の方に動いている。
ウ(　)およそ、北から南の方に動いている。

(2) 5月2日と3日は晴れていましたが、4日には雨がふった場所がありました。それはどこですか。正しいものに○をつけましょう。

ア(　)福岡　イ(　)大阪　ウ(　)名古屋　エ(　)東京　オ(○)山形

2 アメダスの雨量情報《じょうほう》から、天気の予想をします。

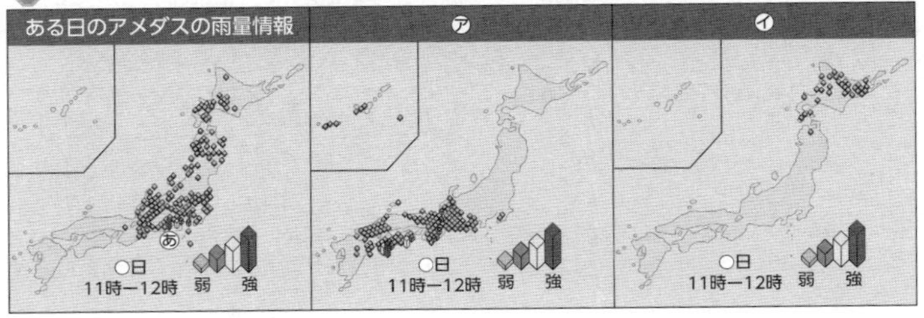

ある日のアメダスの雨量情報
㋐
㋑
あ
○日 11時−12時
弱
強

(1) ある日の24時間後のアメダスの雨量情報は、㋐、㋑のどちらですか。　(㋑)

(2) この日、強い雨がふっていたあの天気はどうなりますか。正しいものに○をつけましょう。

ア(　)次の日になっても、強い雨がふり続ける。
イ(　)雨が弱くなり、ふったりやんだりする。
ウ(○)雨がやみ、よく晴れる。

ヒント　❶(1) 雲画像の雲(白い部分)がどう変わっていくかを見ます。

5ページ　てびき

❶ (1)春のころ、日本付近では、雲は、およそ西から東へ動いていきます。
(2)雨は雲からふるので、5月2〜3日に雲がなく、4日に雲がある場所を選びます。

❷ (1)雨がふっている地いきは、雲の動きにつれて、およそ西から東へ変わっていきます。ある日より東の方で雨がふっているのは㋑です。
(2)㋑の図では、あで雨がふっていません。

ぴったり3

確かめのテスト。

1. 天気の変化

／100 合格70点

教科書 6〜19ページ　答え 4ページ

1 空が次のようなときは、それぞれ、「晴れ」と「くもり」のどちらですか。 技能 1つ8点(24点)

(1)（　晴れ　）　(2)（　晴れ　）　(3)（　くもり　）

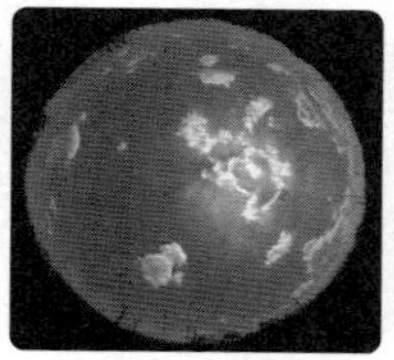

よく出る

2 気象庁《きしょうちょう》では、雨量情報《じょうほう》や雲画像《がぞう》をもとにして、天気予報を発表しています。 1つ9点、(1)②は全部できて9点(36点)

(1) 雨量情報は、右のようにまとめられます。

①気象庁には、自動的に計測《けいそく》されて送られてきた、全国各地の気象データをまとめるシステムがあります。このシステムを何といいますか。

(地いき気象観測システム)（　アメダス　）

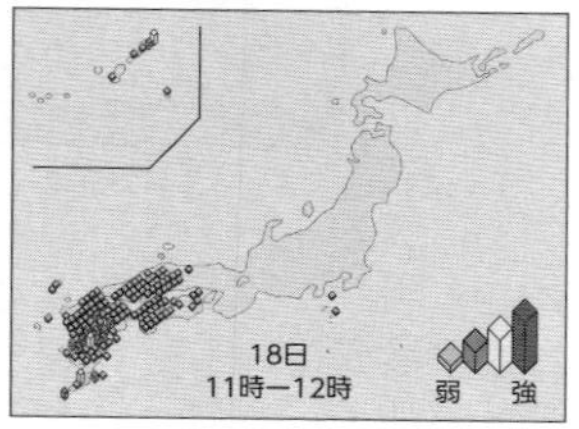

②①のシステムで送られてくる、雨量以外の気象情報にはどのようなものがありますか。正しいもの2つに○をつけましょう。

ア（◯）風向・風速　イ（　）天気

ウ（　）雲の量　エ（◯）気温

(2) 右上の雨量情報のときの雲画像は、次の㋐〜㋒のどれですか。

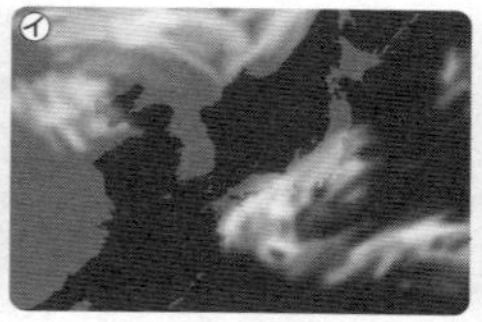

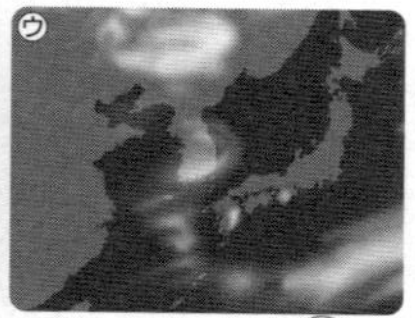

（　㋐　）

(3) 雨の地いきは、1日後には、およそどの方位に動いていましたか。正しいものに○をつけましょう。

ア（◯）東　イ（　）西　ウ（　）南　エ（　）北

できたらスゴイ！

3 明子さんとおじいさんは、海にしずむ夕日を見ていました。 思考・表現 1つ10点(40点)

明子さん：夕焼けがきれいね。明日もきっといい天気だね。

おじいさん：いやいや、そうともいえないよ。

明子さん：だって、「夕焼けは晴れ」でしょう。

おじいさん：それはね、…。

(1) 明子さんがいった、「夕焼けは晴れ」になる理由を考えましょう。

①夕焼けが見えるのは、太陽がしずむ方位です。太陽がしずむのは、およそどの方位ですか。正しいものに○をつけましょう。

ア（　）東　イ（◯）西　ウ（　）南　エ（　）北

② 記述「夕焼けは晴れ」といえるのはなぜですか。

（日本付近の天気は、およそ西の方から変わってきて、夕焼けが見えるということは、西の方に雲がないから。）

おじいさん：それはね、この写真を見てごらん。

明子さん：同じ夕焼けでしょう。

おじいさん：このときは、次の日は晴れたんだよ。

明子さん：やっぱり、「夕焼けは晴れ」じゃない。

おじいさん：「夕日の高入《たかい》りは雨」ともいうんだよ。

明子さん：「高入り」って。

おじいさん：写真の夕日は地面にしずんでいるけれど、今日の夕日はどうかな。

明子さん：あ、夕日は海にしずむ前に見えなくなっている。

おじいさん：これを「高入り」というんだね。

明子さん：もしかすると、海の上にあるものは、…。

(2) 明子さんのおじいさんがいった、「夕日の高入りは雨」になる理由を考えましょう。

①夕日が海にしずまなかったのは、海の上に何があったからですか。（　雲　）

② 記述「夕日の高入りは雨」といえるのはなぜですか。

（日本付近の天気は、およそ西の方から変わってきて、夕日が高入りするときは、西の方に雲があるから。）

ふりかえり ❷の問題がわからなかったときは、4ページの❶にもどってたしかめましょう。
❸の問題がわからなかったときは、4ページの❶にもどってたしかめましょう。

6〜7ページ　てびき

❶「晴れ」か「くもり」かは、太陽が雲にかくれているかどうかなどには関係がなく、空全体を10としたときの、およその雲の量で決め、雲の量が0〜8のときは「晴れ」、9〜10のときは「くもり」です。

❷ (1)アメダスは、雨量(こう水量)、風向・風速、気温などの観測《かんそく》を自動的に行います。

(2)沖縄《おきなわ》から、九州《きゅうしゅう》、四国《しこく》、中国《ちゅうごく》地方にかけて雨がふっているので、その地いきに雲がかかっている雲画像《がぞう》を選びます。

(3)雨がふっている地いきは、雲の動きにつれて、およそ西から東へ変わっていきます。

❸ (1)①太陽は、東からのぼって、南の高いところを通り、西にしずみます。

②日本付近の天気は、およそ西の方から変わってくるので、西の方に雲がなければ、次の日に雲でおおわれることが少なくなります。

(2)①西の地平線や水平線の近くが雲におおわれていると、太陽(夕日)は雲の中にしずんでいきます。

②「夕日の高入《たかい》り」のときには、西の方に厚《あつ》い雲ができていることになります。よって、次の日に雲でおおわれることが多くなります。

ぴったり1 準備

2. 植物の発芽《はつが》と成長

①種子が発芽する条件《じょうけん》

3分でまとめ

8ページ

種子が発芽するために、水のほかに何が必要なのかを確認しよう。

教科書 21〜27ページ　答え 5ページ

次の(　)にあてはまる言葉をかこう。

1 種子が発芽するためには、水のほかに、何が必要なのだろうか。 教科書 21〜27ページ

▶植物の種子が芽を出すことを、(① 発芽)という。

▶水と発芽

変える条件(調べる条件)	変えない条件		結果(発芽したか。)
水	(② 温度)	(③ 空気)	
㋐ あたえる。	同じ温度の場所に置く。	ふれている。	(④ 発芽した。)
㋑ あたえない。			(⑤ 発芽しなかった。)

▶種子の発芽に、水のほかに、適当《てきとう》な(⑥ 温度)、(⑦ 空気)が必要かを調べる。

- １つの条件について調べるときには、(⑧ 調べる)条件だけを変えて、それ以外の条件は(⑨ 変えない)。

▶Ⓐ 温度と発芽

変える条件(調べる条件)	変えない条件		結果(発芽したか。)
(⑩ 温度)	(⑪ 水)	(⑫ 空気)	
㋐ まわりの空気の温度と同じ。	あたえる。	ふれている。	(⑬ 発芽した。)
㋑ まわりの空気より温度を低くする。			(⑭ 発芽しなかった。)

▶Ⓑ 空気と発芽

変える条件(調べる条件)	変えない条件		結果(発芽したか。)
(⑮ 空気)	(⑯ 水)	(⑰ 温度)	
㋒ ふれるようにする。	あたえる。	同じ温度の場所に置く。	(⑱ 発芽した。)
㋓ ふれないようにする。			(⑲ 発芽しなかった。)

▶種子が発芽するためには、水、適当な(⑳ 温度)、(㉑ 空気)が必要である。

▶バーミキュライトは、(㉒ 肥料)をふくまない土である。

発芽の条件に、日光や肥料《ひりょう》、土は関係ないんだね。

ここがだいじ！

①植物の種子が芽を出すことを、発芽《はつが》という。

②種子が発芽するためには、水、適当《てきとう》な温度、空気が必要である。

ぴたトリビア　長い時間がたった種子でも、発芽《はつが》することがあります。発芽に必要なすべての条件《じょうけん》をそろえたら、1000年以上前の種子が発芽したという研究結果もあります。

ぴったり2 練習

2. 植物の発芽《はつが》と成長

①種子が発芽する条件《じょうけん》

9ページ

教科書 21〜27ページ　答え 5ページ

1 水の条件を変えて、インゲンマメの種子が芽を出すかどうかを調べました。

(1) 植物の種子が芽を出すことを、何といいますか。

(発芽)

(2) あにはしめっただっし綿《めん》を、いにはかわいただっし綿を入れ、それぞれの上にインゲンマメの種子を置きました。芽が出たのは、あ、いのどちらですか。 (あ)

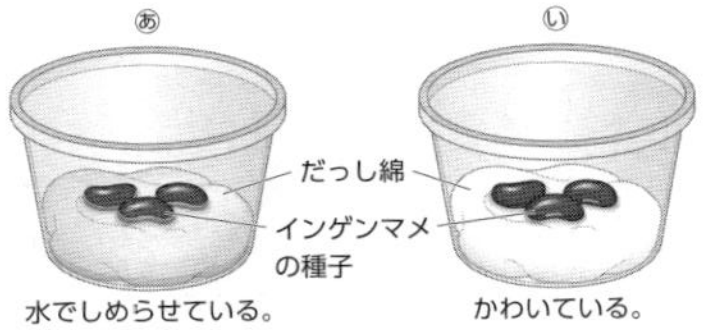

2 温度の条件を変えて、インゲンマメの種子が芽を出すかどうかを調べました。

(1) 2つの入れ物にしめっただっし綿を入れ、それぞれの上にインゲンマメの種子を置きました。あは日光が当たらないところで箱をかぶせ、いは冷ぞう庫に入れました。あの箱は、何を同じにするための物ですか。正しいもの2つに○をつけましょう。

ア(　)水　イ(　)温度　ウ(○)風通し　エ(○)光

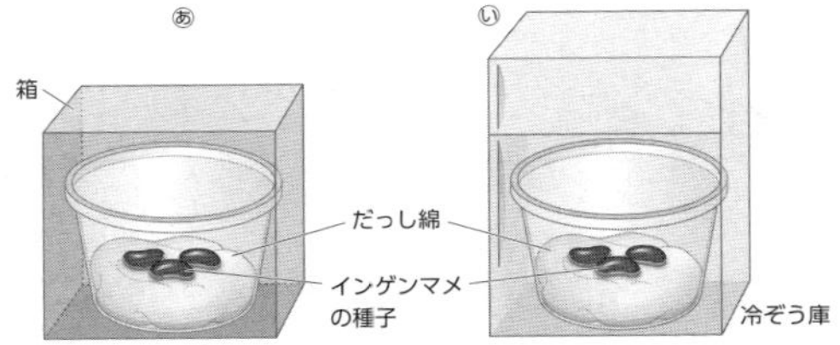

(2) 芽が出たのは、あ、いのどちらですか。 (あ)

3 空気の条件を変えて、インゲンマメの種子が芽を出すかどうかを調べました。

(1) インゲンマメの種子をだっし綿の上に置き、あはだっし綿をいつも水でしめらせておいて、いは水にしずめました。このとき、空気以外の条件を、できるだけ同じになるようにしたのはなぜですか。正しいものに○をつけましょう。

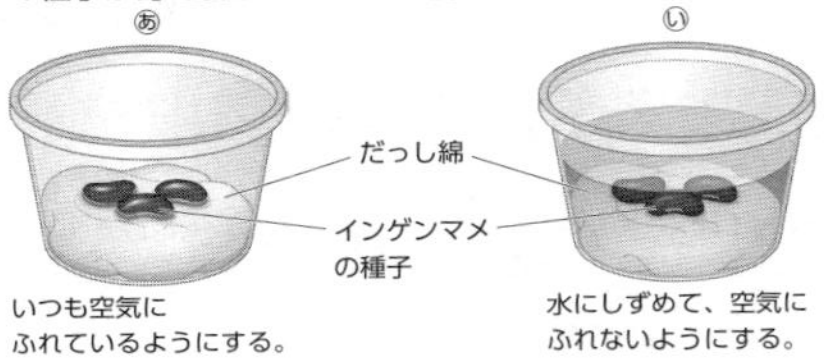

ア(　)同じにしないと、実験の準備《じゅんび》が複雑《ふくざつ》になるから。

イ(　)同じにしないと、両方とも芽が出ることがあるから。

ウ(○)同じにしないと、芽が出ることに空気が関係したかがはっきりしなくなるから。

(2) 芽が出たのは、あ、いのどちらですか。 (あ)

ヒント　1〜3 調べる条件以外は、同じにして実験をします。

9ページ てびき

1 (2)植物の発芽には、水が必要です。

2 (1)調べる条件《じょうけん》だけを変えて、それ以外の条件は、すべて同じにします。冷ぞう庫に入れると、光が当たらず、空気の出入りもなくなります。そこで、冷ぞう庫に入れないほうに箱をかぶせることによって、条件を同じにします。

(2)植物の発芽には、適当《てきとう》な温度が必要です。

3 (1)空気以外の条件を変えてしまうと、実験結果のちがいが、空気の条件によるのか、空気以外に変えた条件によるのかが、わからなくなってしまいます。

(2)植物の発芽には、空気が必要です。

おうちのかたへ　2. 植物の発芽と成長

植物の発芽や成長に必要な条件を学習します。ここでは、変える条件・変えない条件を考えて実験できるか、発芽や成長に必要な条件を理解しているか、などがポイントです。

ぴったり1 準備

2. 植物の発芽《はつが》と成長

②種子の発芽と養分

発芽するときの、子葉のはたらきを確認しよう。

教科書 28~31ページ　答え 6ページ

次の(　)にあてはまる言葉をかこう。

1 子葉は、発芽するときに、どのようなはたらきをしているのだろうか。 教科書 28~31ページ

▶発芽する前のインゲンマメの種子

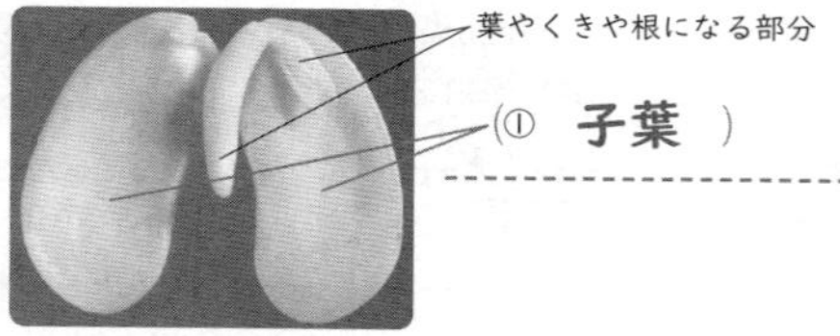

葉やくきや根になる部分
(① 子葉)

▶発芽した後の子葉

▶インゲンマメが発芽してしばらくすると、子葉が(② しぼんだ)。

▶発芽する前と後の子葉のでんぷんを調べる実験

- 水にひたしてやわらかくした種子を切り、(③(うすい)ヨウ素液)にひたす。
- カッターナイフを使うときは、(④ 引く)方に、絶対《ぜったい》に、指を置かない。
- 発芽してしばらくたった(⑤ 子葉)を切り、(⑥(うすい)ヨウ素液)にひたす。

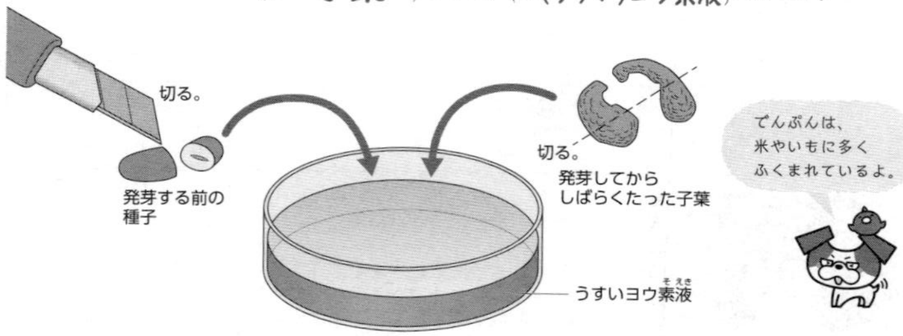

切る。
発芽する前の種子
切る。
発芽してからしばらくたった子葉
うすいヨウ素液《そえき》
でんぷんは、米やいもに多くふくまれているよ。

▶ヨウ素液は、(⑦ でんぷん)を青むらさき色に変える性質《せいしつ》がある。

- 発芽する前の種子をヨウ素液にひたす…(⑧ 青むらさき)色に変化した。
- 発芽してしばらくたった子葉をヨウ素液にひたす…あまり変化(⑨ しなかった)。

▶子葉の中には、(⑩ でんぷん)がふくまれている。

▶子葉の中のでんぷんは、(⑪ 発芽)するときの養分として使われる。

ここがだいじ!
①子葉の中には、でんぷんがふくまれている。
②子葉の中のでんぷんは、発芽するときの養分として使われる。

ぴたトリビア 種子にでんぷんを多くふくむイネ、ムギ、トウモロコシなどは地球上の多くの地いきで主食として食べられるほか、家ちくのえさとしても利用されます。

ぴったり2 練習

2. 植物の発芽《はつが》と成長

②種子の発芽と養分

教科書 28~31ページ　答え 6ページ

1 図は、インゲンマメの種子をわって開いたようすです。

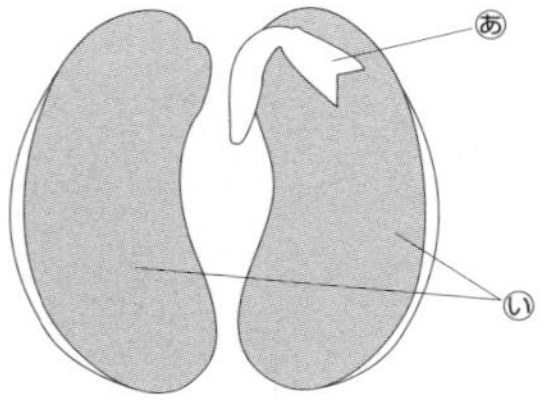

あ
い

(1) 発芽した後、次の各部分になるのは、それぞれ図のあ、いのどちらですか。

①子葉 (い)　②葉 (あ)
③くき (あ)　④根 (あ)

(2) 水にひたしてやわらかくしたインゲンマメの種子を、ヨウ素液《そえき》にひたしました。色が青むらさき色になるのは、どの部分ですか。図に色をぬりましょう。

(3) (2)の部分にふくまれている、ヨウ素液で青むらさき色に変わる物は何ですか。

(でんぷん)

2 図のように、インゲンマメの種子にふくまれている、でんぷんのようすを調べました。

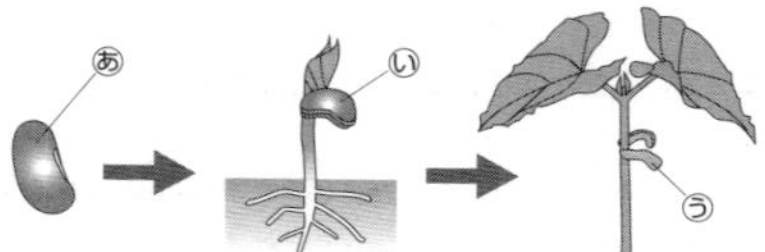

あ
い
う

インゲンマメの発芽のようす

あ、い、うを切り、でんぷんがあるかどうかを調べる薬品にひたす。

(1) でんぷんが多くふくまれている物はどれですか。正しいもの2つに○をつけましょう。

ア(　)バーミキュライト　イ(　)肥料《ひりょう》　ウ(○)いも
エ(　)空気　オ(○)米(イネ)　カ(　)水

(2) この実験に使った、でんぷんがあるかどうかを調べる薬品は何ですか。

(ヨウ素液)

(3) この実験の結果はどうなりましたか。正しいものに○をつけましょう。

ア(　)あ、い、うのでんぷんの量は変わらなかった。
イ(　)でんぷんの量は、あがいちばん多く、いがいちばん少なかった。
ウ(○)でんぷんの量は、あがいちばん多く、うがいちばん少なかった。
エ(　)でんぷんの量は、あがいちばん少なく、うがいちばん多かった。
オ(　)でんぷんの量は、いがいちばん少なく、うがいちばん多かった。

11ページ　てびき

1 (1)図のあは、葉やくきや根になる部分で、いは、子葉です。
(2)、(3)子葉にふくまれているでんぷんは、ヨウ素液《そえき》で青むらさき色になり、発芽するときの養分として使われます。

2 (1)でんぷんは、植物の実や種子に多くふくまれています。いもや、米(イネ)には、発芽するための養分として、でんぷんがたくわえられています。

植物が大きく成長していくために、何が必要なのかを確認しよう。

教科書 32～34ページ 答え 7ページ

次の(　)にあてはまる言葉をかこう。

1 植物が発芽した後、大きく成長していくためには、水のほかに、何が必要なのだろうか。 教科書 32～34ページ

▶育ち方が同じぐらいのなえを選び、成長する条件を調べる。

▶Ⓐ日光と成長

変える条件	変えない条件	結果
(① 日光)	(② 肥料)	
㋐ 当てる。	あたえる。(同じ量)	(③ よく成長した。)
㋑ 当てない。		(④ ㋐に比べてあまり成長しなかった。) (かれそうになった。葉が黄色くなった。)

・㋐、㋑とも(⑤ 日なた)に置いて、(日光の当たる場所)

㋑には、(⑥ おおい)をする。

・毎日、(⑦ 肥料)を入れた水を同じ量ずつあたえ、約1～2週間後に、㋐、㋑の成長のようすを比《くら》べる。

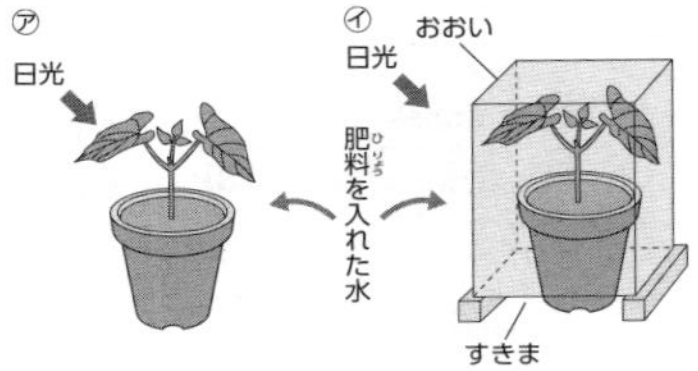

▶葉が黄色くなった㋑のおおいをとり、日光に当てると、葉の色が(⑧ 緑色)になってきて、葉の数が多くなった。

▶植物を(⑨ 日光)に当てると、よく成長する。

▶Ⓑ肥料と成長

変える条件	変えない条件	結果
(⑩ 肥料)	(⑪ 日光)	
㋒ あたえる。	当てる。	(⑫ よく成長した。) (成長した。)
㋓ あたえない。		(⑬ ㋒に比べてあまり成長しなかった。)

・㋒、㋓とも(⑭ 日なた)に置く。(日光の当たる場所)

・毎日、㋒には(⑮ 肥料)を入れた水、㋓には同じ量の水をあたえ、約2～3週間後に、㋒、㋓の成長のようすを比べる。

▶植物に(⑯ 肥料)をあたえると、よく成長する。

ここがだいじ！
①植物を日光に当てると、よく成長する。
②植物に肥料《ひりょう》をあたえると、よく成長する。

ぴたトリビア ダイズなどの種子を光に当てないまま発芽《はつが》させて育てた野菜が「もやし」です。

教科書 32～34ページ 答え 7ページ

1 図のようにして、インゲンマメの成長と日光との関係を調べました。

(1) 実験に使う2本のなえは、どのようなものを選びますか。正しいものに○をつけましょう。

ア(　)くきが長くのびたもの
イ(　)葉の数が多いもの
ウ(　)葉の緑色がこいもの
エ(　)葉の大きさが大きいもの
オ(○)葉の大きさと数がそろったもの

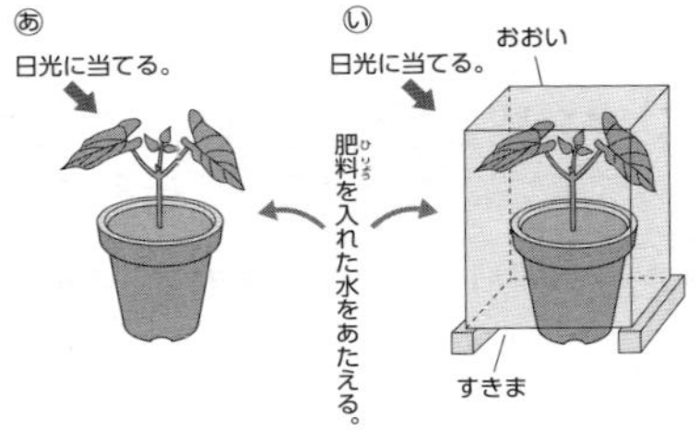

(2) いで、なえにかぶせたおおいの下を少しあけておくのは、何を出入りさせるためですか。
(空気)

(3) 1週間後に成長のようすを比《くら》べたとき、葉の緑色がこく、数も多くなるのは、あ、いのどちらですか。
(あ)

2 図のようにして、インゲンマメの成長と肥料との関係を調べました。

(1) インゲンマメを植えたはちには、どのような土を入れるとよいですか。正しいものに○をつけましょう。

ア(○)バーミキュライトだけ
イ(　)花だんなどの土だけ
ウ(　)バーミキュライトと花だんなどの土を混《ま》ぜた土

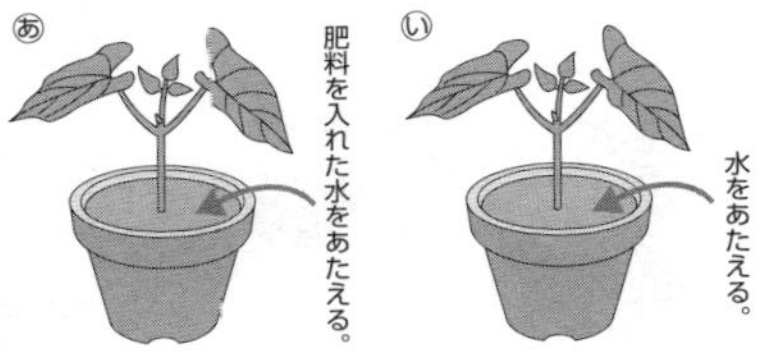

(2) 日光は、どのように当てましたか。正しいものに○をつけましょう。

ア(　)あには当てたが、いには当てなかった。
イ(　)あには当てなかったが、いには当てた。
ウ(○)あといの両方に同じように当てた。
エ(　)あといの両方とも当てなかった。

(3) 2週間後、よく成長していたのは、あ、いのどちらのなえですか。
(あ)

13ページ てびき

1 (1)植物が成長するようすを比《くら》べやすいように、できるだけ育ち方が同じぐらいのなえを2本選びます。

(2)植物の成長には、発芽と同じように、水、適当《てきとう》な温度、空気が必要です。

(3)この実験から、植物が成長するためには、日光が必要であることがわかります。

2 (1)この実験は、インゲンマメの成長と肥料《ひりょう》との関係を調べるので、肥料をふくまない土を使います。花だんの土には、肥料がふくまれています。

(2)日光を当てないと、どちらもかれてしまうので、どちらにも同じように日光を当てます。

(3)この実験から、肥料があるほうが、植物がよく成長することがわかります。

ぴったり3 確かめのテスト。

2. 植物の発芽《はつが》と成長

/100 合格70点

教科書 20～37ページ　答え 8ページ

よく出る

1 インゲンマメを使い、種子が芽を出して育つ条件《じょうけん》を調べます。 1つ6点(30点)

(1) 植物の種子が芽を出すことを、何といいますか。

（　発芽　）

(2) ①～③はそれぞれ、何が芽を出すために必要かどうかを調べていますか。正しいものに○をつけましょう。

①ア（○）水　イ（　）適当《てきとう》な温度　ウ（　）空気　エ（　）肥料《ひりょう》

②ア（　）水　イ（　）適当な温度　ウ（○）空気　エ（　）肥料

③ア（　）水　イ（○）適当な温度　ウ（　）空気　エ（　）肥料

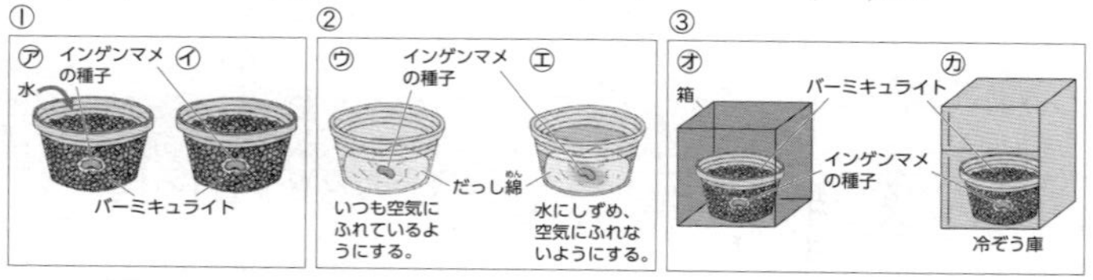

①
㋐ インゲンマメの種子
水
㋑
バーミキュライト
②
㋒ インゲンマメの種子
㋓
だっし綿《めん》
いつも空気にふれているようにする。
水にしずめ、空気にふれないようにする。
③
㋔ 箱
㋕
バーミキュライト
インゲンマメの種子
冷ぞう庫

(3) 芽を出したものは、㋐～㋕のどれですか。3つ選びましょう。

（㋐、㋒、㋔）

2 ある薬品を使って、インゲンマメの種子にふくまれている養分を調べました。 技能 1つ6点(18点)

(1) 右の写真は、薬品を使って種子にふくまれるでんぷんを調べたようすです。このときに使った薬品は何ですか。

（　ヨウ素液　）

(2) (1)で答えた薬品は、でんぷんがあると、何色に変えますか。正しいものに○をつけましょう。

ア（　）白色　イ（　）黄緑色　ウ（　）オレンジ色

エ（　）茶色　オ（○）青むらさき色

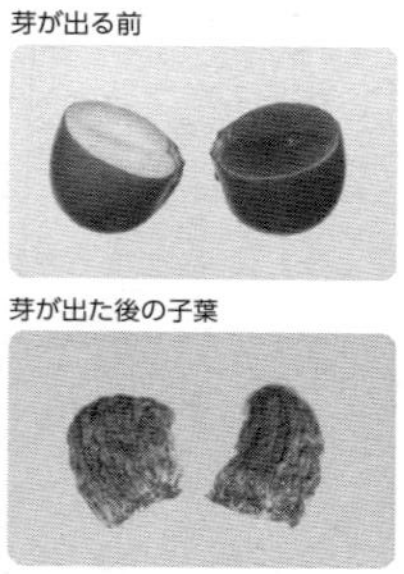

芽が出る前
芽が出た後の子葉

(3) 記述 (1)で答えた薬品を芽が出た後の子葉につけても、あまり色が変わらないのはなぜですか。

（子葉の中のでんぷんが、発芽するときの養分として使われたから。）

3 育ち方が同じぐらいのインゲンマメのなえを3本使い、日光や肥料と、成長との関係を調べました。 1つ8点(32点)

(1) 記述 ㋑で、なえにかぶせた箱の下を少しあけておくのはなぜですか。

（空気が出入りするようにするため。）

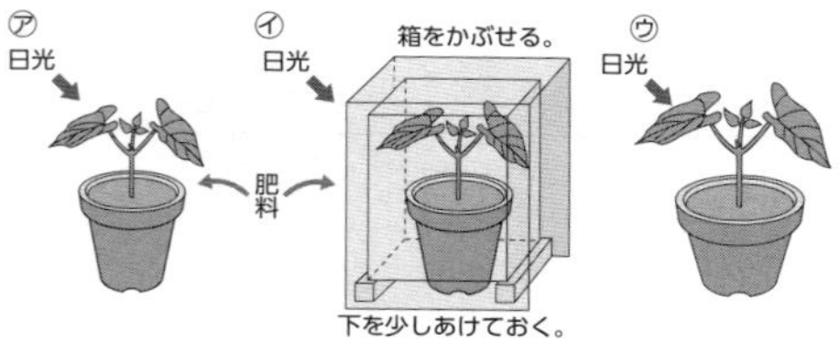

㋐ 日光
㋑ 日光
箱をかぶせる。
㋒ 日光
肥料
下を少しあけておく。

(2) ㋐～㋒で成長のようすを比《くら》べるとき、水はどうしますか。正しいものに○をつけましょう。

ア（○）どれにも同じように水をあたえる。　イ（　）どれにも水をあたえない。

ウ（　）㋐と㋑だけに水をあたえる。

(3) 右の写真は、どれも芽が出てから12日後のインゲンマメのなえです。①と比べて、②と③はある条件が足りないために、よく成長していません。②と③に足りない条件は、それぞれ何ですか。

①
②
③

②（　日光　）

③（　肥料　）

すごいぞ！

4 写真は、ダイズのわかいなえ、ダイズのもやしです。 思考・表現 1つ10点(20点)

(1) ダイズのわかいなえと、ダイズのもやしでは、種子にあたえたものがちがうので、育ちのようすがちがいます。わかいなえと、もやしでは、条件をどのように変えていると考えられますか。正しいものに○をつけましょう。

わかいなえ
もやし

ア（　）わかいなえともやしでは、芽を出させる条件も、芽が出た後に育てる条件も大きくちがう。

イ（　）わかいなえともやしでは、芽を出させる条件は大きくちがうが、芽が出た後に育てる条件はあまり変わらない。

ウ（○）わかいなえともやしでは、芽を出させる条件はあまり変わらないが、芽が出た後に育てる条件は大きくちがう。

(2) 記述 もやしをつくるときは、どのような条件で育てたと考えられますか。

（もやしは発芽した後、光を当てないようにして育てた。）

ふりかえり
1の問題がわからなかったときは、8ページの1にもどってたしかめましょう。
4の問題がわからなかったときは、8ページの2と12ページの1にもどってたしかめましょう。

14～15ページ　てびき

1 (2)変えている条件《じょうけん》を考えます。

(3)種子が発芽するには、水、適当《てきとう》な温度、空気が必要です。

2 (1)、(2)ヨウ素液《そえき》はでんぷんを青むらさき色に変える性《せい》質《しつ》があります。

(3)発芽するときにでんぷんが使われたため、ヨウ素液をつけても、あまり色が変化しません。

3 (1)変える条件は日光だけなので、空気の条件は同じにします。

(3)日光に当てないと、植物の葉が黄色くなるなど、かれ始めてしまいます。また、肥料《ひりょう》をあたえないと、葉やくきがあまり成長しません。

4 (1)どちらも発芽しているので、発芽の条件は変わりません。

(2)わかいなえは緑色の葉を広げ、もやしはそうではないことから、発芽した後の光(日光)の条件が大きくちがうと考えられます。

メダカの飼い方や、メダカがたまごをうむようすを確認しよう。

3分でまとめ

教科書 39～42ページ 答え 9ページ

次の(　)にあてはまる言葉をかこう。

1 メダカを飼《か》って、育てていこう。 教科書 39～42ページ

めす せびれに切れこみが(① **ない**)。　おす せびれに切れこみが(② **ある**)。

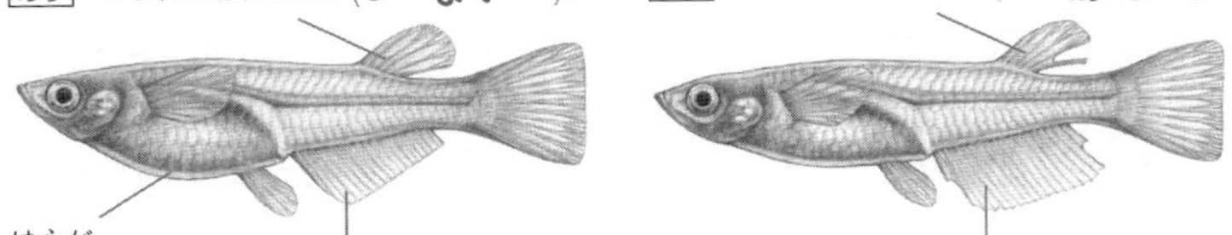

はらがふくれていることもある。
しりびれの後ろのはばが(③ **せまい**)。

しりびれがめすに比《くら》べて大きく、(④ **平行四辺形**)に近い。

▶メダカの飼い方

- 水そうは、(⑤ **日光**)が直接《ちょくせつ》当たらない、(⑥ **明るい**)ところに置く。
- よくあらった小石やすなをしき、(⑦ **くみ置き**)の水を入れて、(⑧ **水草**)を植える。
- 水がよごれたら、(⑨ **半分**)ぐらいを、くみ置きの水と入れかえる。
- えさは、毎日(⑩ **2～3**)回あたえる。

▶メダカがたまごをうむようす

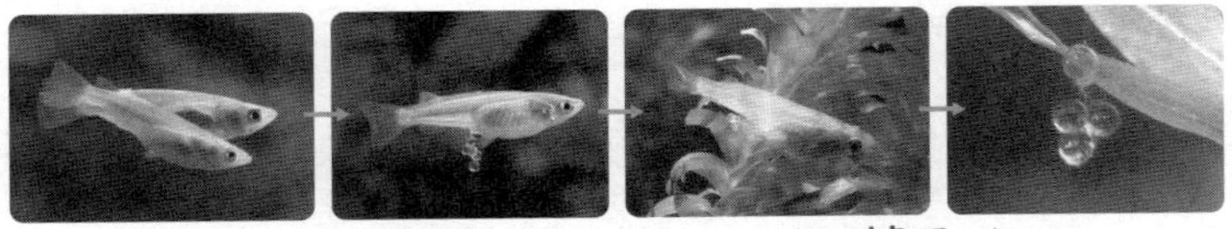

- メダカのめすのうんだ(⑪ **たまご**)が、おすの出した(⑫ **精子**)と結びつくと、生命がたんじょうして、たまごは成長を始める。
- たまごと精子《せいし》が結びつくことを(⑬ **受精**)という。
- 受精《じゅせい》したたまごのことを、(⑭ **受精卵**)という。

▶メダカがたまごをうんだら

- たまごを見つけたら、たまごを(⑮ **水草**)につけたまま、別の入れ物に入れる。
- 入れ物の(⑯ **水温**)が上がりすぎないように(⑤)が直接当たらない(⑥)ところに置く。

ここがだいじ!
①めすはたまごをうみ、おすは精子《せいし》を出す。
②たまごが精子と結びつくことを受精《じゅせい》といい、受精したたまごのことを受精卵《じゅせいらん》という。

ぴたトリビア 黄色でかん賞用のメダカはヒメダカという種類で、黒っぽい野生のメダカとは別の種類です。飼育《しいく》しているメダカを自然の川などに放さないようにしましょう。

教科書 39～42ページ 答え 9ページ

1 メダカには、めすとおすがいます。

(1) メダカのめすとおすは、どのひれで見分けますか。正しいもの2つに○をつけましょう。

ア(　)むなびれ　イ(　)はらびれ
ウ(○)せびれ　エ(○)しりびれ
オ(　)おびれ

(2) 右のあといは、それぞれめすとおすのどちらですか。
あ(**めす**)　い(**おす**)

2 メダカを飼《か》うことにしました。

(1) メダカを飼う水そうは、どのようなところに置きますか。正しいものに○をつけましょう。

ア(　)日光が直接《ちょくせつ》当たる明るいところ
イ(○)日光が直接当たらない明るいところ
ウ(　)日光が当たらない暗いところ

(2) 水がよごれたらどうしますか。正しいものに○をつけましょう。

ア(　)全部くみ置きの水と入れかえる。
イ(○)半分ぐらいくみ置きの水と入れかえる。
ウ(　)そのままにしておく。

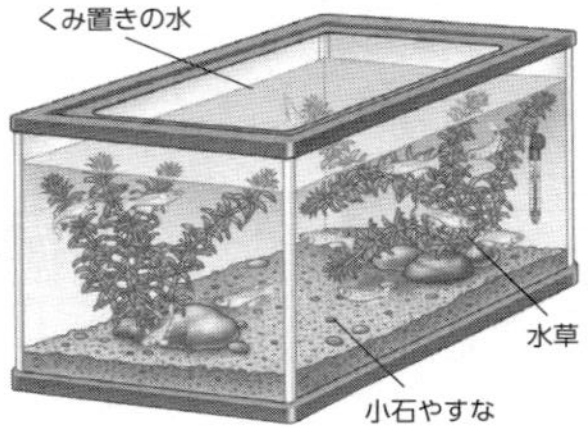

3 めすのうんだたまごは、おすの出す物と結びついて、成長を始めます。

(1) おすの出す、たまごと結びつく物は何ですか。
(**精子**)

(2) たまごと(1)の物が結びつくことを何といいますか。
(**受精**)

(3) (1)の物と結びついたたまごのことを何といいますか。
(**受精卵**)

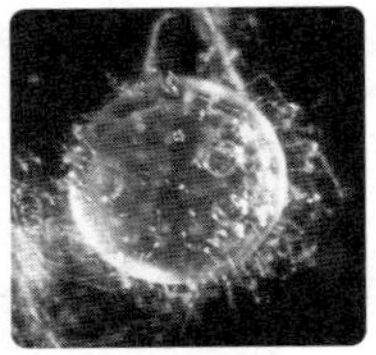

ヒント 1 (1) ひれがどこについているかで考えましょう。
(2) メダカのおすとめすは、ひれの形のちがいで見分けることができます。

17ページ　てびき

1 めすとおすは、せびれとしりびれにちがいがあり、めすのはらはふくれていることもあります。

2 (1)水そうの水温が上がりすぎず、水草がかれないようにします。
(2)メダカは、水温などの条《じょう》件《けん》の変化に弱いので、水の入れかえによる変化ができるだけ小さくなるようにします。

3 受精《じゅせい》しないと、たまごの成長は始まりません。

おうちのかたへ　3.魚のたんじょう
動物の発生や成長について学習します。ここでは、魚(メダカ)を対象として扱います。めすとおすがいること、受精した卵が変化して子メダカが生まれることを理解しているか、などがポイントです。

次の（　）にあてはまる言葉をかこう。

1 メダカのたまごは、どのように育つのだろうか。

教科書 42～46ページ

受精《じゅせい》後数時間→２日→４日→７日→９日→たまごからかえる

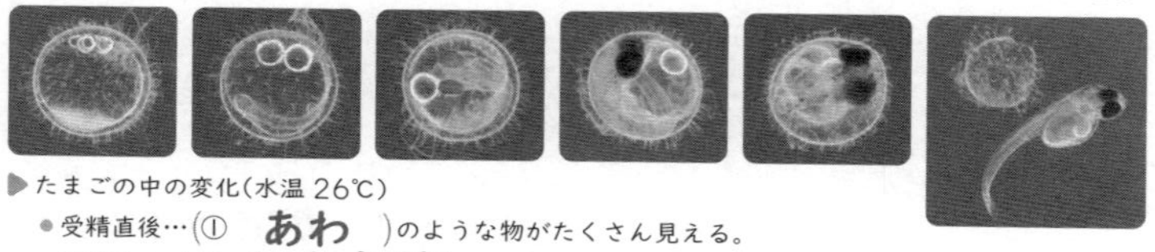

▶たまごの中の変化（水温26℃）
- 受精直後…（① **あわ** ）のような物がたくさん見える。
- 受精後１時間…（② **からだ** ）のもとになる物が、できてくる。
- １日…からだの（③ **形** ）がわかるようになる。
- ２日…からだの形や（④ **目** ）ができてくる。
- ３日…目が大きく黒くなり、（⑤ **むなびれ** ）が見えてくる。
- ５日…（⑥ **心ぞう** ）と血管が見えてくる。
- ７日…からだが大きくなり、（⑦ **色** ）がついてくる。
- １１日…たまごのまくを破《やぶ》って、メダカの（⑧ **子ども** ）が出てくる。

水温によって、成長する時期は少し変わるよ。

▶たまごの中には（⑨ **養分** ）があり、メダカの子どもは、それを使って育つ。
▶かえったばかりのメダカの子どものはらには、（⑩ **養分** ）の入ったふくろがある。
▶かいぼうけんび鏡などのつくり
- （⑪ **かいぼう** ）けんび鏡　10～20倍にかく大して、観察できる。
- （⑯ **そう眼実体** ）けんび鏡　20～40倍にかく大して、観察できる。

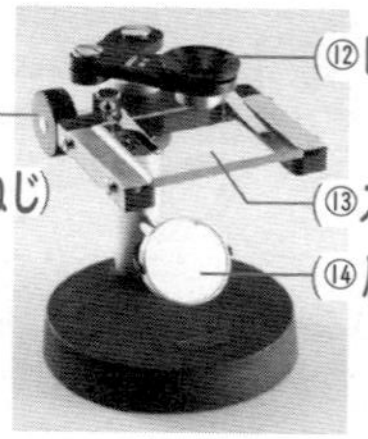
（⑫レンズ）
（⑮調節ねじ）
（⑬ステージ）
（⑭反しゃ鏡）

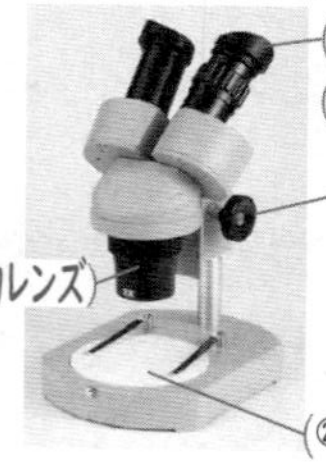
（⑱接眼レンズ）
（⑲調節ねじ）
（⑰対物レンズ）
（⑳ステージ）

- 目をいためないように、（⑭）に直接《ちょくせつ》（㉑ **日光** ）が当たらない、明るいところで観察する。

ここが だいじ！
①受精《じゅせい》すると、たまごの中で、少しずつメダカのからだができてくる。
②たまごの中には養分があり、たまごの中では、それを使って子どもが育つ。

ぴたトリビア　魚によって、たまごをうむ場所はちがいます。メダカは水草などにうみますが、サケは川の底にうみます。

1 メダカのたまごの変化を観察しました。

(1) メダカのたまごの中が変化していく順に、１～４の番号をかきましょう。

㋐（ **4** ）　㋑（ **1** ）　㋒（ **3** ）　㋓（ **2** ）

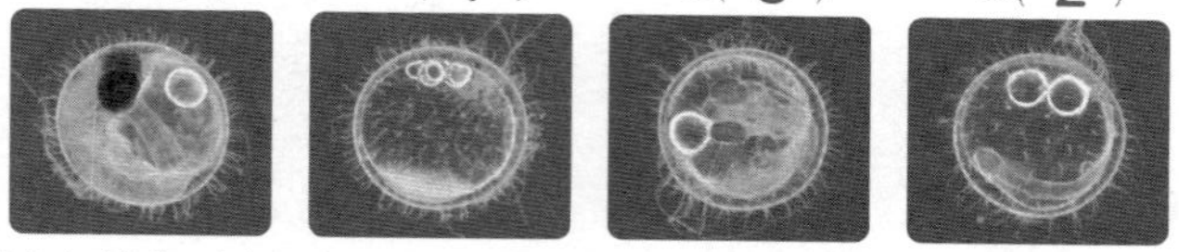

(2) たまご全体の大きさは、どのように変わりましたか。正しいものに○をつけましょう。
ア（　）小さくなった。
イ（　）大きくなった。
ウ（ ○ ）ほとんど変わらなかった。

(3) かえったばかりのメダカの子どもは、何を食べて育ちますか。正しいものに○をつけましょう。
ア（　）水草を食べて育つ。
イ（　）水を飲んで育つ。
ウ（ ○ ）何も食べず、はらのふくろの中の養分で育つ。
エ（　）親のメダカと同じえさを食べて育つ。

2 図の器具を使って、メダカのたまごの変化を観察しました。

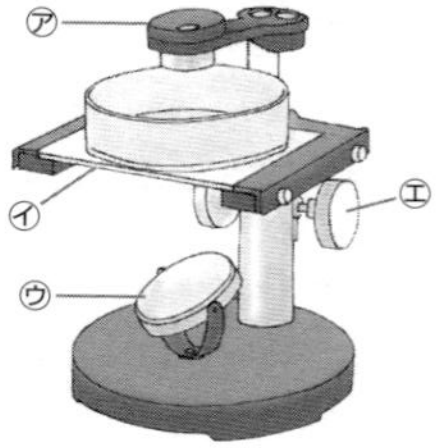
㋐
㋑
㋒
㋓

(1) 図の器具は何ですか。
（ **かいぼうけんび鏡** ）

(2) 器具の㋐～㋓の各部分の名前は何ですか。
㋐（ **レンズ** ）　㋑（ **ステージ** ）
㋒（ **反しゃ鏡** ）　㋓（ **調節ねじ** ）

(3) 図の器具は、どのようなところに置いて使いますか。正しいものに○をつけましょう。
ア（　）日光が直接《ちょくせつ》当たる明るいところ
イ（ ○ ）日光が直接当たらない明るいところ
ウ（　）日光が当たらない暗いところ

(4) 図の器具と同じようにメダカのたまごを観察でき、厚《あつ》みのある物を立体的に観察するのに適《てき》している器具を何といいますか。
（ **そう眼実体けんび鏡** ）

19ページ　てびき

1 (1)あわのような物が少なくなる(㋑)→からだの形ができてくる(㋓)→目が大きく黒くなる(㋒)→心ぞうなども見えてくる(㋐)の順に変化していきます。
(2)メダカの子どもは、たまごの中の養分で育つので、たまごより大きくなることはありません。
(3)ふくろの中の養分がなくなると、えさを食べ始めます。

2 (1)かいぼうけんび鏡は、10～20倍にかく大して観察することができます。
(3)日光が直接《ちょくせつ》当たるところで使うと、目をいためます。
(4)そう眼《がん》実体けんび鏡には、接眼《せつがん》レンズが２つあり、厚《あつ》みのある物を立体的に観察することができます。

確かめのテスト。 3.魚のたんじょう

/100 合格 70 点

教科書 38〜49ページ　答え 11ページ

よく出る

1 メダカのめすとおすを、水そうで飼《か》いました。 1つ6点(48点)

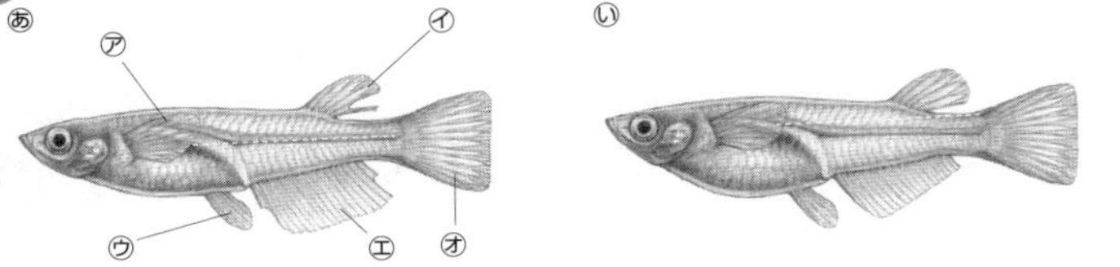
あ
ア
イ
ウ
エ
オ
い

(1) メダカのしりびれは、あのア〜オのどれですか。
（ エ ）

(2) 図のあは、めすとおすのどちらですか。
（ おす ）

(3) 水そうでのメダカの飼い方として、正しいものに○をつけましょう。 技能

①水そうを置くところ
ア(　)日光が直接《ちょくせつ》当たる、明るいところ
イ(○)日光が直接当たらない、明るいところ
ウ(　)暗いところ

②水がよごれたとき
ア(○)半分ぐらいをくみ置きの水と入れかえる
イ(　)すべてをくみ置きの水と入れかえる

くみ置きの水
水草
小石やすな

(4) たまごをうむのは、メダカのめすです。

①たまごをうませるには、どのように飼うとよいですか。正しいものに○をつけましょう。
ア(　)１つの水そうに、めすを１ぴきだけ入れて飼うとよい。
イ(　)１つの水そうに、めすだけを10ぴき入れて飼うとよい。
ウ(○)１つの水そうに、めすとおすを10ぴきずつ入れて飼うとよい。

②めすがたまごをうんだとき、おすの出す物は何ですか。
（ 精子 ）

③めすのうんだたまごと、おすの出す物が結びつくことを、何といいますか。
（ 受精 ）

④おすの出した物と結びついたたまごのことを、何といいますか。
（ 受精卵 ）

2 写真の器具を使って、メダカのたまごを観察しました。 技能 1つ4点(12点)

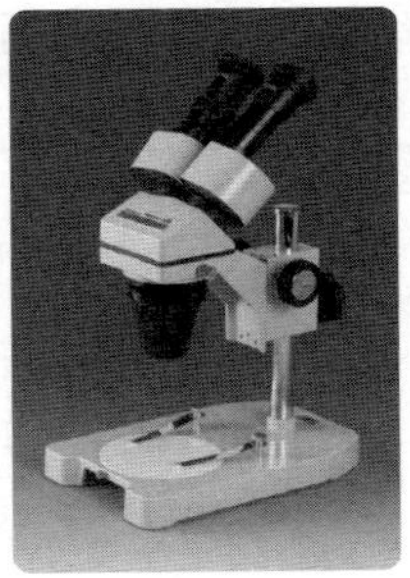

(1) 写真の器具を何といいますか。 （そう眼実体けんび鏡）

(2) 写真の器具は、物をおよそ何倍にかく大して観察することができますか。正しいものに○をつけましょう。
ア(　)およそ2〜10倍　イ(　)およそ10〜20倍
ウ(○)およそ20〜40倍　エ(　)およそ40〜600倍

(3) 写真の器具には、どのような特ちょうがありますか。正しいものに○をつけましょう。
ア(　)よく動き回る物を、観察しやすいようにできている。
イ(　)虫めがねのように、野外で使いやすくできている。
ウ(○)物が立体的に見えるようにできている。

この本の終わりにある「夏のチャレンジテスト」をやってみよう！

できたらスゴイ！

3 メダカのたまごの育ちをカードに記録しました。 思考・表現 1つ10点(40点)

あ
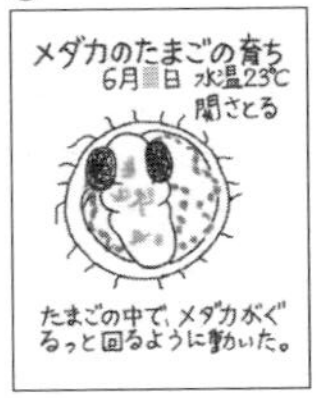
メダカのたまごの育ち
6月■日 水温23℃
間さとる
たまごの中で、メダカがぐるっと回るように動いた。

い
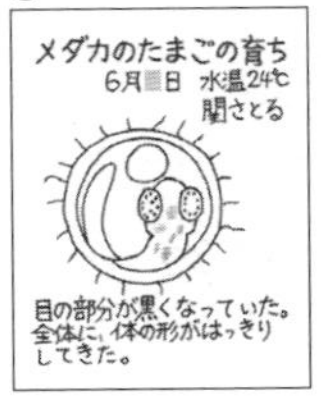
メダカのたまごの育ち
6月■日 水温24℃
間さとる
目の部分が黒くなっていた。全体に、体の形がはっきりしてきた。

う

メダカのたまごの育ち
6月■日 水温23℃
間さとる
心ぞうがぴくぴく動いているのがわかった。赤い血が流れているのも見えた。

え

メダカのたまごの育ち
6月■日 水温23℃
間さとる
何となく、メダカの形をしたものが見えてきた。たまごの大きさは、変化しないようだ。

(1) メダカのたまごは、どこで育ちますか。正しいものに○をつけましょう。
ア(　)メスのからだについたまま育つ。　イ(　)すなの中で育つ。
ウ(　)水の中にうかびながら育つ。　エ(○)水草につけられて育つ。

(2) ４まいのカードあ〜えを、月日の順にならべかえてかきましょう。
（ え → い → う → あ ）

(3) たまごの中にメダカのからだができた後、メダカが育つにつれてたまごの大きさはどうなりますか。正しいものに○をつけましょう。
ア(　)メダカの子どもが育つ養分を、たまごの外からとり入れるので、たまごは大きくなる。
イ(　)メダカの子どもは、たまごの中の養分を使い育つので、たまごの大きさは小さくなる。
ウ(　)たまごの中で、メダカが育って大きくなるので、たまごの大きさは大きくなる。
エ(○)たまごの中で、メダカが育って大きくなるが、たまごの大きさはほとんど変わらない。

(4) 記述 かえったばかりのメダカの子どもは、2〜3日の間は、何も食べません。この間、メダカの子どもが何も食べなくても生きていけるのはなぜですか。
（はらのふくろの中に入った養分を使って生きているから。）

ふりかえり
1の問題がわからなかったときは、16ページの1にもどってたしかめましょう。
3の問題がわからなかったときは、18ページの1にもどってたしかめましょう。

20〜21ページ てびき

1 (1)アはむなびれ、イはせびれ、ウははらびれ、エはしりびれ、オはおびれです。
(2)おすのせびれには切れこみがあり、しりびれがめすに比《くら》べて大きく、平行四辺形に近い形をしています。また、めすのはらはふくれていることもあります。
(3)水そうは、日光が直接《ちょくせつ》当たらない、明るいところに置きます。また、水がよごれたら、半分ぐらいを、くみ置きの水と入れかえます。

2 (2)アは虫めがね、イはかいぼうけんび鏡、ウはそう眼《がん》実体けんび鏡、エはけんび鏡のだいたいの倍率《ばいりつ》です。
(3)厚《あつ》みのある物を立体的に見ることができます。

3 (1)メダカのめすは、うんだたまごを水草につけます。
(3)メダカの子どもは、たまごの中の養分で育ち、たまごと同じくらいの大きさになると、まくを破《やぶ》って出てきます。
(4)インゲンマメが種子の中にあった養分を使って育つのに似《に》ています。

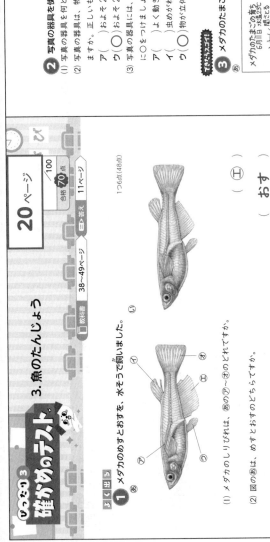

次の(　)にあてはまる言葉をかこう。

1 ヘチマやアサガオの花は、どのようなつくりをしているだろうか。　教科書 53~56ページ

▶ヘチマの花のつくり　▶アサガオの花のつくり

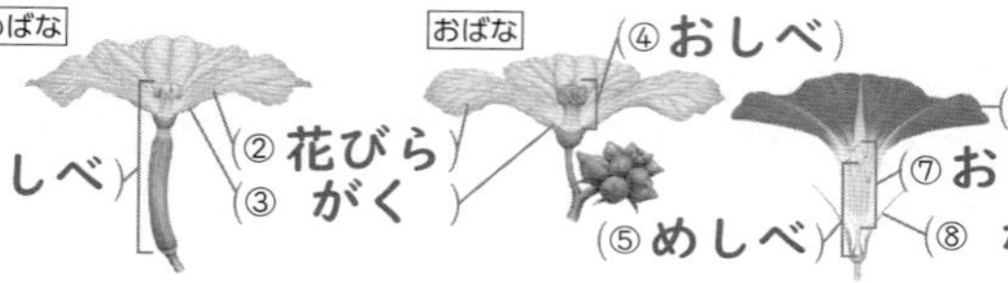

(①めしべ)　(②花びら)　(③がく)　(④おしべ)　(⑤めしべ)　(⑥花びら)　(⑦おしべ)　(⑧がく)

▶花には、ヘチマのように、めばなとおばながあって、めばなに(⑨めしべ)、おばなに(⑩おしべ)がそれぞれあるものと、アサガオのように、1つの花に(⑪めしべ)と(⑫おしべ)があるものとがある。

▶けんび鏡(ステージが動く物)

(⑬接眼レンズ)　(⑭つつ)　(⑮アーム)　(⑯クリップ)　(⑰調節ねじ)　(⑱レボルバー)　(⑲対物レンズ)　(⑳ステージ)　(㉑反しゃ鏡(照明))　(㉒台)

つつが動くけんび鏡もあるよ。

- (㉓スライド)ガラスに観察する物をのせて(㉔カバー)ガラスをかけた物を、プレパラートという。
- けんび鏡ではっきりと見えるところは、(㉕対物レンズ)から(㉖プレパラート)を遠ざけていってさがす。
- プレパラート上の物は、けんび鏡で見ると、上下左右が(㉗逆)に見える。
- けんび鏡の倍率《ばいりつ》＝接眼《せつがん》レンズの倍率(㉘×)対物レンズの倍率

ここがだいじ!
①花には、おしべのあるおばなと、めしべのあるめばながあるものと、1つの花におしべとめしべがあるものがある。
②けんび鏡の倍率《ばいりつ》は、接眼《せつがん》レンズの倍率×対物レンズの倍率で表される。

ぴたトリビア　めしべのあるめばなとおしべのあるおばなに分かれている花にはツルレイシ、1つの花にめしべとおしべがある花にはオクラ、などがあります。

1 ヘチマとアサガオの花のつくりを比《くら》べました。

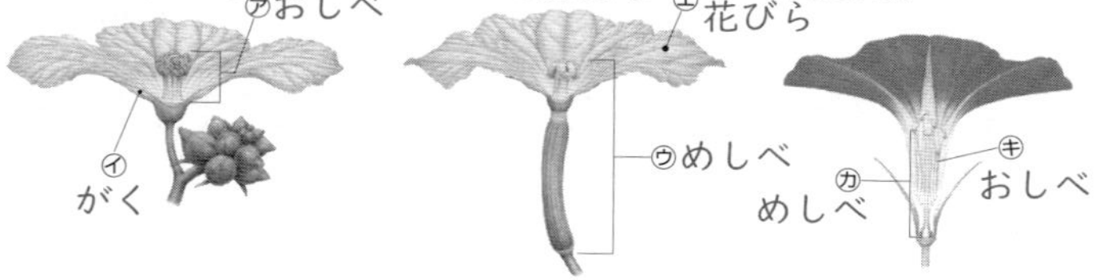

(1) ヘチマの花あのアとイ、花いのウとエは、それぞれ何ですか。
ア(おしべ)　イ(がく)
ウ(めしべ)　エ(花びら)

(2) ヘチマの花あといは、それぞれめばなとおばなのどちらですか。
あ(おばな)　い(めばな)

(3) アサガオの花のカとキは、それぞれヘチマの花のア~エのどれにあたりますか。
カ(ウ)　キ(ア)

(4) アサガオの花には、めばなとおばなの区別がありますか。
(ありません。(ない。))

2 けんび鏡を使って観察します。

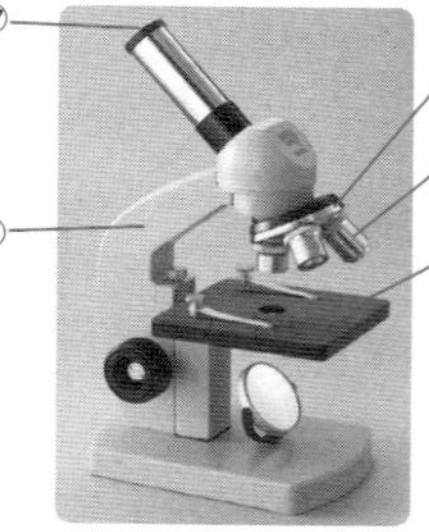

(1) ア~オの各部分の名前は何ですか。
ア(接眼レンズ)　イ(アーム)
ウ(レボルバー)　エ(対物レンズ)
オ(ステージ)

(2) スライドガラスに見る物をのせて、カバーガラスをかけた物を何といいますか。　(プレパラート)

(3) (2)をけんび鏡で見ると、どのように見えますか。正しいものに○をつけましょう。
ア(　)上下だけが逆《ぎゃく》に見える。
イ(　)左右だけが逆に見える。
ウ(○)上下左右が逆に見える。

(4) けんび鏡の倍率《ばいりつ》はどのように表されますか。(　)にあてはまる言葉をかきましょう。
けんび鏡の倍率＝接眼《せつがん》レンズの倍率×(対物レンズ)の倍率

23ページ　てびき

1 (4)アサガオの花には、1つの花にめしべとおしべがそろっています。

2 (3)プレパラートの上の物は、けんび鏡で見ると、上下左右が逆《ぎゃく》に見えます。
(4)けんび鏡の倍率《ばいりつ》は、接眼《せつがん》レンズの倍率と対物レンズの倍率で決まります。

おうちのかたへ
花のつくりでは「めしべ」「おしべ」「がく」「花びら」の4つを扱います。花のつくりの「花弁(花びら)」「柱頭(めしべの先端)」、「子房(めしべの根元の膨らんだ部分)」などの詳しい内容は、中学校で学習します。

おうちのかたへ　4. 花から実へ
植物の結実について学習します。ここでは、顕微鏡を使って花粉を観察することができるか、受粉することで実ができることを理解しているか、などがポイントです。

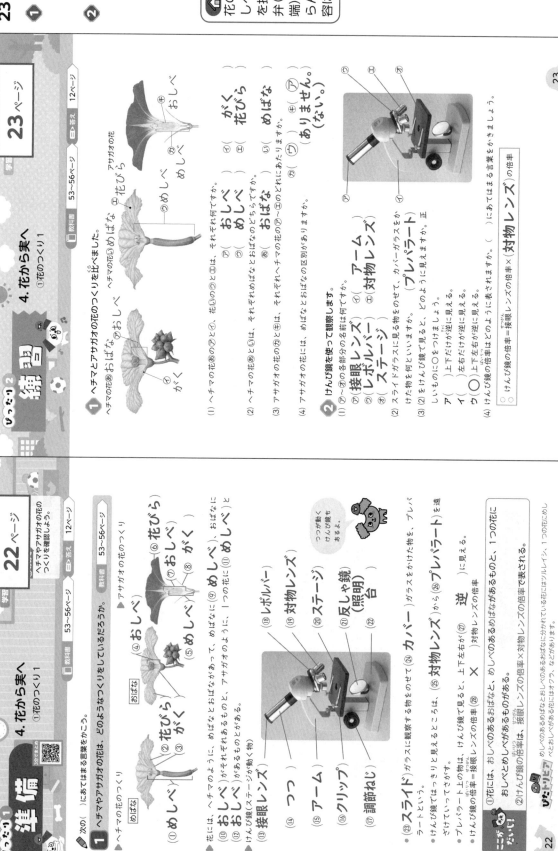

ぴったり1 **準備**

4. 花から実へ
①花のつくり 2

学習 **24ページ**

おしべの先にある粉や、それがめしべの先につくことを確認しよう。

教科書 56～57ページ　答え 13ページ

次の(　)にあてはまる言葉をかくか、あてはまるものを○でかこもう。

1 おしべの先にある粉《こな》は何だろうか。
教科書 56～57ページ

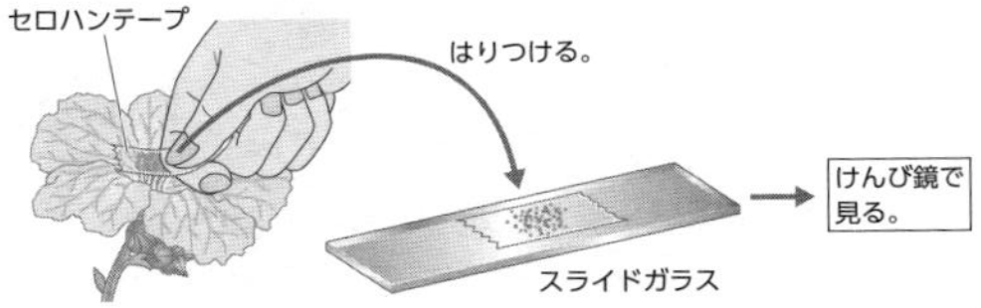

ア
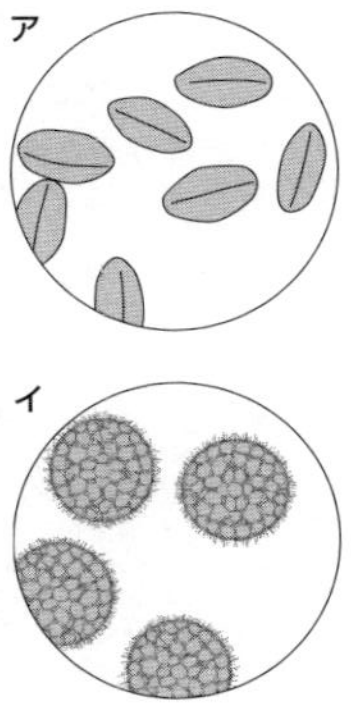
イ

- おしべの先にセロハンテープをそっとつけて、粉をとり、けんび鏡で観察する。
- おしべの先にある粉を、(① **花粉**)という。
- (①)は(② (おしべ) ・ めしべ)でつくられる。
- **ア**は(③ (ヘチマ) ・ アサガオ)のおしべの先にある粉、**イ**は(④ ヘチマ ・ (アサガオ))のおしべの先にある粉である。

2 ヘチマの花粉《かふん》は、いつ、おしべからめしべの先に運ばれるのだろうか。
教科書 57ページ

- ヘチマのつぼみの中のめしべを虫めがねで観察したところ、花粉は(① ついている ・ (ついていない))。
- ヘチマのさいている花のめしべを虫めがねで観察したところ、花粉は(② (ついている) ・ ついていない)。
- ヘチマの花粉は、花がさいた後に、(③ **おしべ**)から(④ **めしべ**)の先に運ばれる。
- めしべの先に花粉がつくことを、(⑤ **受粉**)という。

ヘチマのおしべの先

花粉はこん虫が運んだり、風によって飛ばされたりして、受粉《じゅふん》するんだよ。

ここが だいじ!
①おしべの先にある粉《こな》を、花粉《かふん》という。
②めしべの先に花粉がつくことを、受粉《じゅふん》という。

ぴたトリビア 花粉《かふん》しょうの原因《げんいん》にもなっているスギの花粉は、小さくて軽いため、風で大量に運ばれます。

ぴったり2 **練習**

4. 花から実へ
①花のつくり 2

学習 **25ページ**

教科書 56～57ページ　答え 13ページ

❶ ヘチマのおしべの先にある粉《こな》をけんび鏡で観察しました。

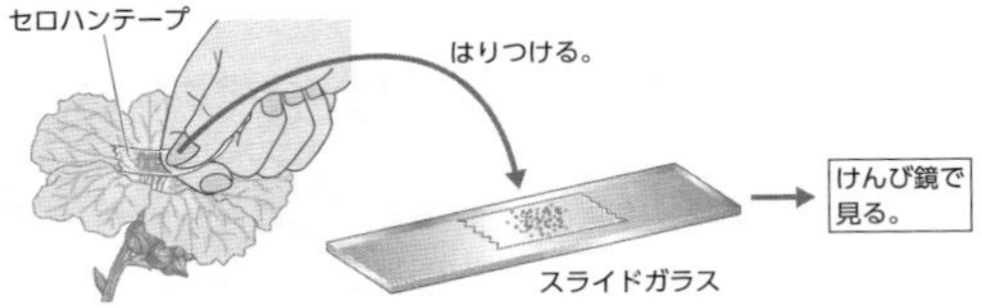

(1) おしべの先にある粉を、何といいますか。
(**花粉**)

(2) (1)はどこでつくられますか。正しいものに○をつけましょう。
ア(○)おしべ　イ(　)めしべ　ウ(　)花びら　エ(　)がく

(3) ヘチマのおしべの先にある粉のようすはどちらですか。正しいほうに○をつけましょう。
ア(○)　イ(　)

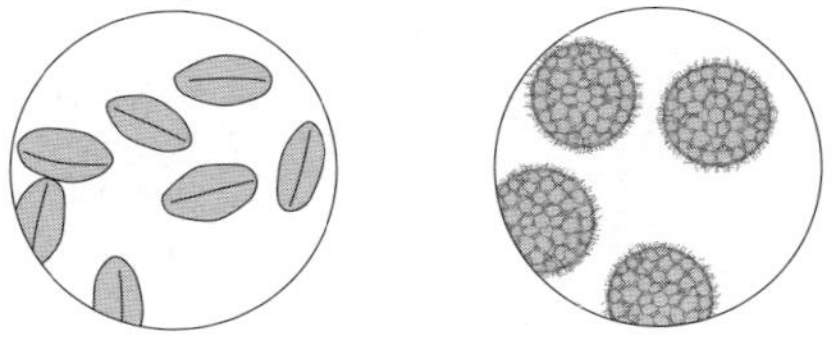

❷ 花がさく前のヘチマのめしべを観察しました。

(1) 花がさく前のヘチマのめしべに、花粉《かふん》はついていましたか、ついていませんでしたか。
(**ついていなかった。**)

(2) ヘチマの花粉の運ばれ方について、次の文の(　)にあてはまる言葉をかきましょう。

ヘチマの花粉は、花がさいた後に、(① **おしべ**)から(② **めしべ**)の先に運ばれる。

(3) めしべの先に花粉がつくことを、何といいますか。
(**受粉**)

25ページ　てびき

❶ (1)、(2)おしべの先にある粉《こな》を、花粉《かふん》といい、おしべでつくられます。

❷ (2)、(3)ヘチマの花粉は、花がさいた後に、おしべからめしべの先に運ばれます。

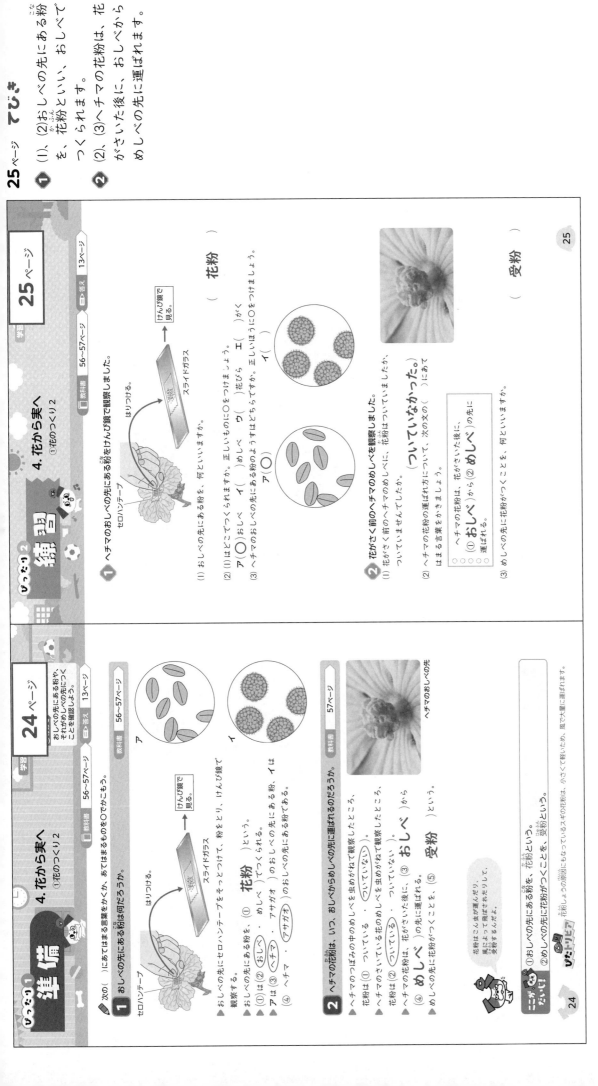

ぴったり1 **準備**

4. 花から実へ

②花粉《かふん》のはたらき

学習 **26ページ**

めしべのもとの部分が実になるために、受粉が必要かを確認しよう。

教科書 58〜60ページ　答え 14ページ

次の(　)にあてはまる言葉をかこう。

1 めしべのもとの部分が実になるためには、受粉《じゅふん》が必要なのだろうか。　教科書 58〜60ページ

▶花粉のはたらきを調べる。

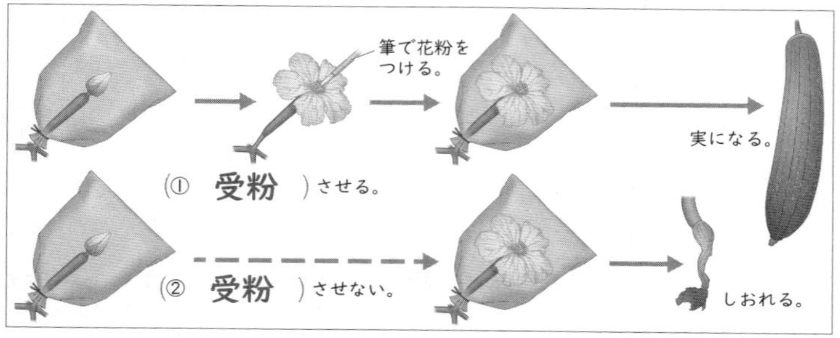

(① **受粉**)させる。

(② **受粉**)させない。

- 同じ日にさきそうなヘチマのめばなのつぼみを 2 つ選んで、花に花粉がつかないように、紙の(③ **ふくろ**)をかぶせる。
- 花がさいたら、一方のめしべの先に(④ **花粉**)をつける。
- 花がしぼんだら、どちらも紙の(⑤ **ふくろ**)をとる。

▶めしべのもとの部分が実になるためには、(⑥ **受粉**)することが必要である。

▶受粉すると、めしべの(⑦ **もと**)の部分が実になり、実の中に(⑧ **種子**)ができる。

▶「種子」と「実」の関係

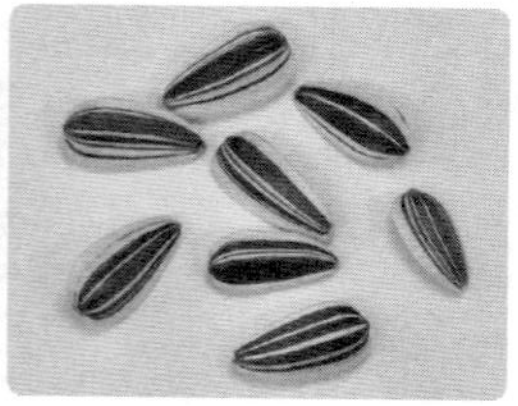

- ヘチマやホウセンカなどは、(⑨ **種子**)のことを「たね」とよんでいる。
- ヒマワリなどは、(⑩ **実**)のことを「たね」とよんでいる。

ここがだいじ!
①めしべのもとの部分が実になるためには、受粉《じゅふん》することが必要である。
②受粉すると、めしべのもとの部分が実になり、中に種子ができる。

ぴたトリビア　ハチなどのこん虫が花粉《かふん》を運び受粉《じゅふん》させることは、農業でも利用されています。

ぴったり2 **練習**

4. 花から実へ

②花粉《かふん》のはたらき

学習 **27ページ**

教科書 58〜60ページ　答え 14ページ

1 図のようにして、ヘチマの花粉のはたらきを調べました。

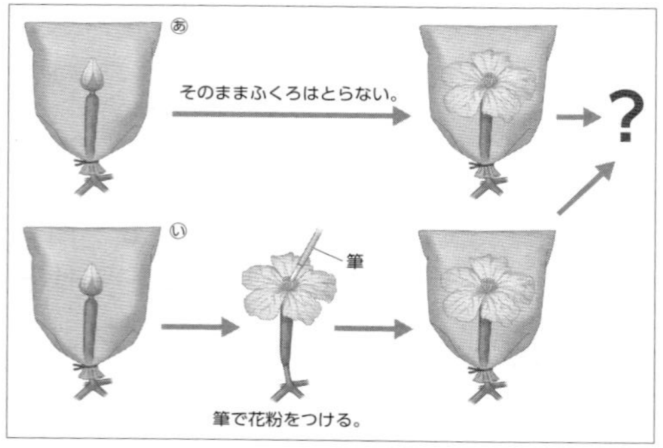

(1) 紙のふくろをかぶせた 2 つの花あといは、それぞれ、めばなとおばなのどちらですか。

あ(**めばな**)
い(**めばな**)

(2) 2 つのヘチマの花に、紙のふくろをかぶせたのはなぜですか。正しいものに〇をつけましょう。

ア(　)強い日光が、花に直接《ちょくせつ》当たらないようにするため。
イ(　)ヘチマを食べるこん虫などが、花に近づけないようにするため。
ウ(　)花のまわりの空気が動かないようにするため。
エ(　)雨が、花に直接当たらないようにするため。
オ(〇)花に、花粉がつかないようにするため。

(3) 実ができたのは、あ、いのどちらですか。　(い)

(4) 種子ができたのは、あ、いのどちらですか。　(い)

2 「たね」が、種子のものに〇、実のものに△をつけましょう。

(1) アサガオ (〇)

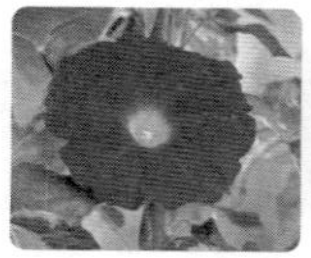

(2) ヒマワリ (△)

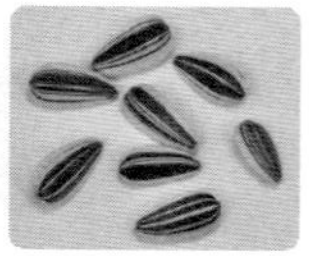

(3) ホウセンカ (〇)

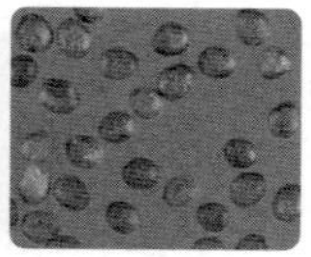

27ページ　てびき

1 (1)受粉《じゅふん》によって実ができるかを調べる実験なので、どちらも同じめばなを使います。
(2)いのめばなに、筆で花粉《かふん》をつけたもの以外の花粉がつかないようにします。
(3)、(4)受粉しないと、花が実にならず、種子もできません。

2 (2)ヒマワリの実は、中にある種子とくっついています。

ぴったり3
確かめのテスト。 4. 花から実へ

28ページ

100
合格 70 点

教科書 52〜63ページ　答え 15ページ

よく出る

1 アサガオとヘチマの花のつくりを調べました。　1つ6点(36点)

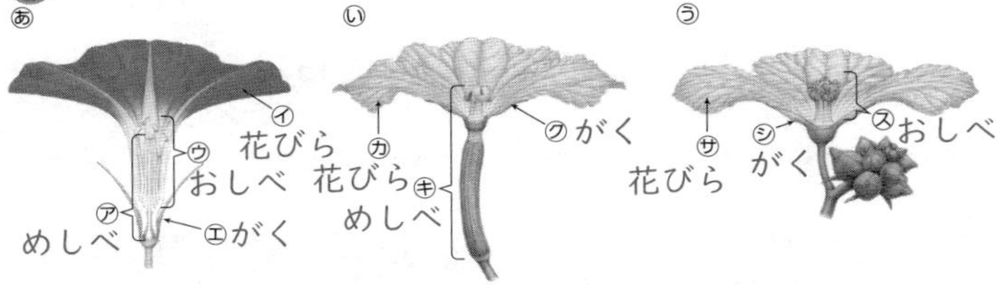

あ
い
う
イ
花びら
ウ
おしべ
ア
めしべ
エがく
カ
花びら
キ
めしべ
クがく
サ
花びら
シ
がく
ス
おしべ

(1) あは、アサガオの花のつくりです。ア〜エは、それぞれ何を表していますか。

ア(めしべ)　イ(花びら)
ウ(おしべ)　エ(がく)

(2) いとうは、ヘチマの花のつくりです。

①アサガオの花のアと同じものは、カ〜ク、サ〜スのどれですか。　(キ)
②ヘチマのめばなは、い、うのどちらですか。　(い)

2 けんび鏡を使って、ヘチマの花粉《かふん》を観察しました。　1つ6点(24点)

(1) セロハンテープに花粉をつける花は、おばなとめばなのどちらを使うとよいですか。

(おばな)

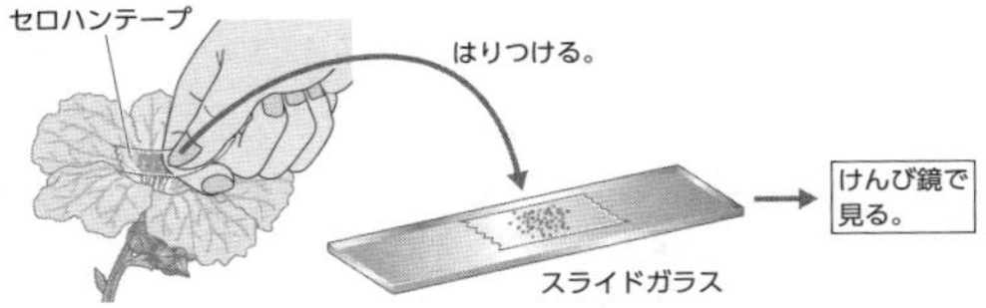

セロハンテープ
はりつける。
スライドガラス
けんび鏡で見る。

(2) けんび鏡で観察するとき、はっきり見えるようにするにはどのようにしたらよいですか。次の文の(　)にあてはまる言葉をかきましょう。　技能

調節ねじを回して、(① 対物)レンズから(② プレパラート)を遠ざけていく。

(3) 花粉をけんび鏡で観察したところ、右のように見えました。左はしに見える花粉を中央に動かしたい場合、プレパラートをどの向きに動かすとよいですか。正しいものに○をつけましょう。　技能

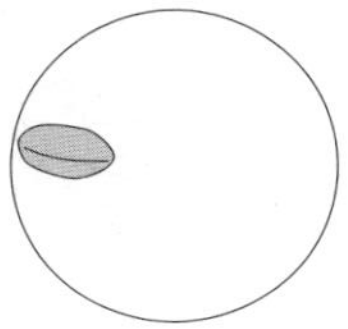

ア(　)上　イ(　)下　ウ(○)左　エ(　)右

29ページ

学習

てきたらスゴイ!

3 次の日にさきそうなアサガオの花のつぼみを2つ使い、花粉のはたらきを調べました。　思考・表現　1つ10点(40点)

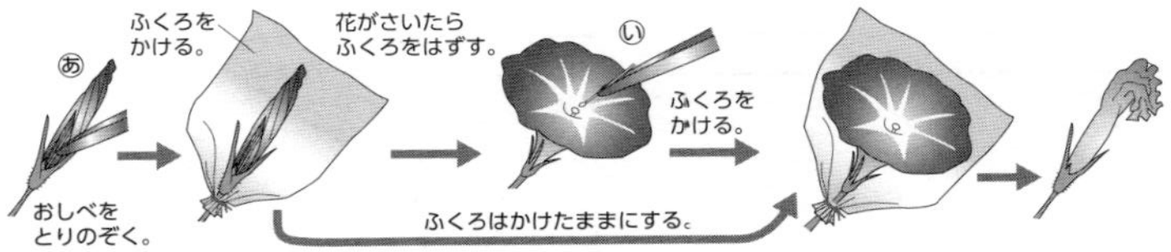

あ
おしべをとりのぞく。
ふくろをかける。
花がさいたらふくろをはずす。
い
ふくろをかける。
ふくろはかけたままにする。

(1) 花がさく前のアサガオの花のつぼみからは、あのように、おしべをすべてとりのぞきました。こうしたのはなぜですか。正しいものに○をつけましょう。

ア(　)実ができやすくするため。
イ(　)花が確実《かくじつ》にさくようにするため。
ウ(　)めしべが大きく育つようにするため。
エ(○)おしべの花粉がめしべにつかないようにするため。

(2) アサガオの花がさいた後、一方はいのようにふくろをはずして、めしべに花粉をつけてから、もういちどふくろをかけ直し、もう一方はふくろをかけたままにしました。2つの花には、どのようなちがいがありましたか。正しいものに○をつけましょう。

ア(　)花粉をつけた花はなかなかしぼまなかったが、つけない花はすぐにしぼんだ。
イ(○)花粉をつけた花には実ができたが、つけない花には実ができなかった。
ウ(　)花粉をつけた花の実には種子ができなかったが、つけない花の実には種子ができた。
エ(　)花粉をつけた花にできた種子は発芽《はつが》しないが、つけない花にできた種子は発芽した。

(3) 記述 この実験で、めしべに花粉をつけたアサガオのほかに、めしべに花粉をつけないアサガオで同じ実験をしたのはなぜですか。

(めしべの先に花粉がつく(受粉する)ことで、実ができることを確かめるため。)

(4) 記述 この実験の結果から、花粉がめしべの先につくと、どうなることがわかりますか。

(花粉がめしべの先につくと、(めしべのもとの部分が)実になること。)

ふりかえり
1の問題がわからなかったときは、22ページの1にもどってたしかめましょう。
3の問題がわからなかったときは、26ページの1にもどってたしかめましょう。

28〜29ページ てびき

1 (2)めばなにはめしべ、おばなにはおしべがあります。

2 (1)おばなのおしべで、花粉《かふん》はつくられます。

(3)プレパラートの上の物を、けんび鏡で見るときは、上下左右が逆《ぎゃく》に見えます。

3 (1)アサガオでは、花がさく前のつぼみのときに受粉《じゅふん》が行われてしまいます。

(2)受粉しないと、実ができません。

(3)受粉しないと実ができないことをはっきりさせるために、受粉しためばなと、受粉していないめばなを比《くら》べます。

(4)受粉すると、めしべのもとの部分が実になり、実の中に種子ができます。

ぴったり1 準備

5. 台風と天気の変化

①台風の動きと天気の変化
②わたしたちのくらしと災害《さいがい》

3分でまとめ

学習 30ページ

台風の動きや天気の変化、災害について確認しよう。

教科書 65〜71ページ　答え 16ページ

次の(　)にあてはまる言葉をかこう。

1 台風は、どのように動き、近づくと、天気は、どのように変わるのだろうか。 教科書 65〜68ページ

▶台風は、日本の(① 南)の方で発生し、その多くは、初めは(② 西)の方へ動き、やがて(③ 北)や(④ 東)の方へ動く。

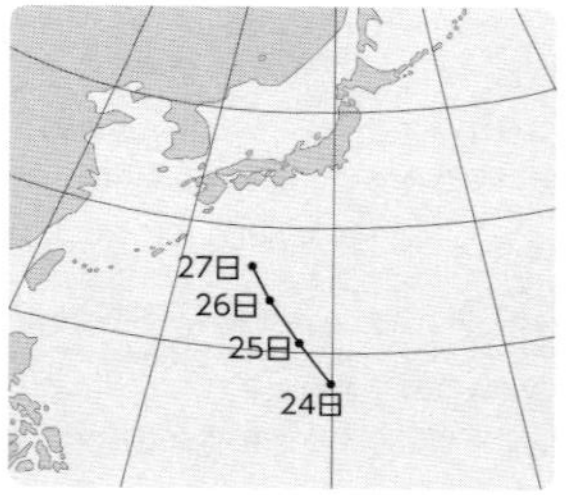

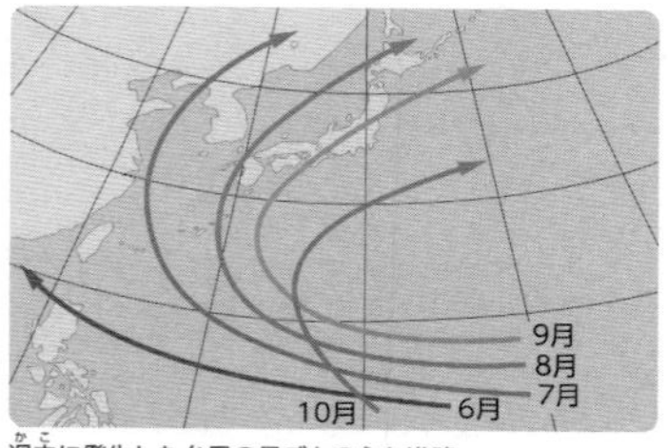

過去《かこ》に発生した台風の月ごとの主な進路

▶台風が近づくと、(⑤ 強い)風がふいたり、短い時間に(⑥ 大雨)がふったりするなど、天気のようすが急に大きく変わることがある。

2 台風の強い風や大雨によって、どのような災害が起きるのだろうか。 教科書 69〜71ページ

▶台風の(① 雨)による災害　(大雨)

▶台風の(② 風)による災害　(強い風、強風)

ここがだいじ!
①台風は、日本の南の方で発生し、その多くは、初めは西の方へ動き、やがて北や東の方へ動く。
②台風が近づくと、強い風がふいたり、短い時間に大雨がふったりする。

ぴたトリビア　気象《きしょう》レーダーなどによって、雨雲《あまぐも》の広がりや動き、雨の強さを正確《せいかく》にとらえて、短時間の予報《よほう》に役立てられています。

ぴったり2 練習

5. 台風と天気の変化

①台風の動きと天気の変化
②わたしたちのくらしと災害《さいがい》

学習 31ページ

教科書 65〜71ページ　答え 16ページ

1 図は、台風の月ごとの主な進路を表したものです。

(1) 台風は、日本から見てどの方位で発生しますか。正しいものに○をつけましょう。

ア(　)北　イ(○)南
ウ(　)東　エ(　)西

(2) 7月、8月、9月を表す矢印は、それぞれ図のア〜ウのどれですか。

7月(ウ)
8月(イ)
9月(ア)

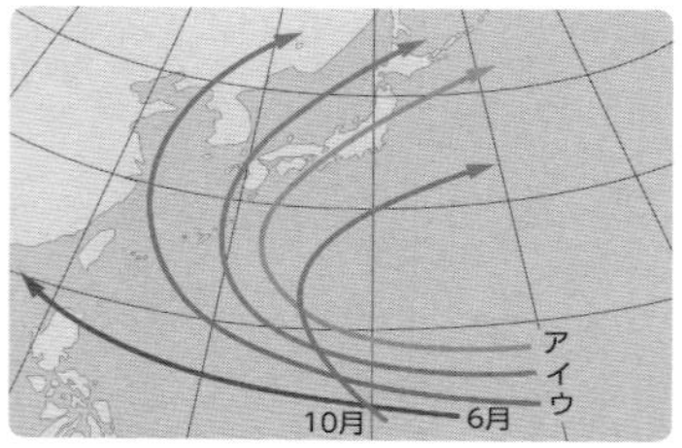

(3) 台風の動きと天気の変化は関係がありますか、ありませんか。

(ある。)

2 下のあ〜うは、24時間ごとの台風の雲のようすを表しています。

あ
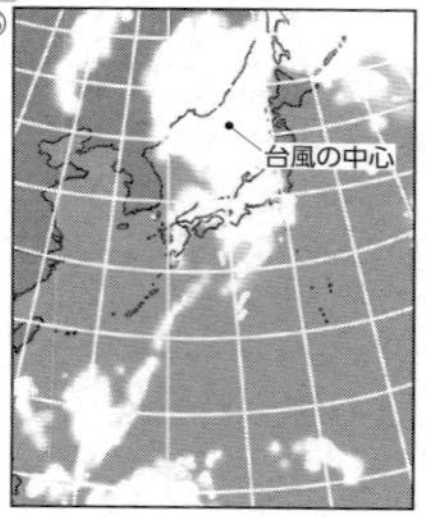

い
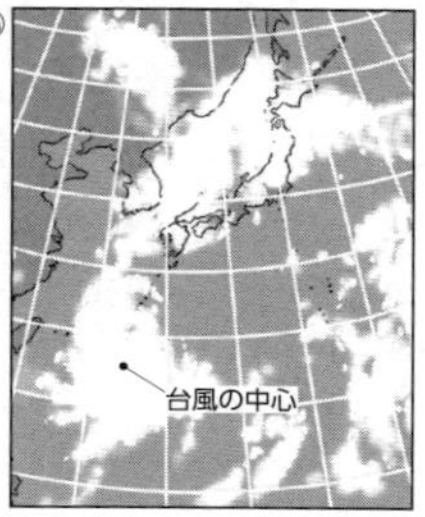

う
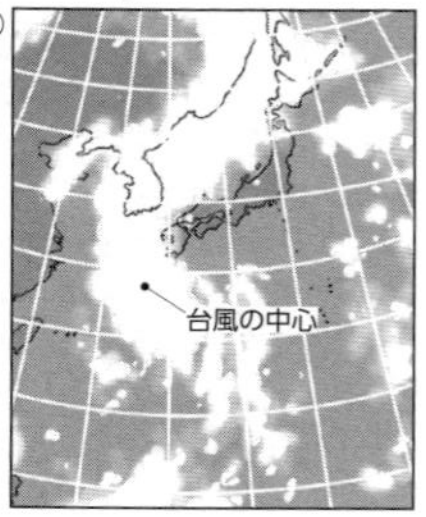

(1) 台風が発生するのは、陸上と海上のどちらですか。(海上)

(2) あ〜うを、日付の早いものから順にならべましょう。(い)→(う)→(あ)

(3) 台風が近づくと、風や雨のようすはどうなりますか。正しいものに○をつけましょう。

ア(　)風は弱くなり、雨の量は少なくなる。
イ(　)風は弱くなり、雨の量は多くなる。
ウ(　)風は強くなり、雨の量は少なくなる。
エ(○)風は強くなり、雨の量は多くなる。

おうちのかたへ　5. 台風と天気の変化

台風の進路と天気の変化について学習します。台風の動き方や、台風が大量の降雨をもたらすことを理解しているか、などがポイントです。

31ページ　てびき

❶ (1)台風は、日本の南の方で発生します。
(3)台風が近づくと、天気のようすが急に大きく変わることがあります。

❷ (1)、(2)南の海上で発生した台風は、初めは西の方に進み、北の方に進路を変えて日本付近にやってくると、東の方に進路を変えます。

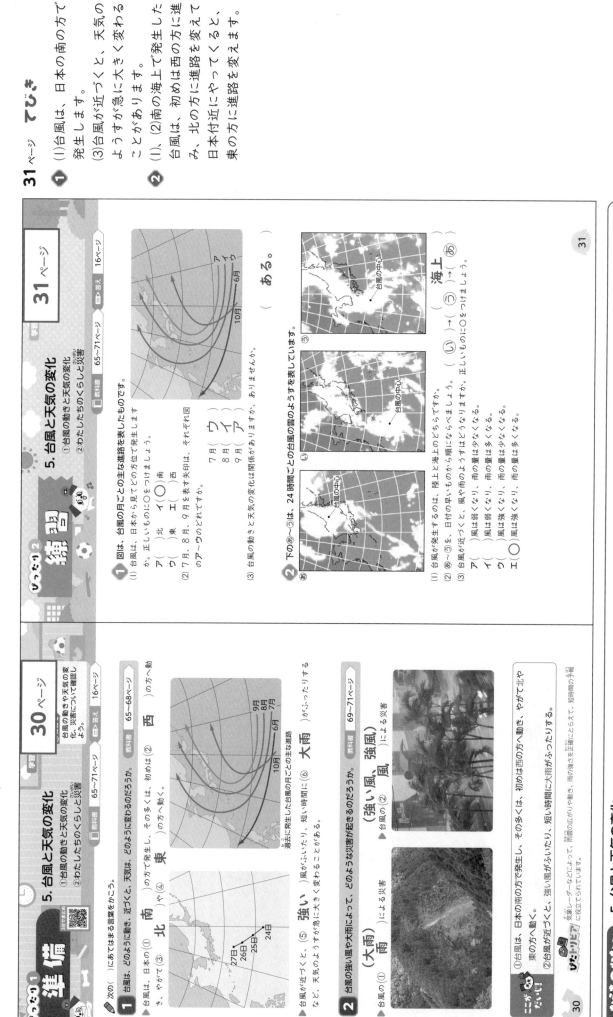

ぴったり3 確かめのテスト。

5. 台風と天気の変化

／100 合格 70 点

教科書 64〜71ページ　答え 17ページ

よく出る

1 ㋐〜㋒の図は、ある連続した３日間の雲のようすを表しています。

1つ6点、(1)は全部できて6点(24点)

㋐　㋑　㋒

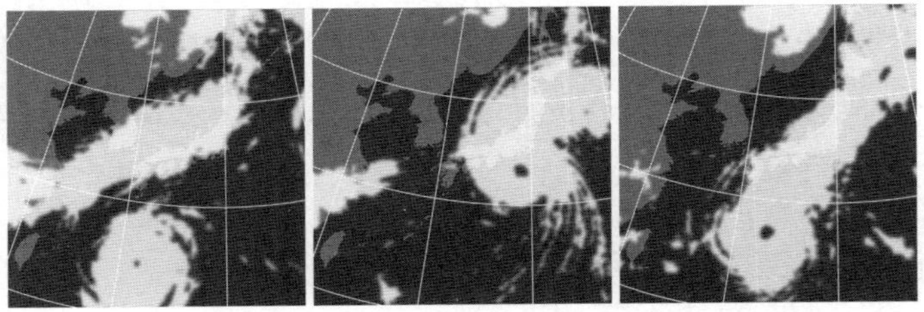

(1) ㋐〜㋒を、日にちの早いものから順にならべましょう。
（ ㋐ ）→（ ㋒ ）→（ ㋑ ）

(2) 白くうずをまいて見える雲は何ですか。（ 台風 ）

(3) この雲のようすはいつごろだと考えられますか。正しいものに○をつけましょう。
ア（ ）１月ごろ　イ（ ）３月ごろ　ウ（ ）６月ごろ　エ（○）９月ごろ

(4) 関東地方で風や雨が最も強くなったのは、㋐〜㋒のどの日にちだと考えられますか。
（ ㋑ ）

2 図は、台風の月ごとの主な進路を表したものです。

1つ7点(28点)

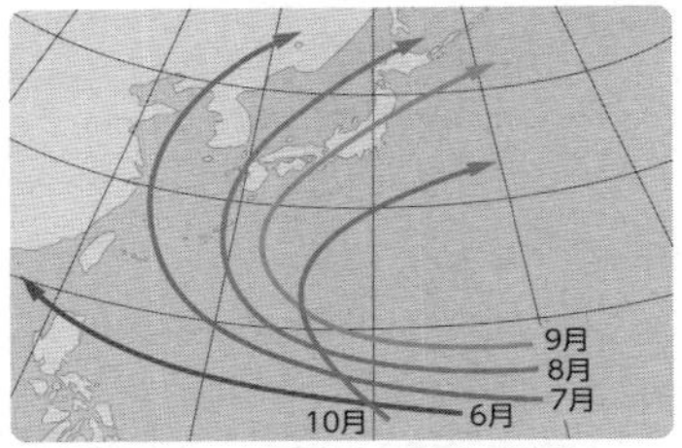
9月
8月
7月
10月
6月

(1) 台風はどのように動きますか。下の文の（ ）にあてはまる方位をかきましょう。

日本の（① 南 ）の方で発生した台風の多くは、初めは（② 西 ）の方へ動き、やがて北や（③ 東 ）の方へ動く。

(2) 記述 台風が近づくと、風や雨、天気はどうなりますか。
（ 強い風がふいたり、短い時間に大雨がふったりし、天気のようすが急に大きく変わる。 ）

すきだろうスゴイ!

3 ある月の28日から31日にかけて、日本を台風が通過《つうか》しました。　思考・表現　1つ8点(48点)

(1) 図は、台風が通過したそれぞれの日の雨量情報《じょうほう》を表しています。㋐〜㋒は、それぞれいつの雨量情報ですか。正しいものに○をつけましょう。

㋐
ア（ ）29日　イ（○）30日
ウ（ ）31日

㋑
ア（○）29日　イ（ ）30日
ウ（ ）31日

㋒
ア（ ）29日　イ（ ）30日
ウ（○）31日

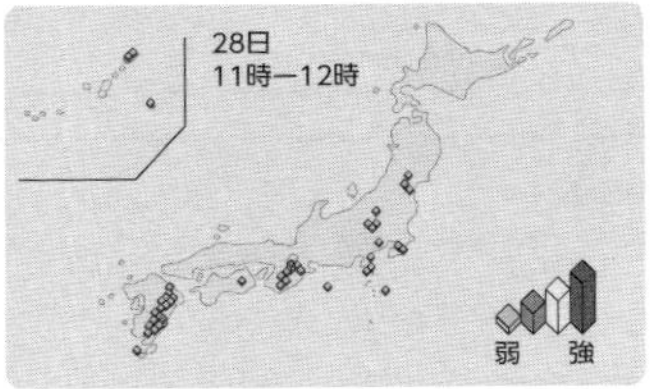
28日
11時−12時
弱
強

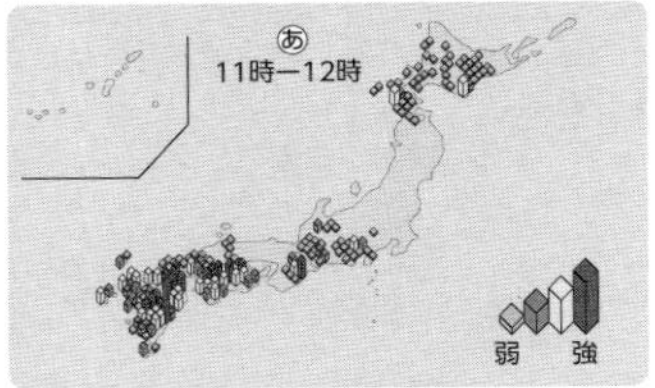
㋐
11時−12時
弱
強

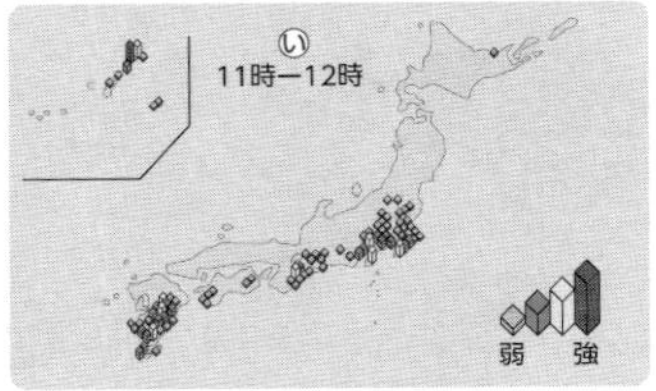
㋑
11時−12時
弱
強

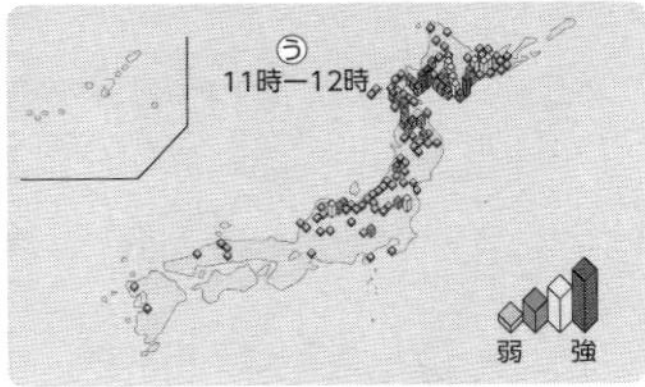
㋒
11時−12時
弱
強

(2) 台風が近づいてくると、天気は、どのように変化しますか。正しいものに○をつけましょう。
ア（○）風が強くなり、大雨がふるようになる。
イ（ ）風が強くなるが、雨はあまりふらない。
ウ（ ）風はあまりふかないが、大雨がふる。

(3) 記述 台風が通り過《す》ぎた後を「台風一過《いっか》」といいます。台風一過にはどのような天気になることが多いと考えられますか。図を見て考えましょう。
（ 風や雨がおさまって、晴れることが多い。 ）

(4) 記述 台風は、わたしたちのくらしに大きな災害《さいがい》をもたらすと同時に、めぐみももたらしています。台風がもたらすめぐみには、どのようなことがありますか。
（ 水不足を解消する。 ）

ふりかえり　❶の問題がわからなかったときは、30ページの**1**にもどってたしかめましょう。
❸の問題がわからなかったときは、30ページの**1**にもどってたしかめましょう。

32〜33ページ　てびき

1 (1)、(2)台風は、日本の南の方で発生し、その多くは、初めは西の方へ動き、やがて北や東の方へ動きます。
(3)台風が日本にやってくるのは、８月と９月が多いです。
(4)台風がいちばん関東地方に近く、雲がかかっているものをさがします。

2 (2)台風が近づくと、強い風がふいたり、短い時間に大雨がふったりするなど、天気のようすが急に大きく変わることがあります。

3 (1)29日は㋑、30日は㋐、31日は㋒です。
(3)アメダスの雨量情報《じょうほう》からも、あるいは雲画像《がぞう》からも、台風が通過《つうか》してしばらくは、雲がない晴れの日になることがわかります。
(4)台風は多くの水を日本にもたらします。その水をダムにたくわえたりして、飲み水や、農業、工業などに利用しています。

おうちのかたへ
天気による１日の気温の変化は４年で学習しています。また、台風ではない一般的な天気の変化は、「1. 天気の変化」で学習しています。

ぴったり1 準備

6. 流れる水のはたらき
①川原《かわら》の石

学習 34ページ

流れる場所による、川と川原のようすのちがいを確認しよう。

教科書 73~78ページ　答え 18ページ

次の(　)にあてはまる言葉をかこう。

1 流れる場所によって、川と川原のようすには、どのようなちがいがあるだろうか。　教科書 73~78ページ

▶山の中を流れる川
- 土地のかたむきが(① **大きい**)山の中では、川岸ががけのようになっていて、川はばが(② **せまく**)、水の流れが(③ **速い**)。
- 山の中の川岸《かわぎし》には、角ばった(④ **大きな**)石が、多く見られる。

▶平地へ流れ出たあたり・平地を流れる川
- 平地になるにつれて、川はばが(⑤ **広く**)なり、水の流れが(⑥ **ゆるやか**)になる。
- 平地になるにつれて、川原には、まるみのある(⑦ **小さな**)石が多くなる。

山の中を流れる川

平地へ流れ出たあたりを流れる川

平地を流れる川

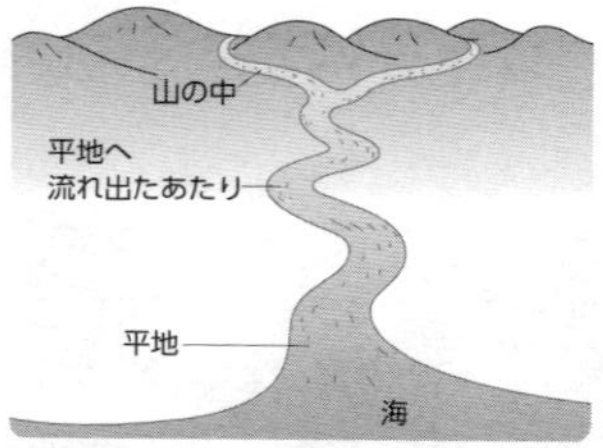

ここがだいじ!
①土地のかたむきが大きい山の中では、川はばがせまく、水の流れが速い。川岸には、角ばった大きな石が、多く見られる。
②平地になるにつれて、川はばが広くなり、水の流れがゆるやかになる。川原には、まるみのある小さな石が多くなる。

ぴたトリビア　曲がりくねっている川は、その一部が川の流れからとり残され、湖になることがあります。三日月の形をしていることが多いので、「三日月湖」とよばれます。

ぴったり2 練習

6. 流れる水のはたらき
①川原《かわら》の石

学習 35ページ

教科書 73~78ページ　答え 18ページ

1 図は、川の流れを表していて、㋐は山の中、㋑は平地へ流れ出たあたり、㋒は平地です。

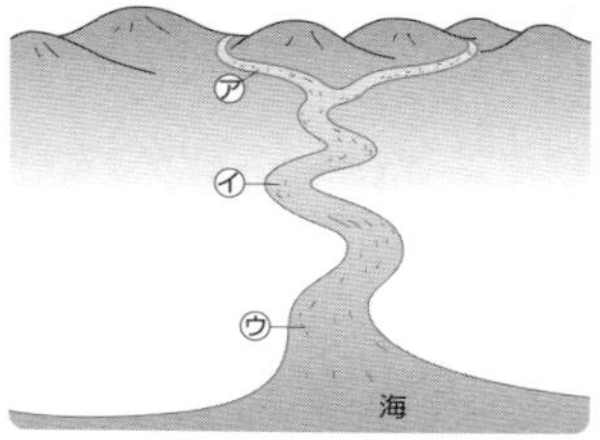

(1) 土地のかたむきを比《くら》べました。
①土地のかたむきが、いちばん大きいのはどこですか。㋐~㋒から選びましょう。　(㋐)
②土地のかたむきが、いちばん小さいのはどこですか。㋐~㋒から選びましょう。　(㋒)

(2) 水の流れる速さを比べました。
①水の流れがいちばん速いのはどこですか。㋐~㋒から選びましょう。　(㋐)
② 水の流れがいちばんおそいのはどこですか。㋐~㋒から選びましょう。　(㋒)

(3) 川はばを比べました。
①川はばが、いちばん広いのはどこですか。㋐~㋒から選びましょう。　(㋒)
②川はばが、いちばんせまいのはどこですか。㋐~㋒から選びましょう。　(㋐)

2 図の㋐~㋒は、同じ川の、場所を変えて集めた川岸《かわぎし》や川原の石です。

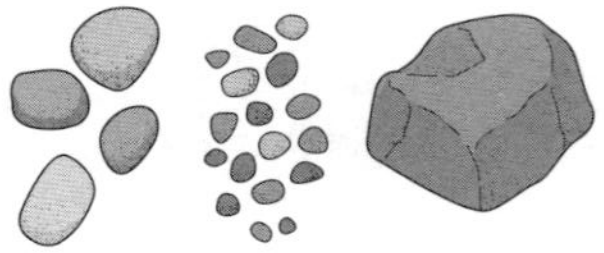

㋐ 角がとれたまるい石　㋑ すな混《ま》じりのまるい小さな石　㋒ 角ばった大きな石

(1) 広い川原ができているのはどこですか。正しいものに○をつけましょう。
ア(　)山の中
イ(　)平地へ流れ出たあたり
ウ(○)平地

(2) 川岸ががけのようになっているのはどこですか。正しいものに○をつけましょう。
ア(○)山の中
イ(　)平地へ流れ出たあたり
ウ(　)平地

(3) ①~③は、それぞれ、どこで集められたものですか。㋐~㋒から選びましょう。
①山の中　(㋒)
②平地へ流れ出たあたり　(㋐)
③平地　(㋑)

35ページ　てびき

1 (1)実際《じっさい》の川でも、土地のかたむきは、山の中ほど大きくなっています。
(2)、(3)川が、山から海(河《か》口《こう》)に近づくほど、土地のかたむきが小さくなるので、水の流れはおそくなり、川はばは広くなります。

2 (1)川が海に近づき、水の流れがおそくなるほど、川原《かわら》は広くなります。
(2)山の中を流れる川では、川岸ががけのようになっています。
(3)川が海に近づき、川の流れがおそくなるほど、川原の石は、まるくて小さくなります。

おうちのかたへ　6. 流れる水のはたらき
流れる水のはたらきと土地の変化について学習します。ここでは、流れる水が土地を侵食したり、土や石を運搬したり堆積させたりすることを理解しているか、実際の川の様子を観察して、上流と下流の様子の違いや土地の様子をとらえることができるか、などがポイントです。

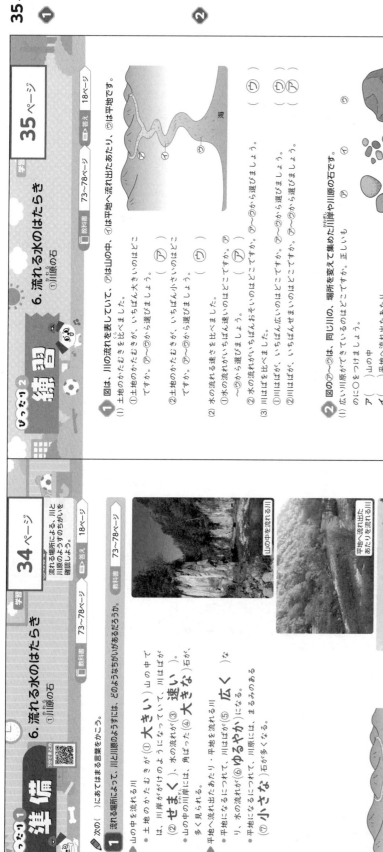

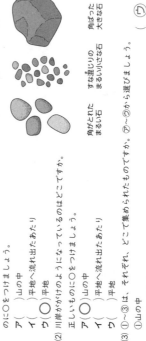

ぴったり1 準備

6. 流れる水のはたらき

②流れる水のはたらき

学習 36ページ

流れる水には、どのようなはたらきがあるのかを確認しよう。

教科書 79～80ページ　答え 19ページ

次の(　)にあてはまる言葉をかこう。

1 流れる水には、どのようなはたらきがあるのだろうか。

教科書 79～80ページ

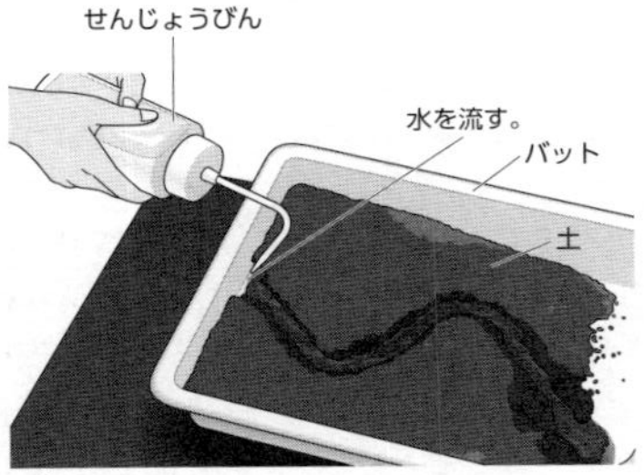

▶土のしゃ面に水を流して、流れる水のはたらきを調べる。

- 土にすなを混《ま》ぜた物を、バットなどの箱に入れて、土のしゃ面をつくる。
- せんじょうびんで水を流し、流れる水や地面のようすを調べる。
- (①　**水**　)が流れたところは、土がけずられて運ばれた。
- (②　**土**　)がなかったところに、土が運ばれてきて、積もった。

▶流れる水が地面をけずるはたらきを(③　**しん食**　)、土や石などを運ぶはたらきを(④　**運ぱん**　)、流されてきた土や石などを積もらせるはたらきを(⑤　**たい積**　)という。

▶水の流れが速いところでは、(⑥　**しん食**　)したり、(⑦　**運ぱん**　)したりするはたらきが大きく、水の流れがゆるやかなところでは、(⑧　**たい積**　)するはたらきが大きいので、流れる場所によって、川原《かわら》の石や川岸のようすにちがいが見られる。

- 川の水が土地を(⑨　**しん食**　)して、アルファベットの「V《ブイ》」の字のような深い谷になった土地を、V字谷《ブイじこく》という。
- 川の水が(⑩　**運ぱん**　)してきた土や石が、おうぎのように(⑪　**たい積**　)してできた土地を、扇状地《せんじょうち》という。

ここがだいじ！

①流れる水には、地面をけずったり、土や石などを運んだり、流されてきた土や石などを積もらせたりするはたらきがある。

②流れる水が地面をけずるはたらきをしん食、土や石などを運ぶはたらきを運ぱん、流されてきた土や石などを積もらせるはたらきをたい積という。

ぴたトリビア　平地では、山からしん食されて運ぱんされてきた土《ど》しゃがたい積します。河口《かこう》付近で、土しゃがたい積した地形は、三角形の形に似《に》ているので、「三角州《さんかくす》」とよばれます。

ぴったり2 練習

6. 流れる水のはたらき

②流れる水のはたらき

学習 37ページ

教科書 79～80ページ　答え 19ページ

1 図のように、土のしゃ面に水を流して、流れる水のはたらきを調べました。

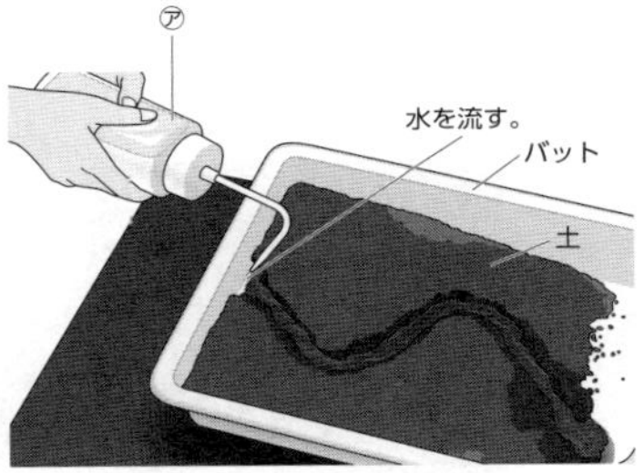

(1) 水を流すために使っている物㋐を何といいますか。

(せんじょうびん)

(2) 水が流れたところは、土がけずられました。このようなはたらきを何といいますか。

(　しん食　)

(3) けずられた土が、水によって運ばれました。このようなはたらきを何といいますか。

(　運ぱん　)

(4) 運ばれた土が、土がなかったところに積もりました。このようなはたらきを何といいますか。

(　たい積　)

2 図のように、土でつくった山に水を流しました。かたむきは㋐が大きく、㋑、㋒の順に小さくなっています。

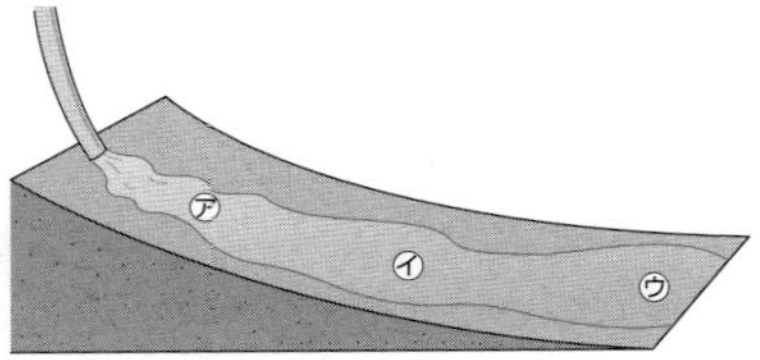

(1) しん食するはたらきが、いちばん大きいのはどこですか。図の㋐～㋒から選びましょう。

(　㋐　)

(2) 運ぱんするはたらきが、いちばん大きいのはどこですか。図の㋐～㋒から選びましょう。

(　㋐　)

(3) たい積するはたらきが、いちばん大きいのはどこですか。図の㋐～㋒から選びましょう。

(　㋒　)

(4) V字谷《ブイじこく》は、水のどのようなはたらきでできた土地ですか。正しいものに○をつけましょう。

ア(○)しん食　イ(　)運ぱん　ウ(　)たい積

(5) 扇状地《せんじょうち》は、水のどのようなはたらきでできた土地ですか。正しいもの２つに○をつけましょう。

ア(　)しん食　イ(○)運ぱん　ウ(○)たい積

37ページ　てびき

1 (2)～(4)流れる水が地面をけずるはたらきをしん食、土や石などを運ぶはたらきを運ぱん、流されてきた土や石などを積もらせるはたらきをたい積といいます。

2 (1)～(3)川を流れる水のはたらきは、表のようになります。

	㋐	㋑	㋒
かたむき	大きい。	中間	小さい。
水の流れ	速い。	中間	ゆるやか。
しん食	大きい。	中間	小さい。
運ぱん	大きい。	中間	小さい。
たい積	小さい。	中間	大きい。

(4)、(5)V字谷《ブイじこく》は流れる水が土地をしん食して、扇状地《せんじょうち》は運ぱんされた土や石がたい積してつくられる土地のようすです。

ぴったり1

準備

6. 流れる水のはたらき

③流れる水のはたらきの大きさ

学習 38ページ

どのようなときに流れる水のはたらきが大きくなるかを確認しよう。

教科書 81〜85ページ　答え 20ページ

次の(　)にあてはまる言葉をかこう。

1 流れる水のはたらきが大きくなるのは、どのようなときだろうか。　教科書 81〜85ページ

▶せんじょうびんを１つから２つにして、流れる水の量を変えて、水のはたらきを調べる。
土のしゃ面に水を流すと、
- 流れる水の速さ
→(① 速く)なる。
- 土のけずられ方
→(② 大きく)なる。
- 運ばれる土の量
→(③ 多く)なる。

しゃ面のかたむきは変えないようにしよう。

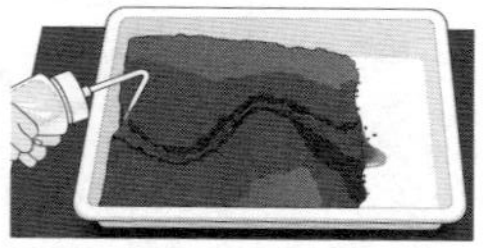
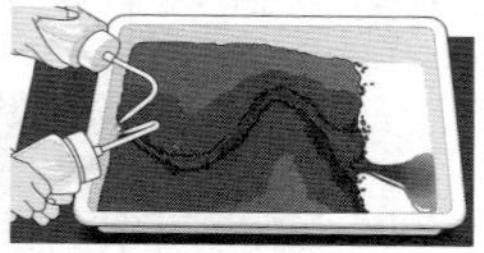

▶流れる水のはたらきが大きくなるのは、どのようなときだろうか。

大雨の前のようす

大雨で水がふえたときのようす

大雨の後のようす

▶流れる水のはたらきが大きくなるのは、雨がふり続いたり、台風などで大雨がふったりして、ふだんより川の水の量が(④ ふえた)ときである。
▶流れる水の量が多くなると、
- 水の流れが(⑤ 速く)なる。
- (⑥ しん食)したり、(⑦ 運ぱん)したりするはたらきが大きくなる。
- 短時間で(⑧ 土地)のようすが大きく変化することがある。

ここがだいじ!
①流れる水のはたらきが大きくなるのは、ふだんより川の水の量がふえたときである。
②流れる水の量が多くなると、水の流れが速くなり、しん食したり、運ぱんしたりするはたらきが大きくなり、短時間で土地のようすが大きく変化することがある。

ぴたトリビア　川の水の量がふだんよりふえる原因《げんいん》として、大雨や台風のほかに、春の雪解《ゆきど》けなどもあります。

ぴったり2

練習

6. 流れる水のはたらき

③流れる水のはたらきの大きさ

学習 39ページ

教科書 81〜85ページ　答え 20ページ

1 図のように、土のしゃ面に流す水の量を変えて、流れる水のはたらきのちがいを調べました。

㋐せんじょうびん１つ

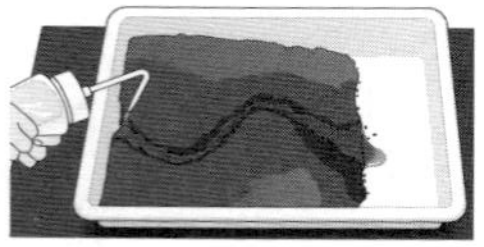

㋑せんじょうびん２つ

(1) しゃ面に流す水の量を変えて実験をするとき、しゃ面のかたむきはどうしますか。正しいものに○をつけましょう。
ア(　)水の量が少ない㋐のときは、かたむきを小さくする。
イ(　)水の量が多い㋑のときは、かたむきを小さくする。
ウ(○)㋐と㋑のときで、かたむきは同じにする。

(2) 水の流れが速いのは、㋐、㋑のどちらですか。　(㋑)

(3) 土でつくったしゃ面が深くけずられたのは、㋐、㋑のどちらですか。　(㋑)

(4) 流れる水の量が多くなると、大きくなるはたらきは何ですか。正しいもの２つに○をつけましょう。
ア(○)しん食　イ(○)運ぱん　ウ(　)たい積

2 水の量と流れる水のはたらきの関係を調べました。

(1) 雨がふり続いたり、台風などで大雨がふったりすると、どうなりますか。次の文の(　)にあてはまる言葉をかきましょう。

- 川の水の量が(① ふえる)。
- 流れる水のはたらきが(② 大きく)なる。
- 短時間で(③ 土地)のようすが大きく変化することがある。

(2) ア、イの写真のどちらが大雨がふっているときのようすと考えられますか。　(イ)

ア

イ

ヒント　❷(2) 大雨がふると、川の水がふえたりにごったりします。

39ページ　てびき

❶ (1)１つの条件《じょうけん》について調べるときには、調べる条件だけを変えて、それ以外の条件は同じにします。もし、同時に２つの条件を変えると、どちらの条件が結果に関係していたかがわからなくなってしまいます。
(2)流れる水の量が多くなると、水の流れが速くなります。
(3)、(4)水の流れが速くなると、しん食と運ぱんのはたらきが大きくなり、たい積のはたらきが小さくなります。反対に、水の流れがゆるやかになると、しん食と運ぱんのはたらきが小さくなり、たい積のはたらきが大きくなります。

❷ 大雨がふると、ふだんより川の水の量がふえ、流れる水のはたらきが大きくなり、短時間で土地のようすが大きく変化することがあります。

ぴったり1 準備

6. 流れる水のはたらき

④わたしたちのくらしと災害《さいがい》

40 ページ

学習 川の水がふえると起きる災害やその備えについて確認しよう。

3分でまとめ

教科書 86~90ページ　答え 21ページ

次の(　)にあてはまる言葉をかこう。

1 川の水がふえると、どのような災害が起きるだろうか。　教科書 86~87ページ

▶雨がふり続いたり、台風などで大雨がふったりすると、川の水が(① ふえ)て、災害が起き、わたしたちのくらしにえいきょうをおよぼすことがある。

▶川の水がふえて、てい防《ぼう》などがこわれてあふれ出し、(② こう水)になることがある。

2 川の水による災害にどのように備《そな》えているだろうか。　教科書 88~89ページ

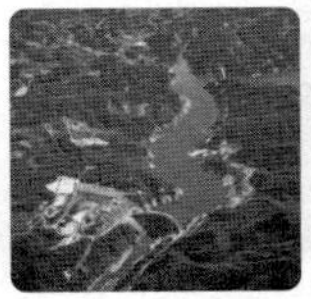

(①さ防ダム)
…けずられた土や石が、いちどに下流に流れていくのを防《ふせ》いでいる。

てい防
…コンクリートで固め、川岸がけずられるのを防いでいる。

(② ダム)
…ふった雨水をたくわえ、大量の水がいちどに下流に流れていくのを防いでいる。

ブロック
…川岸がけずられるのを防いでいる。

3 わたしたちの地いきを流れる川を調べよう。　教科書 89~90ページ

▶川の流れが曲がっているところでは、その(① 外)側をコンクリートで固めたり、流れの勢《いきお》いを弱める(②ブロック)を置いたりして、災害を防いでいる。

川の流れが曲がっているところは、外側のほうがけずられやすいね。

ここが だいじ!
①てい防《ぼう》やブロックは、川岸がけずられるのを防《ふせ》いでいる。
②ダムやさ防ダムは、大量の水や土、石が、いちどに流れるのを防いでいる。

ぴたトリビア　森が豊《ゆた》かな山は、落ち葉や木の根、土に雨水がしみこみ、一時的に水をたくわえる自然のダムになっています。田畑も同じように、水をたくわえるダムの役わりを果たしています。

ぴったり2 練習

6. 流れる水のはたらき

④わたしたちのくらしと災害《さいがい》

41 ページ

教科書 86~90ページ　答え 21ページ

1 川の水による災害から生命を守るために、さまざまな備《そな》えがされています。

(1) あのように、ふった雨水をたくわえ、大量の水がいちどに下流に流れていくのを防《ふせ》いでいる物は何ですか。

(ダム)

(2) さ防《ぼう》ダムがつくられているのは、何のためですか。正しいものに○をつけましょう。

ア(　)いちどに下流に大量のごみが流れるのを防ぐ。
イ(　)いちどに下流に大量の水が流れるのを防ぐ。
ウ(○)いちどに下流に土や石が流れるのを防ぐ。
エ(　)いちどに下流に魚が流れるのを防ぐ。

(3) いのように川岸をコンクリートで固めるのは、何のためですか。次の文の(　)にあてはまる言葉をかきましょう。

川岸が(けずられる)のを防ぐため。

2 ある川の川岸がコンクリートで固められ、川の中にはブロックが置かれていました。

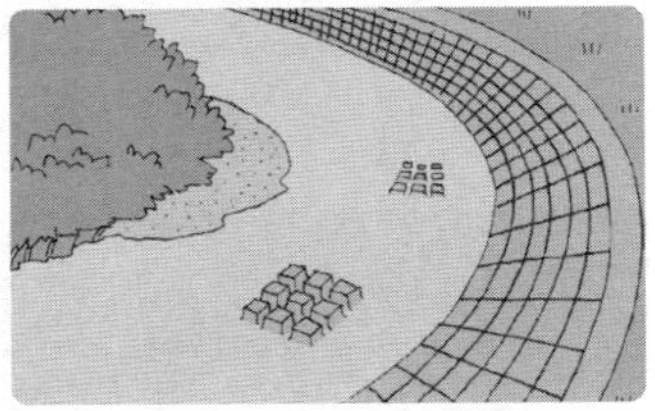

(1) ブロックには、どのようなはたらきがありますか。正しいものに○をつけましょう。

ア(　)川岸をおし固める。
イ(　)川底をおし固める。
ウ(○)水の流れをゆるやかにする。

(2) コンクリートで固めたのは、川岸の内側と外側のどちらですか。正しいほうに○をつけましょう。

ア(　)内側
イ(○)外側

41ページ　てびき

1 (1)ダムによってたくわえられた雨水は、人工の湖や池となり、農業や、工業、発電などにも利用され、わたしたちのくらしに役立っています。
(2)さ防《ぼう》ダムは、けずられた土や石が、いちどに下流に流れていくのを防《ふせ》ぐダムです。

2 (1)ブロックは、水の流れの勢《いきお》いを弱めるはたらきをしています。
(2)川の流れが曲がっているところでは、外側をコンクリートで固めて、災害《さいがい》を防いでいます。

ぴったり3
確かめのテスト。
6. 流れる水のはたらき

42ページ

/100　合格70点

教科書 72〜93ページ　答え 22ページ

よく出る
1 川と川原《かわら》の小石、川を流れる水についてまとめました。 1つ7点(42点)

(1) 川はばが広いのは、どこを流れている川ですか。正しいものに○をつけましょう。
ア(　)山の中　イ(　)平地へ流れ出たあたり　ウ(○)平地

(2) 土地(川底)のかたむきが大きいのは、どのあたりの川ですか。正しいものに○をつけましょう。
ア(○)山の中の川　イ(　)平地へ流れ出たあたりの川　ウ(　)平地を流れる川

(3) 同じ川の3つの場所で、川岸や川原の石を集めました。下のア〜ウは、そのスケッチです。いちばん流れの速いところで集められたものはどれですか。正しいものに○をつけましょう。
ア(○)　イ(　)　ウ(　)

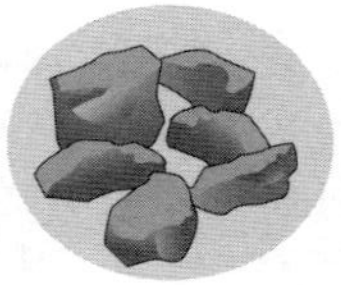

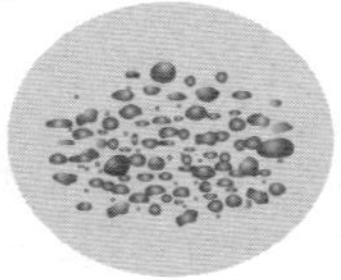

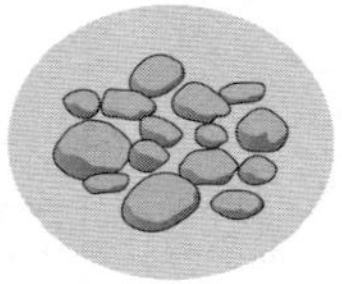

(4) 流れる水のはたらきを、それぞれ何といいますか。
①地面をけずるはたらき　(しん食)
②土や石などを運ぶはたらき　(運ぱん)
③運ばれてきた土や石などを積もらせるはたらき　(たい積)

2 川の両側に、写真のような切り立ったがけが見られることがあります。 1つ9点(18点)

(1) このようながけができるところの、川の水の流れの速さは、平地を流れる川と比《くら》べてどうですか。正しいほうに○をつけましょう。
ア(○)速い。
イ(　)おそい。

(2) このようながけは、どのあたりの川に多く見られますか。正しいほうに○をつけましょう。
ア(○)山の中の川
イ(　)平地を流れる川

学習日

43ページ

3 川の流れが曲がっているところでは、コンクリートで固められていることがあります。 1つ10点(10点)

記述 写真では川の流れの外側を固めていますが、その理由をかきましょう。
(**外側の方がけずられやすいから。**)

できたらスゴイ!
4 川の流れの中に、「中《なか》す」とよばれる島のようなものが見られることがあります。 思考・表現　1つ10点(30点)

(1) 「中す」は、川の上流から運ばれてきた石やすななどが積もってできます。「中す」が多く見られるのは、どのあたりを流れている川ですか。正しいものに○をつけましょう。
ア(　)山の中を流れている川
イ(　)山から平地に出たあたりを流れている川
ウ(○)平地を流れている川

(2) 「中す」と同じようなでき方をした地形はどれですか。正しいものに○をつけましょう。
ア(　)　イ(　)　ウ(○)

(3) 記述 ダムは、ふった雨水《あまみず》をたくわえ、下流に、いちどに大量の水が流れていくのを防《ふせ》ぎ、川の水による災害《さいがい》を減らすのに役立っています。このほかに、ダムがあることによって、人のくらしにとって役立っていることを1つかきましょう。
(**ダムにためた水を、飲み水(農業用水、工業用水)などに使うことができる。など**)

ふりかえり
1の問題がわからなかったときは、34ページの1と36ページの1にもどってたしかめましょう。
4の問題がわからなかったときは、36ページの1と40ページの2にもどってたしかめましょう。

42〜43ページ　てびき

1 (1)〜(3)川と川岸《かわぎし》や川原《かわら》の石は、表のようになります。

	上流(山の中)	中流	下流(平地)
川はば	せまい。	中間	広い。
かたむき	大きい。	中間	小さい。
流れの速さ	速い。	中間	ゆるやか。
石の形	角ばっている。	中間	まるい。
石の大きさ	大きい。	中間	小さい。

2 山の中を流れる川では、かたむきが大きく、水の流れが速いので、しん食のはたらきが大きくなりますが、流れる水の量が少ないので、川岸はほとんどけずられることがなく、川底だけが大きくけずられます。

3 教科書などの川の写真を見ると、川の流れの内側は石などが積もり、外側はけずられていることがわかります。

4 (1)川のはばが広いこと、たい積するはたらきが大きいことから、平地を流れている川であることがわかります。
(2)ア…川底がしん食されてできました。
イ…曲がった川の川岸がしん食されてできました。
ウ…河口《かこう》の近くに、すなや石などがたい積してできました。
(3)ダムにたくわえられた水を利用する方法を考えましょう。

ぴったり1 準備

7. 物のとけ方
①物が水にとけるとき

3分でまとめ

水にとけて見えなくなった物はどうなったかを確認しよう。

教科書 95〜100ページ　答え 23ページ

次の(　)にあてはまる言葉をかこう。

1 水にとけて見えなくなった物は、どうなったのだろうか。
教科書 95〜98ページ

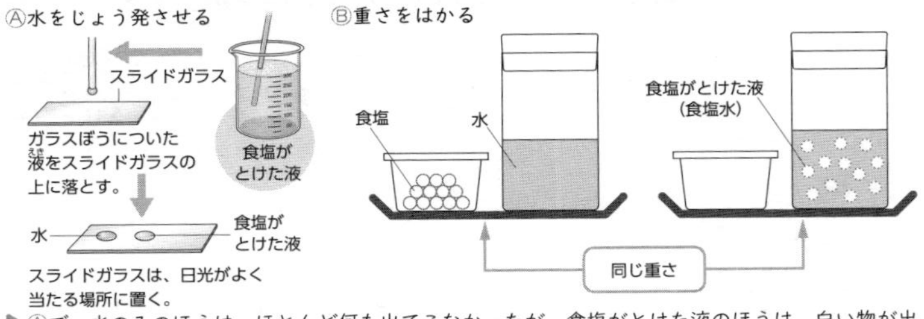

▶Ⓐで、水のみのほうは、ほとんど何も出てこなかったが、食塩がとけた液のほうは、白い物が出てきた。
▶Ⓑで、食塩を水にとかす前と、とかした後とでは、全体の重さは(①変わらなかった)。
▶物は、水にとけて見えなくなっても、とけた液の中に(②　ある　)。
▶物は、水にとけても、重さは(③変わらない)。

2 物が水にとけるようすを観察しよう。
教科書 99〜100ページ

▶食塩を水に入れてかき混《ま》ぜたり(㋐)、コーヒーシュガーを水に入れてそのままにしておいたりすると(㋑)、つぶが見えなくなり、液が(①すき通って)見えるようになる。
▶物が水にとけたとき、とけた物は、液全体に、同じように(② 広がって)いる。
▶物が水にとけた液のことを、(③ 水よう液)という。

ここがだいじ！
①物は、水にとけて見えなくなっても、とけた液《えき》の中にあり、重さは変わらない。
②物が水にとけた液のことを、水《すい》よう液《えき》という。

ぴたトリビア　水にとけると、とけた物は目に見えないほど小さくなっています。なくなったのではなく水の中にあるので、とけた物の重さもなくなりません。

ぴったり2 練習

7. 物のとけ方
①物が水にとけるとき

教科書 95〜100ページ　答え 23ページ

1 100 mL の水に 20 g の食塩をとかして、その重さを比《くら》べました。

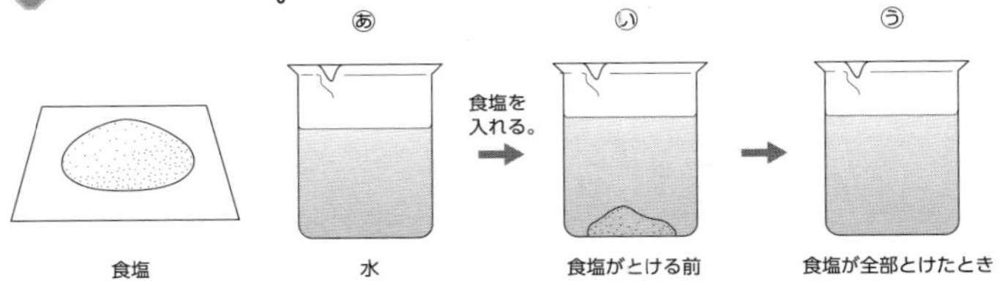

(1) あといの重さを比べるとどうなりますか。正しいものに○をつけましょう。
ア(　)あのほうが重い。　イ(○)いのほうが重い。
ウ(　)あといは同じ重さになる。

(2) いとうの重さを比べるとどうなりますか。正しいものに○をつけましょう。
ア(　)いのほうが重い。　イ(　)うのほうが重い。
ウ(○)いとうは同じ重さになる。

(3) この実験の結果から、どのようなことがわかりますか。正しいものに○をつけましょう。
ア(　)食塩を水にとかすと、全体の重さが変わるので、食塩はなくなった。
イ(　)食塩を水にとかすと、全体の重さが変わるが、食塩はなくなっていない。
ウ(　)食塩を水にとかすと、全体の重さが変わらないが、食塩はなくなっている。
エ(○)食塩を水にとかすと、全体の重さが変わらないので、食塩はなくなっていない。

2 写真は、コーヒーシュガーを水にとかしたようすです。

(1) コーヒーシュガーが水にとけたようすを図で表しました。正しいものに○をつけましょう。
ア(　)　イ(○)　ウ(　)

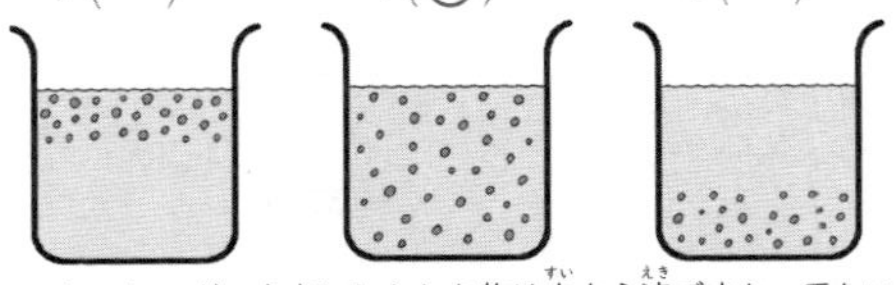

(2) コーヒーシュガーを水にとかした物は水《すい》よう液《えき》ですか。正しいほうに○をつけましょう。
ア(　)液に色がついているので、水よう液とはいえない。
イ(○)液がすき通っているので、水よう液といえる。

ヒント　1 物を水にとかす前後で、全体の重さは変わりません。

45ページ　**てびき**

1 水にとけた物は、なくなったわけではなく、水の中で小さいつぶになって見えなくなっただけです。
(1)食塩の分だけ、あよりいのほうが重いです。
(2)水にとけても、全体の重さは変わりません。

2 (1)写真では、どの部分も茶色のこさが同じになっています。このことから、コーヒーシュガーのつぶは、水《すい》よう液《えき》中のどの部分にも同じように広がっていると考えることができます。コーヒーシュガーは、かき混《ま》ぜなくても、しぜんに広がっていきます。
(2)色がついていても、液がすき通っているので、水よう液といえます。

おうちのかたへ　7. 物のとけ方
物が水に溶けるときの規則性について学習します。水溶液とは何か、水の量や温度を変えたときに溶ける量が変化するか、水に溶けた物を取り出すにはどうすればよいか、といったことを理解しているかがポイントです。

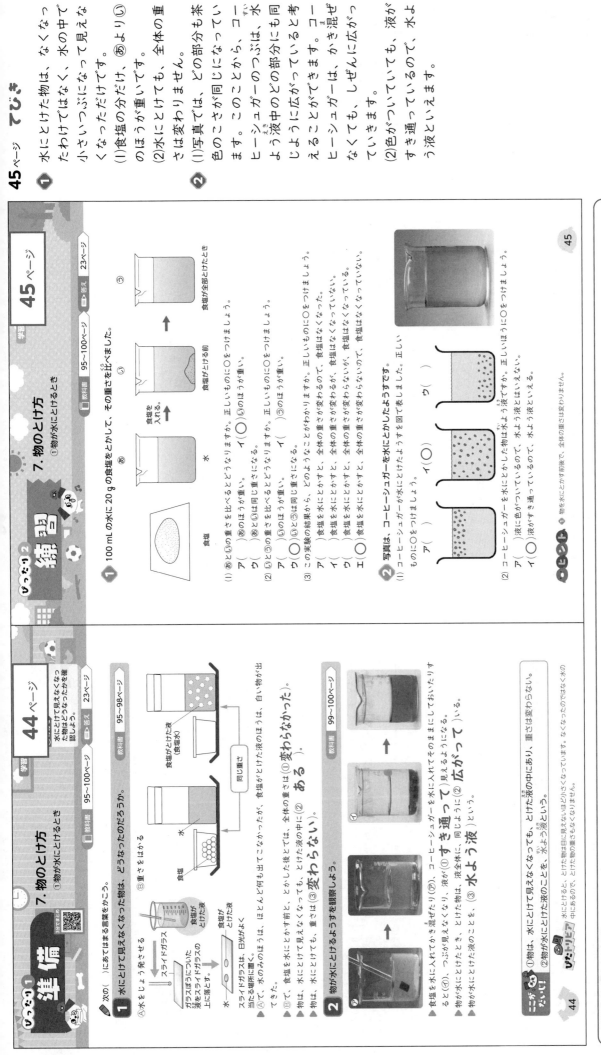

ぴったり1 準備

7. 物のとけ方

②物が水にとける量 1

学習 46ページ

物が水にとける量には、限りがあるのかを確認しよう。

教科書 101～102ページ　答え 24ページ

次の(　)にあてはまる言葉をかくか、あてはまるものを○でかこもう。

1 物が水にとける量には、限《かぎ》りがあるのだろうか。

教科書 101～102ページ

▶メスシリンダーを使うと、決まった(① **体積**)の液体《えきたい》を正確《せいかく》にはかりとることができる。

▶メスシリンダーの使い方(50 mL の液のはかりとり方)

- メスシリンダーを(② **水平**)なところに置く。
- 「50」の目もりの少し(③ 上 ・ (下))のところまで、液を入れる。
- (④ **真横**)から液面(のへこんだ部分)を見ながら、(⑤**スポイト**)で液を少しずつ入れ、液面を「50」の目もりに合わせる。

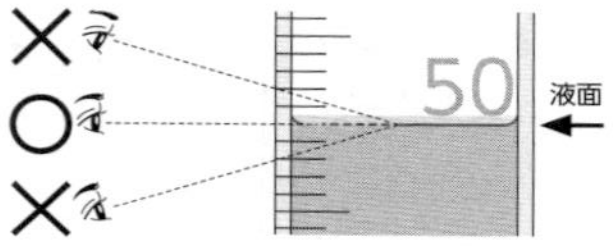

×
○
×
50
液面

液面のへこんだ部分が「50」の目もりに合うようにする。

▶食塩とミョウバンが水にとける量を調べる。

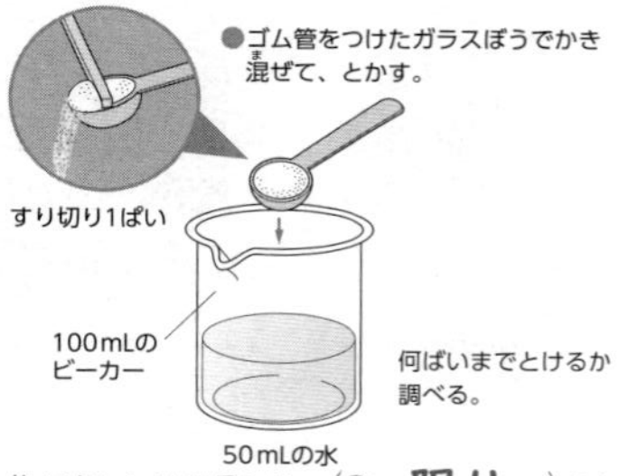

●ゴム管をつけたガラスぼうでかき混ぜて、とかす。
すり切り1ぱい
100mLのビーカー
何ばいまでとけるか調べる。
50mLの水

結果(例)

とかした物	食塩	ミョウバン
50 mL の水にとけた量	すり切り6はい	すり切り2はい

▶物が水にとける量には、(⑥ **限り**)がある。

▶物によって、水にとける量には(⑦ **ちがい**)がある。

7はい目でとけ残りが出たら、6はいまでとけたということだね。

ここがだいじ!
①物が水にとける量には、限《かぎ》りがある。
②物によって、水にとける量にはちがいがある。

ぴたトリビア 水にとける量だけでなく、水以外の液《えき》にとける量と温度の関係も、物によってちがいます。

ぴったり2 練習

7. 物のとけ方

②物が水にとける量 1

学習 47ページ

教科書 101～102ページ　答え 24ページ

1 あの器具を使って、水をはかりとります。また、いは、あの一部を大きくしたものです。

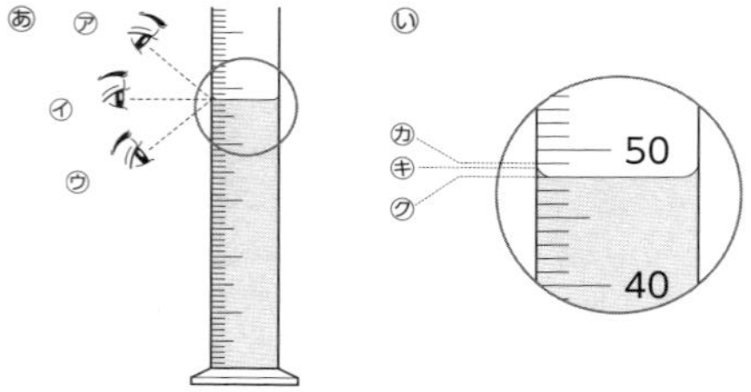

あ
ア
イ
ウ
い
カ
キ
ク
50
40

(1) 水などの液体《えきたい》をはかりとるときに使う、あの器具を何といいますか。
(**メスシリンダー**)

(2) あの目もりを読むときの目の位置は、ア～ウのどれですか。
((イ))

(3) いの液面のときに読みとる目もりの位置は、カ～クのどれですか。
((ク))

(4) 水を 50 mL はかりとります。
①あの器具に、水を少しずつ入れるときに使う器具は何ですか。
(**スポイト**)
②あの器具には、あと何 mL の水を入れればよいですか。
(**2 mL**)

2 とかす物の種類を変えて、物が水にとける量をはかったところ、表のようになりました。

とかした物	食塩	ミョウバン
50 mL の水にとけた量	すり切り 6 はい	すり切り 2 はい

(1) 食塩とミョウバンでとける量はどうなりますか。正しいものに○をつけましょう。
ア(　) 50 mL の水にとける量は、食塩とミョウバンで同じになる。
イ(　) 50 mL の水に食塩がとける量は、ミョウバンがとける量の 2 倍になる。
ウ(　) 50 mL の水にミョウバンがとける量は、食塩がとける量の 2 倍になる。
エ(○) 50 mL の水にとける量は、食塩とミョウバンでちがう。

(2) 50 mL の水に入れる食塩とミョウバンの量をそれぞれすり切り 10 はいにすると、とける量はどうなりますか。正しいものに○をつけましょう。
ア(　) 食塩もミョウバンもとける。
イ(　) 食塩は全部とけるが、ミョウバンはとけ残る。
ウ(　) 食塩はとけ残るが、ミョウバンは全部とける。
エ(○) 食塩もミョウバンもとけ残る。

47ページ　てびき

1 (2)メスシリンダーの目もりは、真横から液面《えきめん》を見て読みとります。
(3)液面はへりの部分が高くなっているので、いちばん低くなっている(へこんだ)ところを読みとります。
(4)いの水の量は、48 mL と読みとれます。
$50\ mL - 48\ mL = 2\ mL$

2 (1)食塩とミョウバンで、水にとける量にはちがいがあります。
(2)食塩はすり切り 6 はい、ミョウバンはすり切り 2 はいよりも多く入れた分は、とけ残ります。

7. 物のとけ方

②物が水にとける量2

学習 水の量や温度によって、物のとける量は変わるのかを確認しよう。

教科書 103〜107ページ　答え 25ページ

次の(　)にあてはまる言葉をかこう。

1 水の量や温度によって、物のとける量は変わるのだろうか。

教科書 103〜107ページ

Ⓐ水の量をふやす

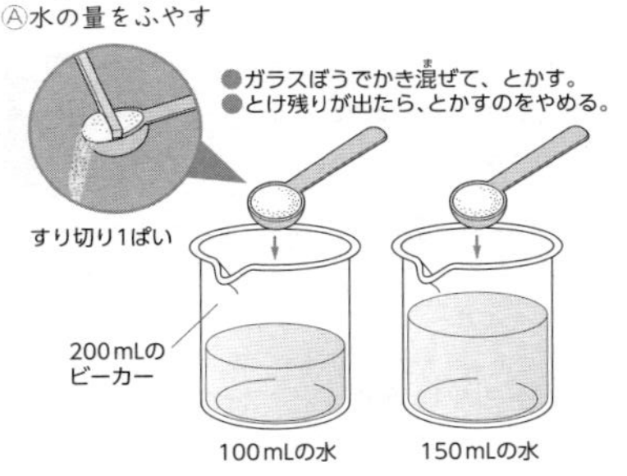

結果(例)

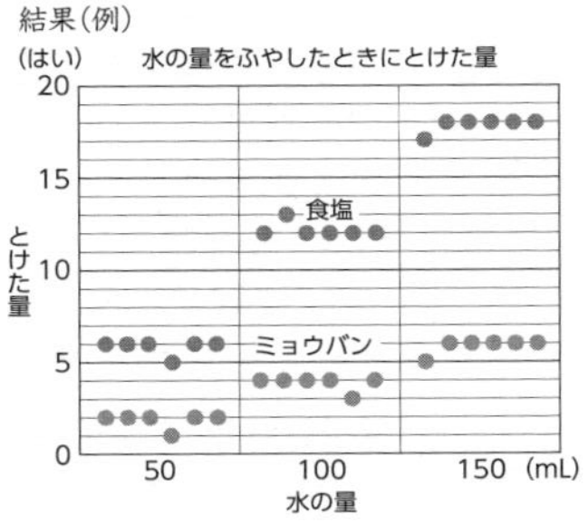

▶水の量をふやすと、物が水にとける量は(① **ふえた**)。

Ⓑ水の温度を上げる

結果(例)

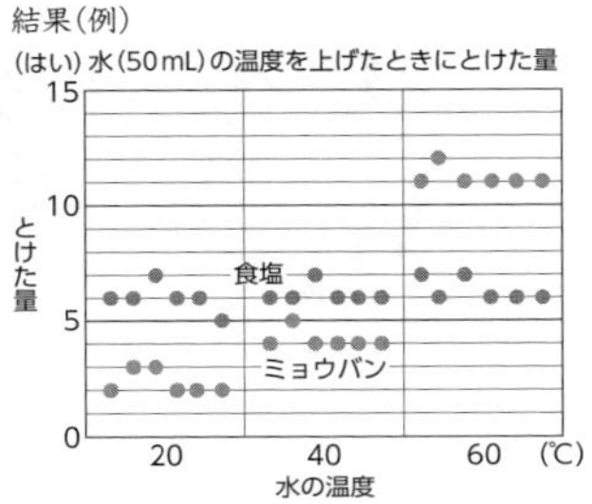

▶水の温度を上げると、ミョウバンはとける量が(② **ふえた**)。

▶水の温度を上げると、食塩はとける量がほとんど(③ **変わらなかった**)。**(同じだった)**

▶水の温度を上げたときの、水にとける量の変化のしかたは、とかす物によって(④ **ちがう**)。

ここがだいじ!

①水の量をふやすと、物が水にとける量もふえる。
②水の温度を上げると、ミョウバンはとける量がふえる。
③水の温度を上げると、食塩はとける量がほとんど変わらない。
④水の温度を上げたときの、水にとける量の変化のしかたは、とかす物でちがう。

ぴたトリビア 水の量が半分になると、水にとける物の量も半分になります。

7. 物のとけ方

②物が水にとける量2

教科書 103〜107ページ　答え 25ページ

1 とかす水の量を変えて、食塩とミョウバンがとける量をはかりました。

水の量	50 mL	100 mL	150 mL
とけた食塩の量	すり切り6はい	すり切り12はい	すり切り18はい

水の量	50 mL	100 mL	150 mL
とけたミョウバンの量	すり切り2はい	すり切り4はい	すり切り6はい

(1) とかす水の量を2倍にしたとき、食塩とミョウバンがとける量は何倍になりましたか。正しいものに○をつけましょう。

ア(○)食塩もミョウバンもとける量は2倍になった。
イ(　)食塩のとける量は2倍になったが、ミョウバンのとける量は2倍にならなかった。
ウ(　)食塩のとける量は2倍にならなかったが、ミョウバンのとける量は2倍になった。
エ(　)食塩もミョウバンもとける量は2倍にならなかった。

(2) とかす水の量を3倍にしたとき、食塩とミョウバンがとける量は何倍になりましたか。正しいものに○をつけましょう。

ア(○)食塩もミョウバンもとける量は3倍になった。
イ(　)食塩のとける量は3倍になったが、ミョウバンのとける量は3倍にならなかった。
ウ(　)食塩のとける量は3倍にならなかったが、ミョウバンのとける量は3倍になった。
エ(　)食塩もミョウバンもとける量は3倍にならなかった。

2 温度を変えた水50 mLにとけるミョウバンの量を調べて、グラフに表しました。

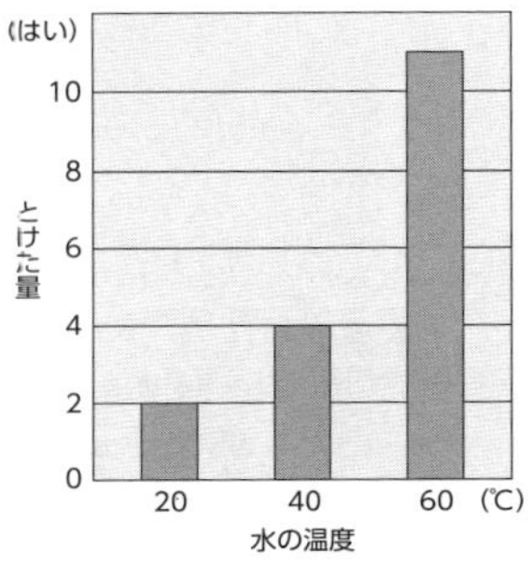

(1) 水の温度を変えたとき、ミョウバンのとける量はどのようになりましたか。正しいものに○をつけましょう。

ア(○)水の温度が高くなると、ミョウバンのとける量はふえた。
イ(　)水の温度が高くなると、ミョウバンのとける量はへった。
ウ(　)水の温度が高くなっても、ミョウバンのとける量はほとんど変わらなかった。

(2) 水の温度を変えたときの、水にとける量の変化は、食塩とミョウバンで同じですか、ちがいますか。

(**ちがう。**)

49ページ てびき

❶ 食塩では、50 mLの水が2倍(100 mL)、3倍(150 mL)になると、とける量も6はいが2倍(12はい)、3倍(18はい)になります。ミョウバンについても同じことがいえます。

❷ (1)20 ℃で2はい、40 ℃で4はい、60 ℃で11はいのミョウバンを水50 mLにとかすことができます。
(2)水の温度を上げたときの、水にとける量の変化のしかたは、とかす物によってちがいます。

ぴったり1 準備

7. 物のとけ方

③水にとけた物をとり出す

学習 50ページ

水にとけた物のとり出し方を確認しよう。

教科書 108～110ページ　答え 26ページ

次の（　）にあてはまる言葉をかくか、あてはまるものを○でかこもう。

1 水にとけた物は、どのようにすればとり出すことができるのだろうか。

教科書 108～110ページ

▶ろ紙でこして、液体《えきたい》に混《ま》ざった（① **固体** ）を分ける方法を、（② **ろ過** ）という。
- ろ過《か》をするときは、液をガラスぼうに伝わらせて、少しずつ入れる。そして、ろうとの先の（③ (長い) ・ 短い ）方を、ビーカーの（④ **内側** ）につける。

▶ろ過したミョウバンの水よう液を冷やすと、（⑤**ミョウバン**）が出てきた。

▶ろ過した食塩の水よう液を冷やすと、食塩は、ほとんど（⑥**出てこなかった**）。

▶ミョウバンの水よう液の温度を（⑦ 上げる ・ (下げる) ）と、水にとけたミョウバンをとり出すことができる。

▶食塩の水よう液の温度を下げても、水にとけた食塩はほとんどとり出すことが（⑧ できる ・ (できない) ）。

Ⓐ水よう液を冷やす

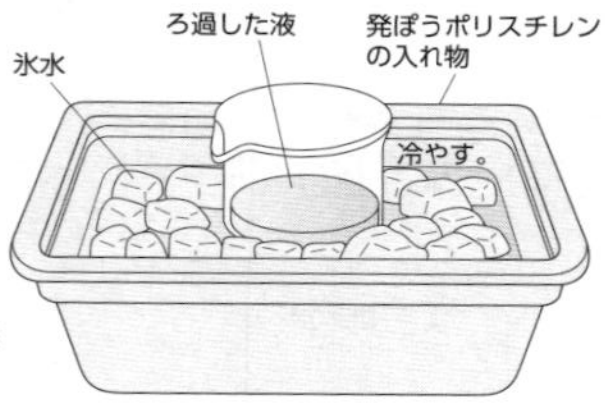

ろ過した液
発ぽうポリスチレンの入れ物
氷水
冷やす。

Ⓑ水よう液から水をじょう発させる

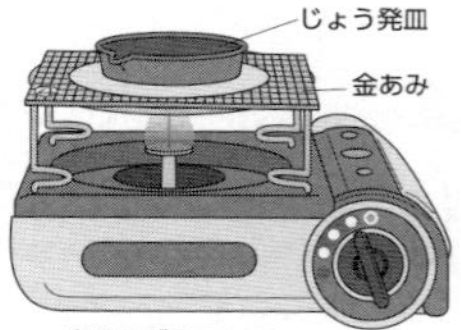

じょう発皿
金あみ

実験用ガスコンロ

▶水よう液を、ピペットで（⑨ **5** ）mL ぐらいずつとり、（⑩**じょう発皿**）に入れて熱して、水をじょう発させる。
- 加熱しているじょう発皿を、（⑪ **上** ）からのぞきこんではいけない。
- 液を熱するときに、液が飛ぶことがあるので、（⑫**保護めがね**）をつける。
- 液がなくなる前に火を（⑬ **消す** ）。

▶食塩の水よう液から水をじょう発させると、（⑭ **食塩** ）が出てきた。

▶ミョウバンの水よう液から水をじょう発させると、（⑮**ミョウバン**）が出てきた。

▶水よう液から水を（⑯**じょう発**）させると、水にとけた物をとり出すことができる。

ここがだいじ！
①ミョウバンの水よう液《えき》の温度を下げると、ミョウバンをとり出せる。
②食塩の水よう液の温度を下げても、食塩をほとんどとり出せない。
③水よう液から水をじょう発させると、水にとけた物をとり出せる。

ぴたトリビア　ボリビアという国にあるウユニ塩湖《えんこ》には、多くの塩分をふくんだ水があります。水のじょう発によって、多くの塩分が出ているのを見ることができます。

ぴったり2 練習

7. 物のとけ方

③水にとけた物をとり出す

学習 51ページ

教科書 108～110ページ　答え 26ページ

1 とけ残りがあるミョウバンの水よう液《えき》をろ過《か》して、さらに氷水で冷やしました。

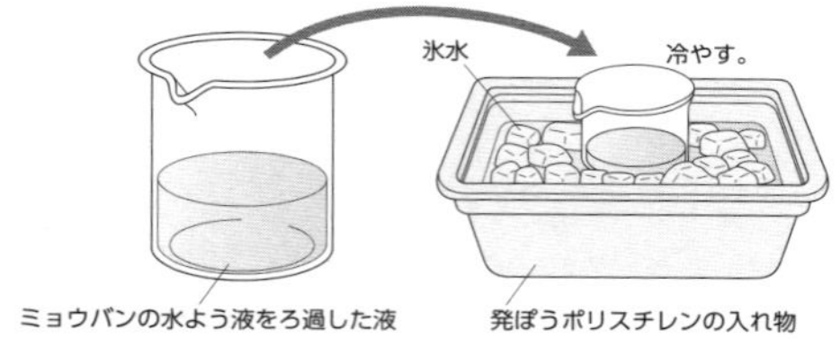

氷水
冷やす。
ミョウバンの水よう液をろ過した液
発ぽうポリスチレンの入れ物

(1) ミョウバンの水よう液をろ過した液を冷やしたとき、ビーカーの中にミョウバンは出てきましたか、出てきませんでしたか。（ **出てきた。** ）

(2) ミョウバンの水よう液をろ過した液と、それを冷やした液には、ミョウバンがふくまれていましたか。正しいものに○をつけましょう。

ア（　）ろ過した液にはふくまれていたが、冷やした液にはふくまれていなかった。
イ（　）ろ過した液にはふくまれていなかったが、冷やした液にはふくまれていた。
ウ（○）ろ過した液と、冷やした液のどちらにもふくまれていた。
エ（　）ろ過した液と、冷やした液のどちらにもふくまれていなかった。

2 図のようにあの器具に水よう液をとり、水よう液の水をじょう発させました。

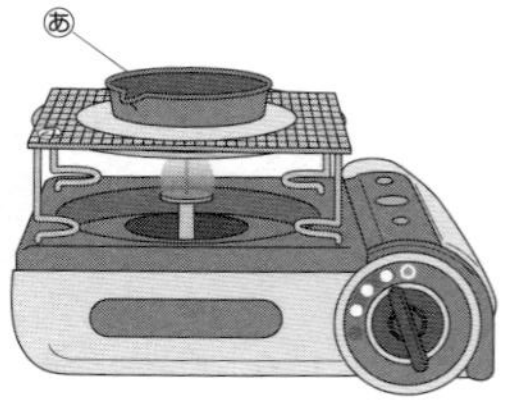

あ

(1) あの器具を何といいますか。（ **じょう発皿** ）

(2) あに水よう液を5mLぐらいとるのに、ゴム球のついたガラス器具を使いました。この器具を何といいますか。（ **ピペット** ）

(3) 水よう液を熱していると、液が飛ぶことがあります。それから目を守るためにつけるものは何ですか。（ **保護めがね** ）

(4) 食塩の水よう液と、ミョウバンの水よう液を、それぞれじょう発させるとどうなりましたか。正しいものに○をつけましょう。

ア（○）食塩もミョウバンも出てきた。
イ（　）食塩は出てきたが、ミョウバンは出てこなかった。
ウ（　）ミョウバンは出てきたが、食塩は出てこなかった。
エ（　）食塩もミョウバンも出てこなかった。

ヒント　**1** ろ過する前の液にはとけ残りがあったので、その液には、これ以上とけないぐらい、とける物が入っていることになります。

51ページ　てびき

1 (1)ビーカーの中には、ろ過《か》した液《えき》にとけていたミョウバンが出てきます。

(2)ろ過した液も、冷やした液も、どちらもミョウバンの水よう液で、水の中に、目に見えないほど小さなつぶになったミョウバンが散らばっています。

2 (3)気体が発生したり、きけんな薬品を使ったり、物を熱したりする実験をするときには、安全のために保護《ほご》めがねをつけます。

(4)水よう液から水をじょう発させると、水にとけた物をとり出すことができます。

おうちのかたへ
小学校では「結晶」「再結晶」といった用語は扱っていません（発展的な学習内容となります）。これらの用語は中学校で学習します。

/100 合格 70 点

教科書 94~113ページ　答え 27ページ

1 物を水の中に入れると、とけるときととけないときがあります。 1つ5点(30点)

(1) 物が水にとけたとき、この液《えき》には、どのような性質《せいしつ》がありますか。正しいものに○、正しくないものに×をつけましょう。

ア(×)時間がたつと、水にとけている物がだんだん下に集まってくる。
イ(×)一部分をスポイトでとると、何もとけていないことがある。
ウ(○)物が水にとける前と後で、全体の重さは変わらない。
エ(×)ぜったいに色がついていない。
オ(○)すき通っている。

(2) 物が水にとけた液のことを、何といいますか。

(水よう液)

よく出る

2 メスシリンダーを使うと、液体の体積を正確《せいかく》にはかることができます。 1つ5点(10点)

(1) 右の写真は、100 mL まではかれるメスシリンダーに入れた水のようすを表しています。水の体積は何 mL ですか。 技能

(50 mL)

60
50
40

(2) メスシリンダーではかりとった水に、すり切り1ぱいの食塩を入れてかき混《ま》ぜると、食塩は全部とけました。同じ量の食塩を、同じ量の水に入れたままかき混ぜないでおくと、水の中の食塩はどうなりますか。正しいものに○をつけましょう。ただし、水はじょう発しないものとし、温度も変わらないものとします。

ア(　)食塩は、とけずに底にしずんだままになる。
イ(　)食塩は、少しずつ水にとけていくが、ある量がとけると、それ以上はとけなくなる。
ウ(○)食塩は、少しずつ水にとけていき、やがて全部とけて、目に見えなくなる。
エ(　)食塩は、やがて全部とけるが、そのままにしておくと、底にしずんでくる。

3 食塩を水にとかしたところ、とけ残りが出たので、ろ過《か》しました。 1つ5点(20点)

(1) ろ過した液をためるビーカーに対して、ろうとはどのようにとりつけますか。正しいものに○をつけましょう。 技能

ア(　)　イ(　)　ウ(○)　エ(　)

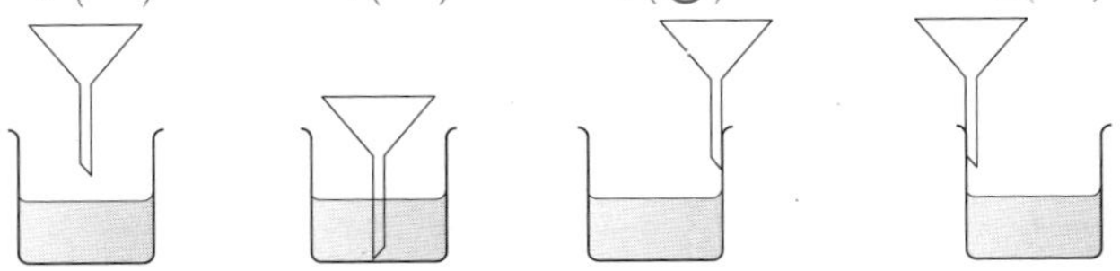

(2) ろ過とはどのような方法のことですか。次の文の(　)にあてはまる言葉をかきましょう。

(① ろ紙)でこして、(② 液体)に混ざった固体を分ける方法。

(3) ろ過と同じしくみで物を分けているのはどれですか。正しいものに○をつけましょう。 思考・表現

ア(　)麦茶をやかんでわかすとき、ふたのうらに水てきがつく。
イ(○)お茶やこう茶を入れるときに、茶こしやきゅうすで、お茶とお茶の葉を分ける。
ウ(　)でんぷんを水に入れて混ぜると、でんぷんがしずんだので、上ずみをすくいとった。

この本の終わりにある「冬のチャレンジテスト」をやってみよう！

できたらスゴイ！

4 食塩とミョウバンを計量スプーンではかり、いろいろな温度の水にどれくらいとけるかを、グラフにまとめました。 思考・表現 1つ10点(40点)

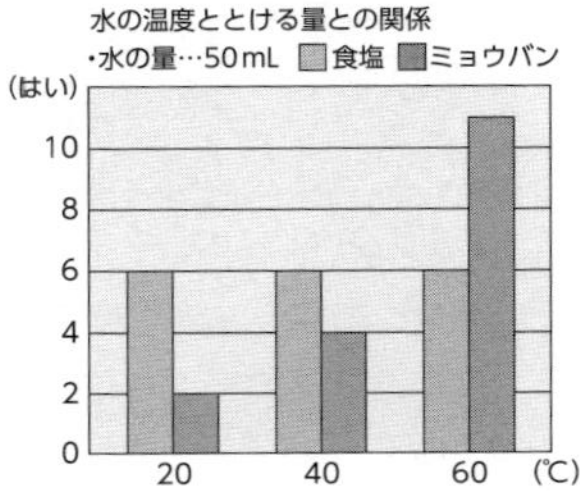
水の温度ととける量との関係
・水の量…50 mL　食塩　ミョウバン
(はい)
10
8
6
4
2
0
20
40
60
(℃)

(1) グラフは、水の量が 50 mL のときのものです。水を 100 mL にすると、とける食塩の量は何倍になりますか。正しいものに○をつけましょう。

ア(○)ほぼ2倍　イ(　)ほぼ3倍
ウ(　)ほぼ4倍

(2) 水の温度を2倍にすると、食塩やミョウバンが水 50 mL にとける量はどうなるといえますか。正しいものに○をつけましょう。

ア(　)食塩もミョウバンも2倍になる。
イ(○)食塩もミョウバンも2倍にならない。
ウ(　)食塩は2倍にならないが、ミョウバンは2倍になる。

(3) 記述 温度を上げて、食塩を水にたくさんとかした液を冷やしても、あまり食塩をとり出すことができないのはなぜですか。

(食塩は、温度が変わっても、とける量があまり変わらないから。)

(4) 記述 食塩を水にたくさんとかした液から、食塩をとり出すには、どうしたらよいですか。

(液を熱して、水をじょう発させる。)

ふりかえり
2の問題がわからなかったときは、44ページの2と46ページの1にもどってたしかめましょう。
4の問題がわからなかったときは、48ページの1と50ページの1にもどってたしかめましょう。

52~53ページ てびき

1 (1)ア、イ…物がとけているときは、水のどの部分にも同じように物が広がっています。
ウ…物が水にとけても、全体の重さは変わりません。

2 (1)水面のいちばん低いところが、50 mL を示《しめ》しています。
(2)かき混《ま》ぜるのは、物が水にとけるのを早くするだけで、物が多くとけるようになるわけではありません。

3 (1)ろうとのあしの先の長い方をビーカーのかべの内側につけると、しぶき《えき》が上がらず、ろ過《か》する液《えき》が早くたまります。
(3)ろ過で使うろ紙は、茶こしやふるいなどと同じようなはたらきをしています。

4 (1)とかす水の量と、とける食塩などの量は比例《ひれい》するので、水の量が2倍になると、とける量も2倍になります。
(2)食塩は水の温度を上げても、とける量はほとんど変わりません。ミョウバンは水の温度を上げると、とける量はふえますが、温度が2倍になっても、とける量は2倍にはなっていません。
(3)水よう液《えき》を冷やすととけていた物が出てくるのは、水の温度が低くなると、物がとける量が少なくなるからです。
(4)とかす水の量が少なくなると、とける物の量も少なくなり、水にとけていた物が出てきます。

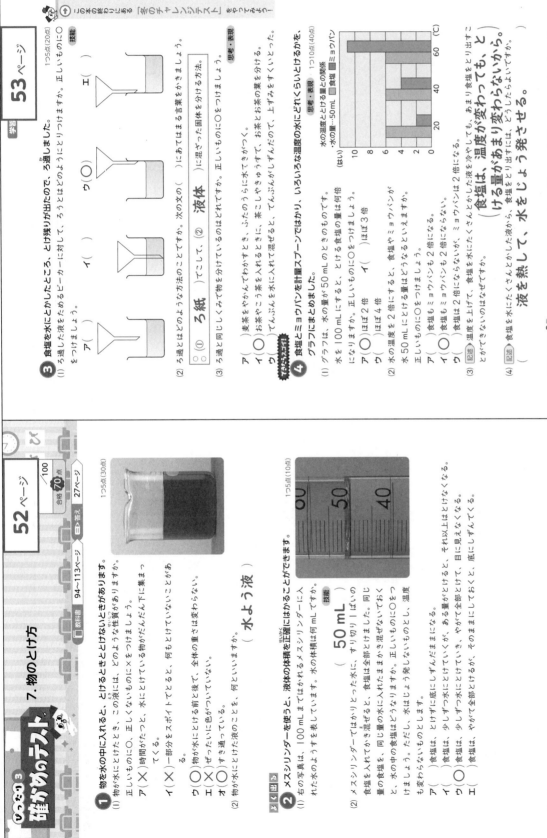

ぴったり1 準備

8. 人のたんじょう

①人の生命のたんじょう 1

3分でまとめ

54ページ

人の子どもは、どのように育ってうまれてくるのかを確認しよう。

教科書 115～119ページ　答え 28ページ

次の（　）にあてはまる言葉をかこう。

1 人の子どもは、母親の子宮《しきゅう》の中でどのように育って、うまれてくるのだろうか。　教科書 115～119ページ

▶女性《じょせい》の体内でつくられた（① 卵 ）（卵子《らんし》）と、男性《だんせい》の体内でつくられた（② 精子 ）が結びつくことを、（③ 受精 ）という。

▶受精《じゅせい》すると、人の生命がたんじょうして、（④ 受精卵 ）（受精した卵《らん》）は成長を始める。

▶受精卵《じゅせいらん》は、女性の体内にある（⑤ 子宮 ）の中で子どもに育ってから、うまれてくる。

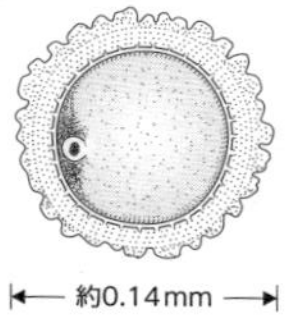

（⑥ 卵（卵子））

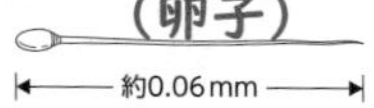

（⑦ 精子 ）

▶（⑧ 子宮 ）の中での子どもの育ち方

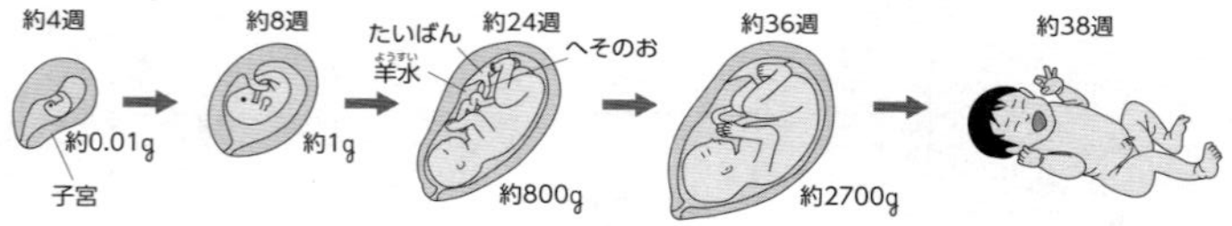

- 受精してから約4週…（⑨ 心ぞう ）が動き始める。
- 約8週…（⑩ 目 ）や耳ができる。（⑪ 手 ）やあしの形がはっきりしてきて、からだを動かし始める。
- 約16週…からだの（⑫ 形 ）や顔のようすがはっきりしてくる。女性か男性かが区別できる。
- 約24週…（⑬ 心ぞう ）の動きが活発になり、からだを（⑭ 回転 ）させて、よく動くようになる。
- 約36週…（⑮ 子宮 ）の中で回転できないぐらいに、大きくなる。
- 約38週…うまれ出てくる。

ここがだいじ！
①女性《じょせい》がつくった卵《らん》（卵子《らんし》）と男性《だんせい》がつくった精子《せいし》が結びつくことを受精《じゅせい》という。
②人の子どもは、母親の子宮《しきゅう》の中で成長し、38週ほどでうまれ出てくる。

ぴたトリビア　子宮の中の赤ちゃんの育ち方をくわしく知るために、ちょう音波《おんぱ》を使った画像《がぞう》の検査《けんさ》が行われます。赤ちゃんの顔を見るだけでなく、大きさや男女のちがいなども知ることができます。

ぴったり2 練習

8. 人のたんじょう

①人の生命のたんじょう 1

55ページ

教科書 115～119ページ　答え 28ページ

1 図のようにして、女性《じょせい》の体内でつくられたあと、男性《だんせい》の体内でつくられたいが結びつくと、人の生命がたんじょうし、成長を始めます。

(1) あといをそれぞれ何といいますか。
あ（ 卵（卵子） ）
い（ 精子 ）

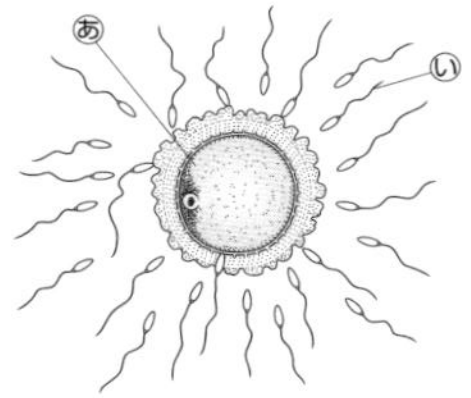

(2) あといが結びつくことを何といいますか。
（ 受精 ）

(3) あといが結びついてできるものを何といいますか。
（ 受精卵 ）

(4) あといが結びついてできるものが育つのは、女性の体内のどこですか。
（ 子宮 ）

2 女性の体内での子どもの育ち方を調べました。

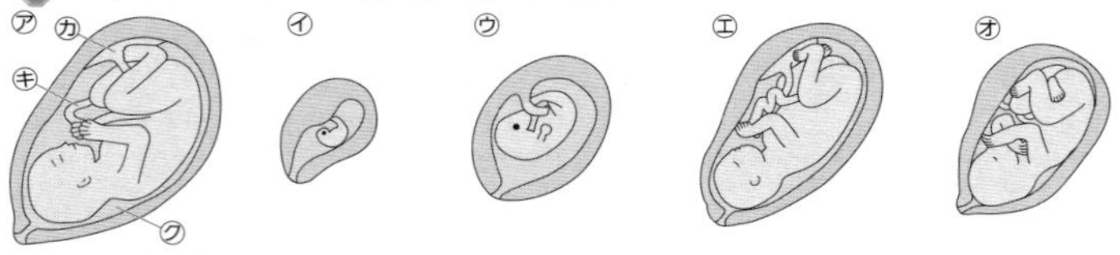

(1) 図のイ～オを、アまで成長する順にならべかえましょう。
（ イ → ウ → オ → エ →ア）

(2) 次の①～⑤にあてはまるのは、それぞれ、ア～オのどれですか。
① からだの形や顔のようすがはっきりしてきて、女性か男性かが区別できる。（ オ ）
② 目や耳ができ、手やあしの形がはっきりしてきて、からだを動かし始める。（ ウ ）
③ 心ぞうの動きが活発になり、からだを回転させてよく動くようになる。（ エ ）
④ 子宮の中で回転できないぐらいに大きくなる。（ ア ）
⑤ 心ぞうが動き始める。（ イ ）

(3) アのカ～クをそれぞれ何といいますか。
カ（ たいばん ）
キ（ へそのお ）
ク（ 羊水 ）

55ページ　てびき

1 (1)～(3)人も、メダカと同じように、卵《らん》（卵子《らんし》）と精子《せいし》が結びついて、受精卵《じゅせいらん》ができることで生命がたんじょうし、成長が始まります。
(4)メダカは、めすがからだの外にうんだたまごの中で子が育ちますが、人は、母親のからだの中で子どもが育ちます。

2 (1)、(2)人の子どもは、母親の子宮《しきゅう》の中で子どもが形を変え、大きくなってうまれます。
(3)人の子どもは、たいばんにつながったへそのおを通して、母親から養分や酸素《さんそ》などをもらい、いらなくなった物を母親に返します。羊水《ようすい》は子宮にいる子どもをかこんでいて、クッションのはたらきをして、子宮の中の子どもを守ります。

おうちのかたへ　**8. 人のたんじょう**
動物の発生や成長について学習します。ここでは、人を対象として扱います。子どもが母親の体内で成長して生まれていることを理解しているか、などがポイントです。

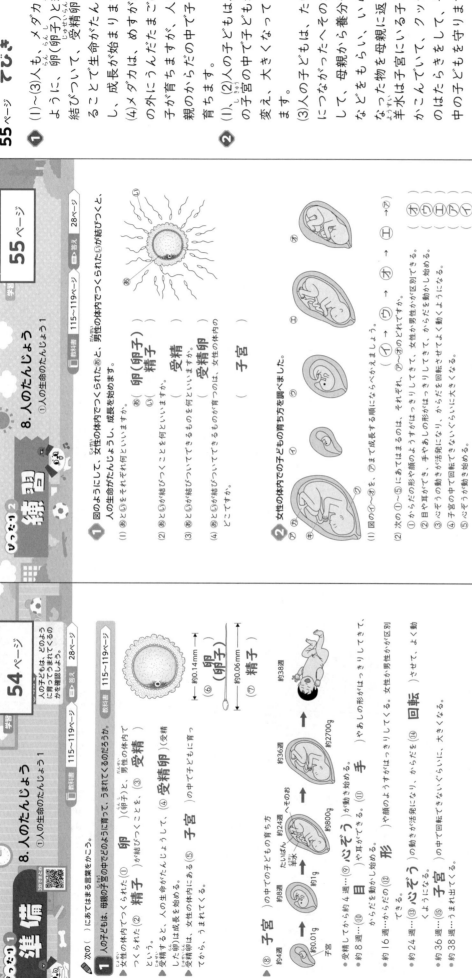

ぴったり1 **準備**

8. 人のたんじょう
①人の生命のたんじょう 2

学習 56ページ
子宮の中のようすは、どうなっているのかを確認しよう。

教科書 119〜120ページ　答え 29ページ

次の（　）にあてはまる言葉をかこう。

1 子宮《しきゅう》の中のようすは、どうなっているのだろうか。　教科書 119〜120ページ

▶母親の子宮の中のようす

(①たいばん)

(②へそのお)

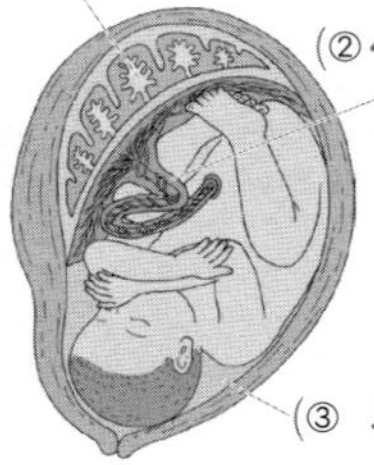

(③ 羊水)

子宮の中の子どもは、何も食べなくても成長できるんだね。

▶(④ **たいばん**)は、母親から運ばれてきた(⑤ **養分**)と、子どもから運ばれてきた(⑥ **いらなくなった物**)を交かんする。

▶子どもは、(⑦ **へそのお**)でたいばんとつながっており、これを通して、母親から運ばれてきた養分などをとり入れ、いらなくなった物を母親に返す。

▶子宮の中を満たしている液体《えきたい》を(⑧ **羊水**)といい、外部からの力をやわらげ、子どもを守るはたらきをしている。

▶約 38 週でうまれてくる人の子どもは、身長が約(⑨ **50**) cm である。

▶人の子どもは、母親の子宮の中で、(⑩ **へそのお**)を通して、母親から養分などをとり入れながら成長していく。そして、受精《じゅせい》してからおよそ(⑪ **38**)週たつと、母親からうまれ出てくる。

ここがだいじ!
①人の子どもは、母親の子宮《しきゅう》の中で、へそのおを通して、母親から養分などをとり入れながら成長していく。
②人の子どもは、受精《じゅせい》してからおよそ 38 週たつと、母親からうまれ出てくる。

ぴたトリビア　いま地球にすむ人類は、みな「ホモ・サピエンス」という同じ種類の生物です。

ぴったり2 **練習**

8. 人のたんじょう
①人の生命のたんじょう 2

学習 57ページ

教科書 119〜120ページ　答え 29ページ

1 図は、母親の体内にいる子どものようすを表しています。

(1) 子どもがいるのは、母親の体内の何というところですか。

（ **子宮** ）

(2) ㋐〜㋒の部分を、それぞれ何といいますか。

㋐(**たいばん**)
㋑(**へそのお**)
㋒(**羊水**)

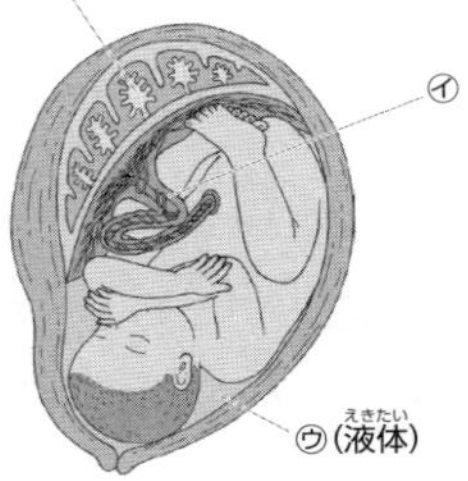
㋐
㋑
㋒(液体《えきたい》)

(3) ㋐と㋑はそれぞれ、どのようなはたらきをしていますか。正しいもの 2 つに○をつけましょう。

ア(○)母親からの養分を、㋐から㋑を通して子どもにわたす。
イ(　)母親がいらなくなった物を、㋐から㋑を通して子どもにわたす。
ウ(　)子どもからの養分を、㋑を通して㋐で母親にわたす。
エ(○)子どもがいらなくなった物を、㋑を通して㋐で母親にわたす。

2 次のグラフは、子宮《しきゅう》の中での子どもの育ち方について表したものです。

子どもの身長の変化
(4 週と 8 週は頭の先からおしりまでの長さ)

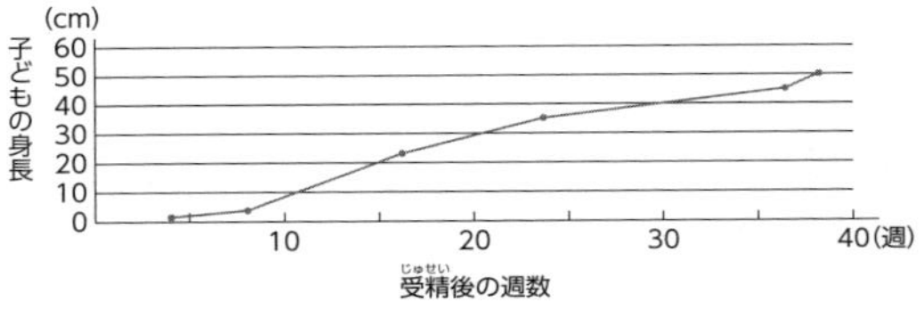
(cm)
60
50
40
30
20
10
0
子どもの身長
10
20
30
40(週)
受精《じゅせい》後の週数

(1) いっぱんに、子どもが母親の体内で育つのは、およそどのくらいの期間ですか。正しいものに○をつけましょう。

ア(　)約 18 週　イ(　)約 28 週　ウ(○)約 38 週　エ(　)約 48 週

(2) (1)の期間でうまれたばかりの人の子どもの身長は、どのくらいですか。正しいものに○をつけましょう。

ア(　)約 20 cm　イ(　)約 30 cm　ウ(　)約 40 cm　エ(○)約 50 cm

57ページ　てびき

1 (2)、(3)たいばんは、母親から運ばれてきた養分と、子どもから運ばれてきたいらなくなった物を交かんします。また、子どもはへそのおでたいばんとつながっていて、へそのおを通して、母親から運ばれてきた養分などをとり入れ、いらなくなった物を母親に返します。

2 (1)いっぱんに、人の子どもは、受精《じゅせい》してからおよそ 38 週たつと、母親からうまれ出てきます。
(2)うまれたばかりの子どもは、身長が約 50 cm です。

ぴったり3
確かめのテスト。 8. 人のたんじょう

/100 合格70点

教科書 114〜123ページ　答え 30ページ

1 図は、人の卵《らん》(卵子《らんし》)と精子《せいし》を表したものです。　1つ7点(35点)

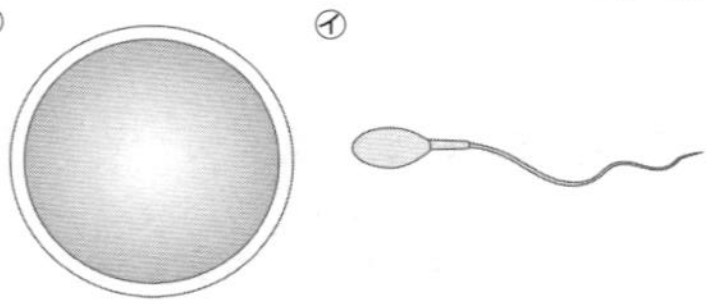
㋐
㋑

(1) 人の卵は、㋐、㋑のどちらですか。
(㋐)

(2) 精子はどこでつくられますか。正しいほうに○をつけましょう。
ア(　)女性《じょせい》の体内
イ(○)男性《だんせい》の体内

(3) ㋐の実際《じっさい》の大きさはどのくらいですか。正しいものに○をつけましょう。
ア(○)約0.14 mm　イ(　)約0.14 cm　ウ(　)約50 cm

(4) 卵と精子が結びつくことを何といいますか。
(受精)

(5) 卵が子どもに育つのは、母親の体内のどこですか。
(子宮)

よく出る

2 図は、母親の体内の子どものようすです。　1つ7点(28点)

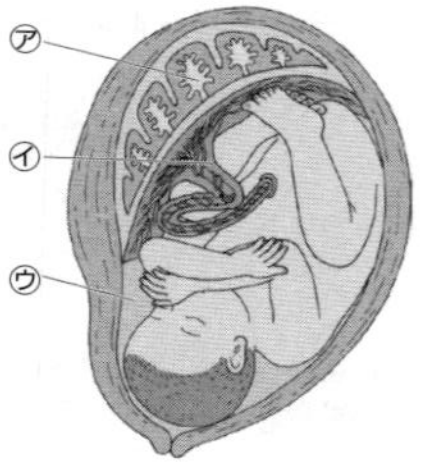
㋐
㋑
㋒

(1) たいばんは、㋐〜㋒のどれですか。
(㋐)

(2) 子どものまわりを囲《かこ》んでいる液体《えきたい》㋒のはたらきは何ですか。正しいものに○をつけましょう。
ア(○)外部からの力をやわらげ、子どもを守るはたらきをしている。
イ(　)母親から運ばれてきた養分と、子どもから運ばれてきたいらなくなった物を交かんする。
ウ(　)母親から運ばれてきた養分と、子どもから運ばれてきたいらなくなった物の通り道になっている。

(3) へそのおのはたらきは何ですか。次の文の(　)にあてはまる言葉をかきましょう。

子どもは、へそのおを通して、母親から運ばれてきた(① 養分)などをとり入れ、(② いらなくなった物)を母親に返す。

3 次の図は、母親の体内で子どもが育つようすを表しています。　1つ7点(28点)

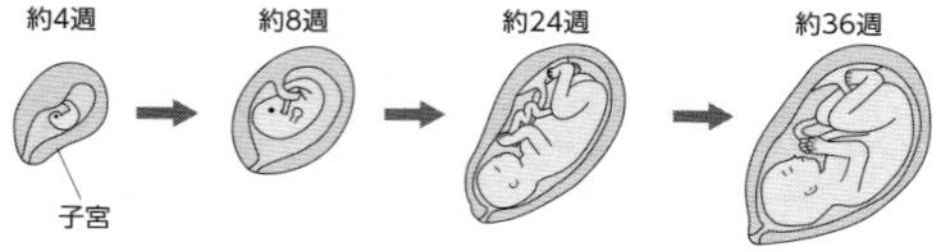
約4週
約8週
約24週
約36週
子宮

(1) 約4週の子どもの体重はどのくらいですか。正しいものに○をつけましょう。
ア(○)約0.01 g　イ(　)約1 g　ウ(　)約100 g

(2) 子どもの心ぞうが動き始めるのは、受精《じゅせい》してからどのくらいですか。正しいものに○をつけましょう。
ア(○)約4週　イ(　)約8週　ウ(　)約24週　エ(　)約36週

(3) 右の写真は、ちょう音波を使って、母親の体内の子どものようすを立体的な画像《がぞう》にしたものです。写真の子どもは、からだの形がはっきりしていますが、からだの形や顔のようすがはっきりしてくるのは、受精してからどのくらいですか。正しいものに○をつけましょう。
ア(　)約4週　イ(○)約16週　ウ(　)約38週

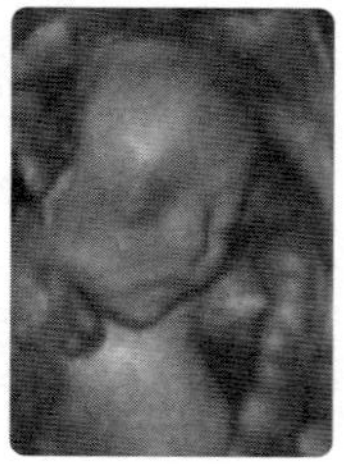

(4) 約38週でうまれた子どもの身長はどのくらいですか。正しいものに○をつけましょう。
ア(　)約30 cm　イ(○)約50 cm
ウ(　)約70 cm

てきたらスゴイ!

4 人とメダカの育ち方を比《くら》べます。　思考・表現　1つ9点(9点)

記述 人が生命をつないでいくしくみと、メダカが生命をつないでいくしくみを比べて、似《に》ているところを1つあげて、説明しましょう。

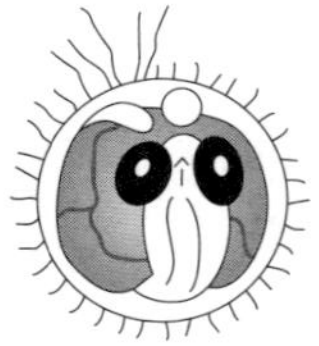

卵(たまご)と精子が結びついて(受精して)成長を始めるところ。

めすとおす(女性と男性)がかかわって子どもがうまれるところ。受精卵から少しずつからだの形ができてくるところ。など

ふりかえり
2の問題がわからなかったときは、56ページの**1**にもどってたしかめましょう。
4の問題がわからなかったときは、16ページの**1**と54ページの**1**にもどってたしかめましょう。

58〜59ページ　てびき

1 (1)〜(3)卵《らん》の直径は約0.14 mm、精子《せいし》の長さは約0.06 mmです。
(5)人の子どもは、メダカの子どもとちがって、母親の体内で育ちます。

2 (1)㋐はたいばん、㋑はへそのお、㋒は羊水《ようすい》です。
(2)アは羊水、イはたいばん、ウはへそのおのはたらきです。

3 (2)子どもの心ぞうが動き始めるのは、受精《じゅせい》してから約4週です。
(3)からだの形や顔のようすがはっきりしてくるのは、受精してから約16週です。
(4)うまれたばかりの子どもは、身長が約50 cmです。

ぴったり1 準備

9. 電流がうみ出す力
①電磁石《でんじしゃく》の性質《せいしつ》

学習 60ページ

電磁石には、どんな性質があるのかを確認しよう。

3分でまとめ

教科書 125~128ページ　答え 31ページ

次の（　）にあてはまる言葉をかくか、あてはまるものを○でかこもう。

1 電磁石には、どんな性質があるのだろうか。 教科書 125~128ページ

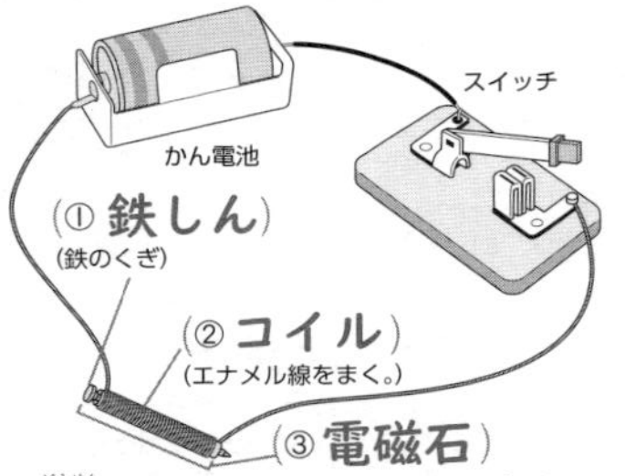

かん電池
スイッチ
（① 鉄しん）
（鉄のくぎ）
（② コイル）
（エナメル線をまく。）
（③ 電磁石）

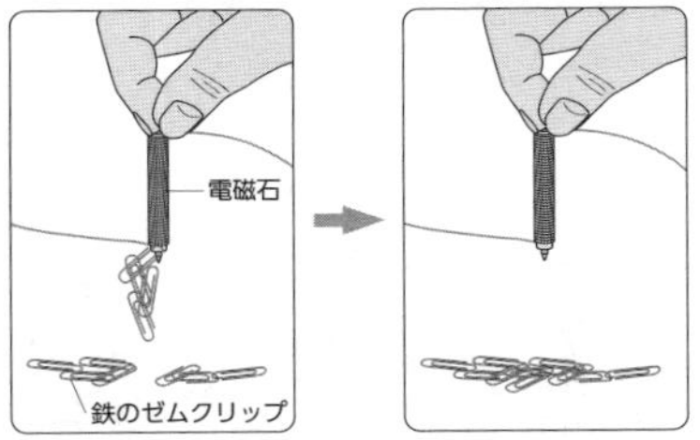

電磁石
鉄のゼムクリップ
スイッチを入れたとき
スイッチを切ったとき

▶導線《どうせん》をまいた物のことを（④ コイル）という。

▶導線には銅線《どうせん》にエナメルがぬられたエナメル線を使い、はしを紙やすりでけずる。銅は電気を（⑤ (通し)・通さず）、エナメルは電気を（⑥ 通す・(通さない)）。

▶コイルに（⑦ 鉄しん）（鉄のくぎ）を入れて電流を流すと、鉄しんが鉄を引きつけるようになり、これを（⑧ 電磁石）という。

▶電磁石の極について調べる。

- 回路に電流を流すと、電磁石の両側に置いた方位磁針《じしん》のはりは一定の向きで止まり、かん電池の向きを変えると、方位磁針のはりのさす向きが（⑨ 反対）になる。

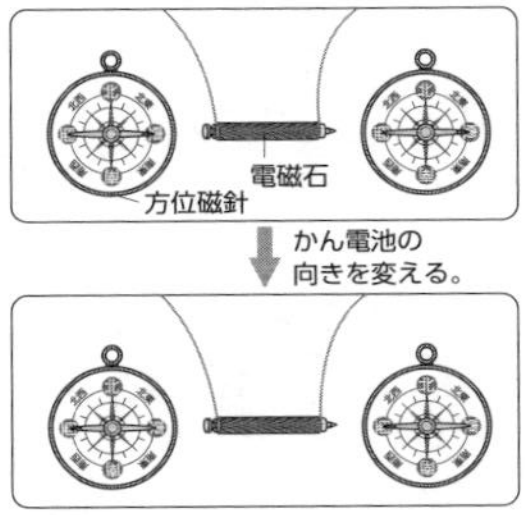

方位磁針
電磁石
かん電池の
向きを変える。

▶電磁石は、コイルに電流が流れている間だけ、（⑩ 磁石）の性質をもつようになる。

▶コイルに流れる電流の向きが反対になると、電磁石のN極《エヌきょく》とS極《エスきょく》が（⑪ 反対）になる。

ここがだいじ!
①電磁石《でんじしゃく》は、コイルに電流が流れている間だけ、磁石の性質《せいしつ》をもつようになる。
②コイルに流れる電流の向きが反対になると、電磁石のN極《エヌきょく》とS極《エスきょく》が反対になる。

ぴたトリビア 電流を流したコイルを方位磁針《じしん》に近づけると、はりは向きを変えますが、コイルに鉄しんを入れると、磁石《じしゃく》の力はより強くなります。

ぴったり2 練習

9. 電流がうみ出す力
①電磁石《でんじしゃく》の性質《せいしつ》

学習 61ページ

教科書 125~128ページ　答え 31ページ

1 エナメル線をまいた物に、鉄のくぎを入れて電流を流しました。

(1) エナメル線は、導線《どうせん》の1つで、銅線《どうせん》にエナメルがぬられた物です。銅とエナメルは電気を通しますか。正しいものに○をつけましょう。

ア（　）銅もエナメルも電気を通す。
イ（○）銅は電気を通すが、エナメルは電気を通さない。
ウ（　）銅は電気を通さないが、エナメルは電気を通す。

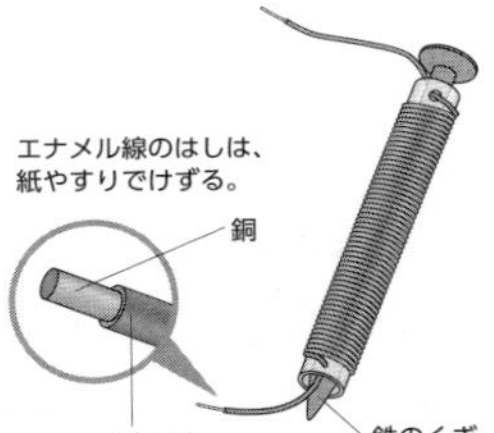

エナメル線のはしは、
紙やすりでけずる。
銅
エナメル
鉄のくぎ

(2) 導線をまいた物を何といいますか。
（コイル）

(3) 導線をまいた物に入れた鉄のくぎを何といいますか。
（鉄しん）

(4) 鉄のくぎに導線をまいた物に電流を流すと、鉄のくぎが鉄を引きつけるようになります。このような物のことを何といいますか。
（電磁石）

2 電磁石の性質を調べました。

(1) 鉄のゼムクリップの上に、電流を流した電磁石を近づけました。ゼムクリップはどのようにつきましたか。正しいものに○をつけましょう。

ア（○）　イ（　）　ウ（　）　エ（　）

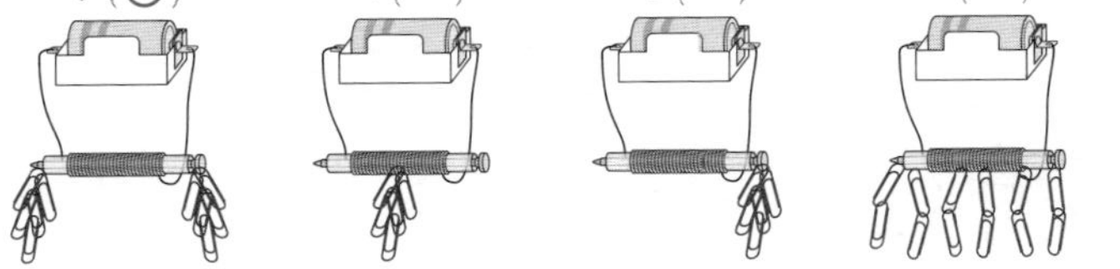

(2) 電磁石に電流を流すのをやめると、ついていたゼムクリップはどうなりますか。正しいものに○をつけましょう。

ア（　）電磁石についていたゼムクリップは、ついたままである。
イ（○）電磁石についていたゼムクリップは、全部落ちる。
ウ（　）電磁石についていたゼムクリップは、ついたままの物と、落ちる物がある。

(3) かん電池のつなぎ方を反対にすると、電磁石のN極《エヌきょく》とS極《エスきょく》はどうなりますか。正しいほうに○をつけましょう。

ア（○）かん電池のつなぎ方を反対にすると、電磁石のN極とS極は反対になる。
イ（　）かん電池のつなぎ方を反対にしても、電磁石のN極とS極は変わらない。

ヒント 2 電磁石にも極があります。

おうちのかたへ　9. 電流がうみ出す力
電磁石の極の性質や強さについて学習します。電磁石とはどのような物か、電磁石の強さを変化させるにはどのようにすればよいかを理解しているか、などがポイントです。

61ページ　てびき

1 (1)銅《どう》は、金属《きんぞく》なので電気を通しますが、エナメルは金属ではなく、電気を通しません。

(3)、(4)コイルに鉄しんを入れて電流を流すと、その鉄しんが磁石《じしゃく》のはたらきをするようになります。

2 (1)電磁石《でんじしゃく》の両はしが鉄をよく引きつけます。

(2)電磁石は、コイルに電流が流れている間だけ、磁石の性質《せいしつ》をもつので、電流を流すのをやめると、ついていた鉄が落ちます。

(3)かん電池の向きを反対にすると、回路に流れる電流の向きも反対になります。コイルに流れる電流の向きを反対にすると、電磁石のN極《エヌきょく》とS極《エスきょく》も反対になります。

おうちのかたへ
乾電池のつなぐ向きを変えると、回路に流れる電流の向きが変わることは、4年で学習しています。

ぴったり1 準備

9. 電流がうみ出す力
②電磁石《でんじしゃく》の強さ

学習 **62ページ**

電磁石を強くするには、どうすればよいのかを確認しよう。

教科書 129～134ページ　答え 32ページ

次の（　）にあてはまる言葉をかくか、あてはまるものを○でかこもう。

1 電磁石を強くするには、どうすればよいのだろうか。　教科書 129～134ページ

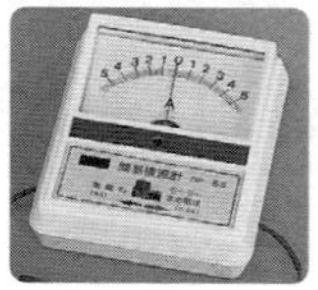

▶検流計《けんりゅうけい》を使うと、回路に流れる電流の(① **向き**)と大きさを調べることができる。

▶(② **電流計**)を使うと、検流計よりも、電流の大きさをくわしくはかることができる。

- 電流の大きさは、(③ **アンペア**)(A)やミリアンペア(mA)という単位で表す。
- 一《マイナス》極側の導線《どうせん》を(④ 50 mA ・ 500 mA ・ (5 A))の一たんしにつなぎ、スイッチを入れて目もりを読みとる。
- はりのふれが小さいときは、一極側の導線を(⑤ 50 mA ・ (500 mA) ・ 5 A)の一たんしに、それでもはりのふれが小さいときは、(⑥ (50 mA) ・ 500 mA ・ 5 A)の一たんしの順につなぎかえる。

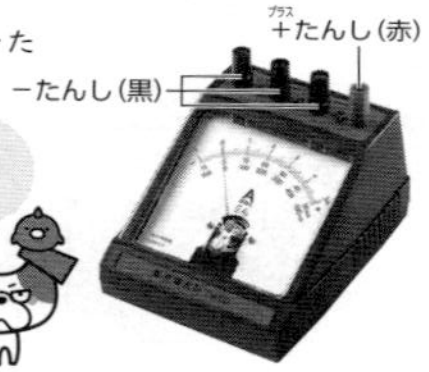

- 右の目もりは、5 A の一たんしにつないでいる場合は(⑦ **3.5**)A、50 mA の一たんしにつないでいる場合は(⑧ **35**)mA と読みとる。

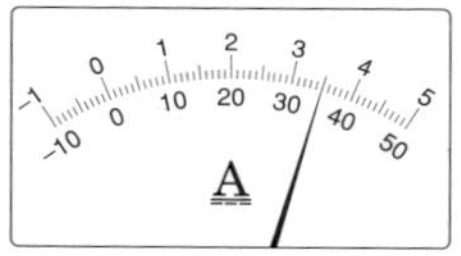

▶検流計や電流計は、(⑨ **かん電池**)だけをつなぐとこわれるので、絶対《ぜったい》に、(⑨)だけをつないではいけない。

▶電磁石を強くする方法を調べる。

- かん電池2個を(⑩ **直列**)につないで電流を大きくすると、鉄のゼムクリップのつく数が(⑪ **ふえた**)。
- 導線のまき数を多くすると、鉄のゼムクリップのつく数が(⑫ **ふえた**)。

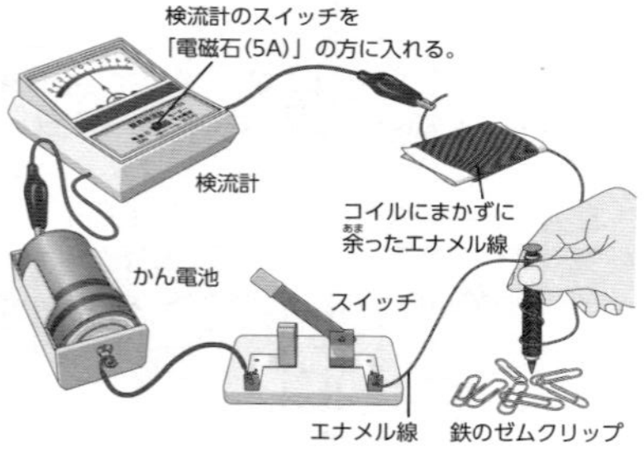

▶電流を(⑬ **大きく**)すると、電磁石は強くなる。

▶導線のまき数を(⑭ **多く**)すると、電磁石は強くなる。

ここがだいじ!
①電流を大きくすると、電磁石《でんじしゃく》は強くなる。
②導線《どうせん》のまき数を多くすると、電磁石は強くなる。

ぴたトリビア　磁石《じしゃく》についていた鉄くぎが、磁石からはなれても鉄を引きつけることがあるように、電磁石の鉄しんにしていた鉄くぎが、電流を切った後も鉄を引きつけることがあります。

ぴったり2 練習

9. 電流がうみ出す力
②電磁石《でんじしゃく》の強さ

学習 **63ページ**

教科書 129～134ページ　答え 32ページ

1 図の器具で、電流の大きさをはかりました。

(1) 図の器具は何ですか。
(**電流計**)

(2) 50 mA のたんしとつなぐのは、かん電池の＋《プラス》極側と−《マイナス》極側のどちらですか。
(**一極側**)

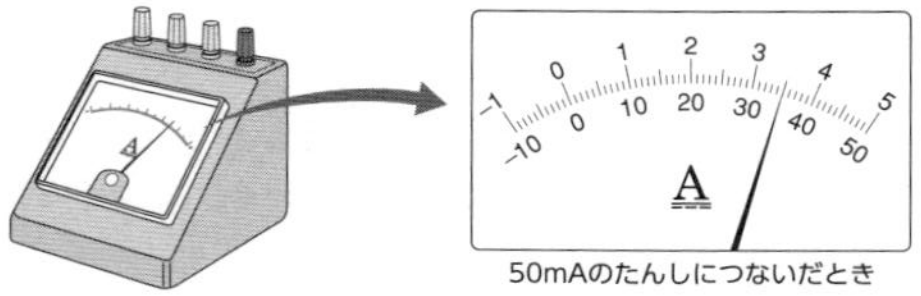

(3) 電流の大きさを表す単位の mA を何と読みますか。カタカナでかきましょう。
(**ミリアンペア**)

(4) 図の目もりは、何 mA と読みとれますか。
(**35 mA**)

2 電磁石を強くする方法を調べました。

(1) 図の器具あは何ですか。
(**(かんい)検流計**)

(2) 図の器具あで調べられることは何ですか。2つかきましょう。
(**電流の向き**)
(**電流の大きさ**)

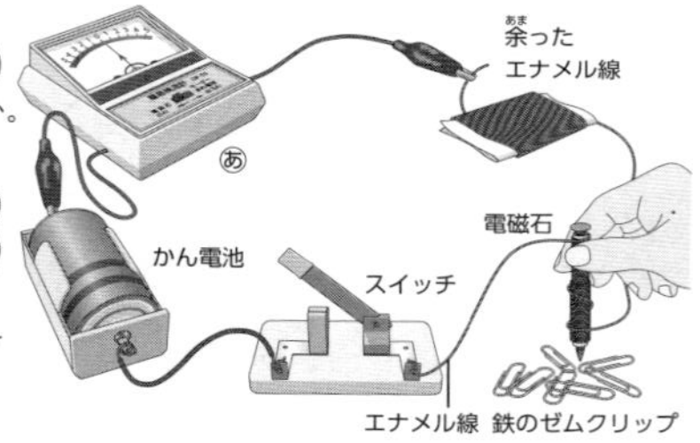

(3) 電磁石に流れる電流を大きくするには、かん電池をどのようにつなぐとよいですか。正しいほうに○をつけましょう。
ア(○)かん電池2個を直列につなぐ。
イ(　)かん電池2個をへい列につなぐ。

(4) この実験をしたとき、電磁石がつり上げたゼムクリップの数は、表のようになりました。

かん電池の数	電流の大きさ	ゼムクリップの数
1 個	1.8 A	14 個
2 個	2.8 A	20 個

導線《どうせん》のまき数	電流の大きさ	ゼムクリップの数
100 回	1.8 A	14 個
200 回	1.8 A	20 個

①導線のまき数を同じにして、電流を大きくすると、電磁石の強さはどうなりましたか。正しいものに○をつけましょう。
ア(○)強くなった。　イ(　)変わらなかった。　ウ(　)弱くなった。

②電流の大きさを同じにして、導線のまき数を多くすると、電磁石の強さはどうなりましたか。正しいものに○をつけましょう。
ア(○)強くなった。　イ(　)変わらなかった。　ウ(　)弱くなった。

(4)電流の大きさと電磁石《でんじしゃく》の強さについて調べるときは、導線《どうせん》のまき数を同じにして、導線のまき数と電磁石の強さについて調べるときは、電流の大きさを同じにします。また、導線のまき数を変えても、全体の導線の長さは同じにします。これは、導線の長さを長くするほど、回路を流れる電流の大きさが小さくなってしまうからです。

63ページ　てびき

1 (2)電流計には1つの＋《プラス》たんし(赤)と、はかれる電流の大きさがことなる3つの−《マイナス》たんし(黒)があり、＋たんしはかん電池の＋極側、−たんしはかん電池の−極側につなぎます。
(3)1 Aは1000 mA です。これは、1 Lが1000 mL、1 m が1000 mm であるのと同じです。
(4)50 mA のたんしにつないでいるとき、目もりの右はしまではりがふれたときが50 mA です。

2 (1)、(2)検流計《けんりゅうけい》を使うと、回路に流れる電流の向きと大きさを調べることができます。
(3)かん電池2個《こ》を直列につなぐと、回路に流れる電流が大きくなりますが、かん電池2個をへい列につないでも、流れる電流の大きさは変わりません。

おうちのかたへ
乾電池2個を直列つなぎにすると、回路に流れる電流が大きくなり、並列つなぎにすると、1個のときと電流の大きさは変わらないことは、4年で学習しています。

ぴったり3

確かめのテスト

9. 電流がうみ出す力

64ページ

/100 合格70点

教科書 124〜137ページ　答え 33ページ

よく出る

1 導線《どうせん》をまいた物に鉄のくぎを入れて電流を流すと、電磁石《でんじしゃく》になります。　1つ5点(30点)

(1) 電磁石をつくっている、導線をまいた物を何といいますか。　（ コイル ）

(2) 電磁石の中にある、鉄のくぎを何といいますか。　（ 鉄しん ）

(3) あ〜うのようにして、導線に電流を流したときの電磁石のはたらきを比《くら》べました。　思考・表現

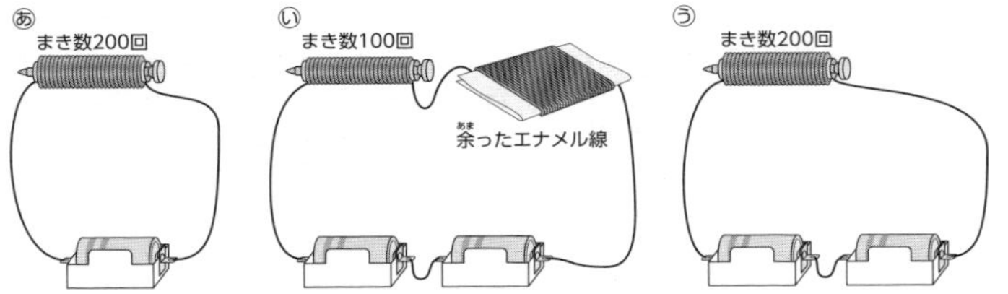

あ
まき数200回
い
まき数100回
余《あま》ったエナメル線
う
まき数200回

①電流の大きさと、電流を流したときの電磁石の強さの関係を調べるには、どれとどれを比べるとよいですか。正しい組み合わせに○をつけましょう。

ア（　）あとい　イ（○）あとう　ウ（　）いとう

②導線のまき数と、電流を流したときの電磁石の強さの関係を調べるには、どれとどれを比べるとよいですか。正しい組み合わせに○をつけましょう。

ア（　）あとい　イ（　）あとう　ウ（○）いとう

③電流を流したとき、電磁石がいちばん強いのは、あ〜うのどれですか。　（ う ）

(4) かん電池をつなぐ向きを反対にすると、電磁石はどうなりますか。正しいほうに○をつけましょう。

ア（○）N極《エヌきょく》とS極《エスきょく》が反対になる。　イ（　）電磁石の強さが変わる。

よく出る

2 電磁石に流れる電流の大きさをはかります。　技能　1つ8点(16点)

(1) はじめにつなぐー《マイナス》たんしは、どれですか。正しいものに○をつけましょう。

ア（　）500 mA のたんし

イ（　）50 mA のたんし

ウ（○）5 A のたんし

(2) 作図 電磁石に流れる電流の大きさがはかれる回路になるように、右の図の器具を線でつなぎましょう。

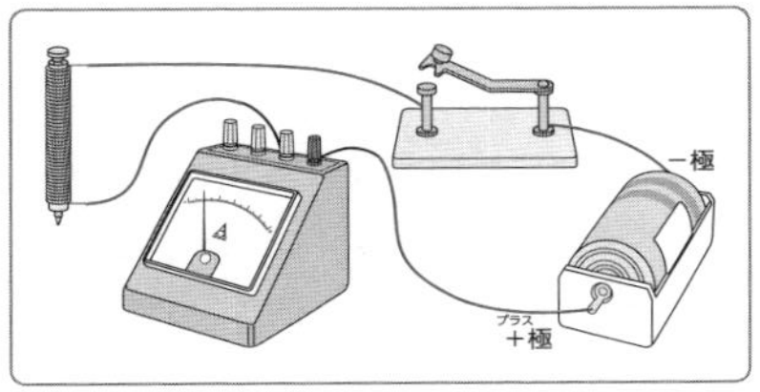

ー極
＋《プラス》極

65ページ

3 検流計《けんりゅうけい》で、回路に流れる電流のようすを調べます。　1つ8点(24点)

(1) 検流計のはりを読みとります。次のことから、電流の何がわかりますか。

①はりのふれる向き　（(電流の)向き）

②はりのさす目もり　（(電流の)大きさ）

(2) 記述 検流計や電流計に、かん電池だけをつないではいけないのはなぜですか。その理由をかきましょう。

（ 検流計や電流計がこわれるから。）

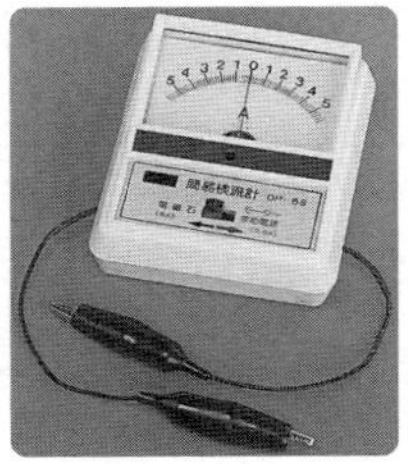

できたらスゴイ!

4 使用ずみの空きかんなどは回しゅうされ、電磁石を使って分別《ぶんべつ》されます。　1つ10点(30点)

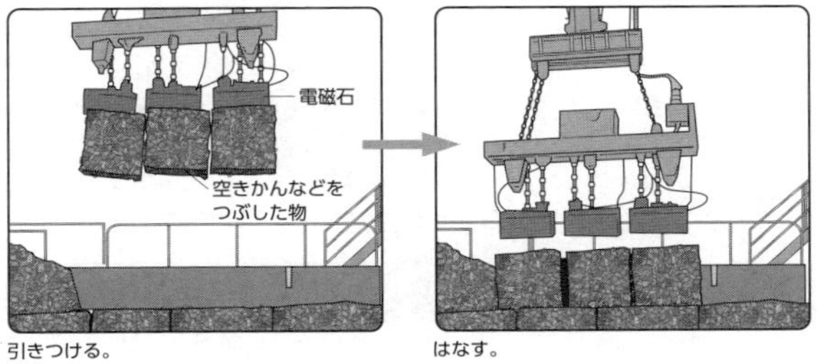

電磁石
空きかんなどをつぶした物
引きつける。
はなす。

(1) 電磁石を使うと、どのように分別できますか。正しいものに○をつけましょう。

ア（　）燃《も》える物と、燃えない物に分別することができる。

イ（　）ペットボトルと、それ以外の物に分別することができる。

ウ（　）金属《きんぞく》のかんなどと、それ以外の物に分別することができる。

エ（○）鉄のかんなどと、それ以外の物に分別することができる。

(2) 電磁石で分別できる物についているマークはどれですか。正しいものに○をつけましょう。

ア（○）　イ（　）　ウ（　）　エ（　）

スチール
紙
アルミ
プラ

(3) 記述 上のような分別をするとき、磁石ではなく、電磁石を使うのはなぜですか。　思考・表現

（ 電磁石は、磁石とちがって、電流を流すのをやめると、鉄をはなすことができるから。）

ふりかえり　2の問題がわからなかったときは、62ページの1にもどってたしかめましょう。
4の問題がわからなかったときは、60ページの1にもどってたしかめましょう。

64〜65ページ　てびき

1 (1)、(2)コイルの中に鉄しんを入れて電流を流すと、電《でん》磁石《じしゃく》になります。

(3)①電流の大きさ以外は、条件《じょうけん》が同じ組み合わせを選びます。

②導線《どうせん》のまき数以外は、条件が同じ組み合わせを選びます。

③電流が大きく、導線のまき数が多いものを選びます。

(4)コイルに流れる電流の向きを反対にすると、電磁石のN極《エヌきょく》とS極《エスきょく》が反対になります。

2 (1)はじめは、いちばん大きい電流をはかることのできるー《マイナス》たんしにつなぎます。

(2)電流計の＋《プラス》たんし(赤いたんし)は、かん電池の＋極側につなぎ、ーたんし(5 Aの黒いたんし)は、かん電池のー極側につなぎます。全体として、回路がひとすじにつながるようにします。

3 (1)検流計《けんりゅうけい》は、電流の向きと大きさを調べることができます。

(2)検流計や電流計にかん電池だけをつなぐと、回路に大きい電流が流れて、こわれてしまいます。

4 (1)磁石に引きつけられるのは鉄です。

(2)アは鉄のかん(スチールかん)、イは紙、ウはアルミニウムかん、エはプラスチックを表します。

(3)運ぶときは鉄を引きつけ、運んだ先では鉄がはなれないといけません。

10. ふりこのきまり
①ふりこの1往復《おうふく》する時間 1

長さを変えて、ふりこの1往復する時間を確認しよう。

教科書 139~143ページ　答え 34ページ

次の(　)にあてはまる言葉をかこう。

1 ふりこの1往復する時間は、何によって変わるのだろうか。

教科書 139~143ページ

▶ぼうやひもなどにおもりをつけて、左右にふれるようにした物を(① **ふりこ**)という。

▶ふりこの1往復する時間の求め方
- ふりこの(⑤ **10**)往復する時間をストップウォッチやデジタルタイマーなどで3回はかる。
- ふりこの10往復する時間の3回分の合計を3でわり、10往復する時間の(⑥ **平均**)を求める。
- 10でわり、ふりこの(⑦ **1往復**)する時間の平均《へいきん》を求める。
- 表に記録するときは、小数第2位で(⑧ **四しゃ五入**)して、小数第1位までをかく。

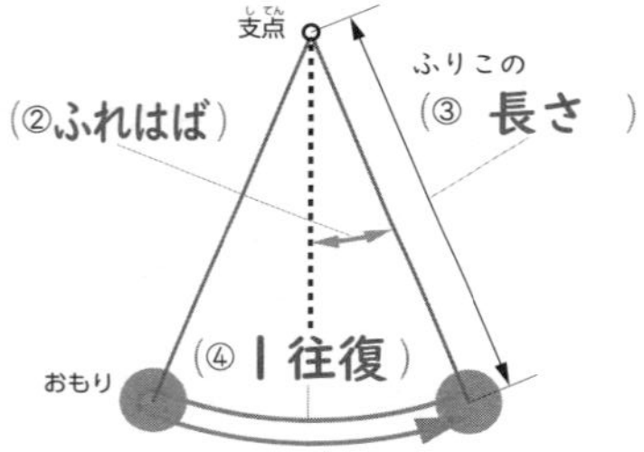

1往復する時間を正確《せいかく》にはかるのはむずかしいので、10往復する時間をはかって、平均を求めるんだよ。

▶ふりこの長さとふりこの1往復する時間
- 変える条件《じょうけん》は、ふりこの長さ(15 cm、30 cm、45 cm)である。
- 変えない条件は、おもりの重さ(10 g)と、ふれはば(20°)である。

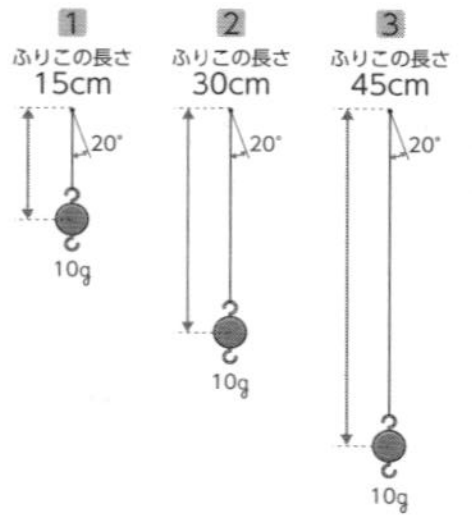

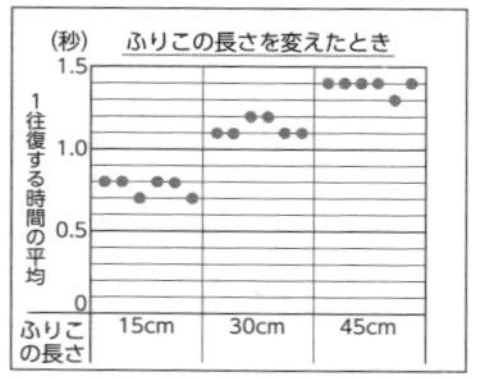

▶ふりこの長さは、(⑨ **支点**)からおもりの(⑩ **中心**)までの長さとする。

▶ふりこの1往復する時間は、ふりこの(⑪ **長さ**)によって変わる。

▶ふりこの長さが(⑫ **長い**)ほど、ふりこの1往復する時間は長くなる。

ここがだいじ!
①ふりこの1往復《おうふく》する時間は、10往復する時間をはかって、平均《へいきん》を求める。
②ふりこの1往復する時間は、ふりこの長さによって変わり、ふりこの長さが長いほど、ふりこの1往復する時間は長くなる。

ぴたトリビア　音楽のテンポを合わせるために使われるメトロノームも、ふりこのしくみを利用しています。おもりの位置を上下させるとふりこの長さが変わるので、テンポを変えることができます。

10. ふりこのきまり
①ふりこの1往復《おうふく》する時間 1

教科書 139~143ページ　答え 34ページ

1 写真は、ふりこがはしからはしまで動くようすを、0.1秒ごとにさつえいしたものです。

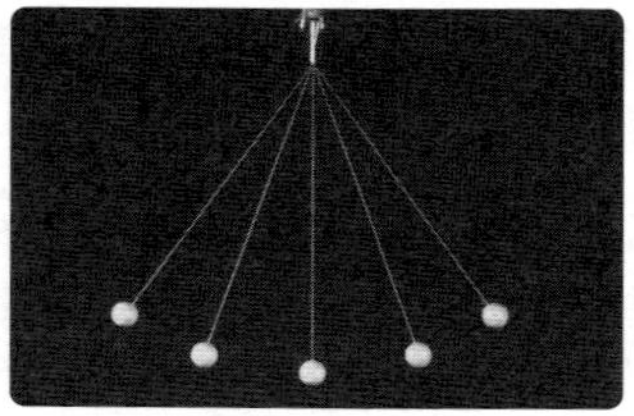

(1) このふりこの1往復する時間は、何秒ですか。正しいものに○をつけましょう。
ア(　)0.1秒
イ(　)0.2秒
ウ(　)0.4秒
エ(○)0.8秒

(2) ふりこの長さは、どこの長さのことをいいますか。正しいものに○をつけましょう。
ア(　)ふりこがつり下げられている点から、おもりの上までの長さ(糸の長さ)
イ(○)ふりこがつり下げられている点から、おもりの中心までの長さ
ウ(　)ふりこがつり下げられている点から、おもりの下までの長さ

2 ふりこの長さを変えて、ふりこの10往復する時間を3回調べました。

ふりこの長さ	10往復する時間(秒)				10往復する時間の平均《へいきん》(秒)	1往復する時間の平均(秒)
	1回目	2回目	3回目	合計		
15 cm	8.0	7.9	7.7	23.6	(①)	0.8
30 cm	11.0	11.1	10.9	33.0	11.0	(②)
45 cm	13.5	13.3	13.3	40.1	13.4	(③)

(1) この実験で、変える条件《じょうけん》は何ですか。正しいものに○をつけましょう。
ア(○)ふりこの長さ　イ(　)おもりの重さ　ウ(　)ふれはば

(2) この実験で、変えない条件は何ですか。正しいもの2つに○をつけましょう。
ア(　)ふりこの長さ　イ(○)おもりの重さ　ウ(○)ふれはば

(3) 表の①~③にあてはまる数字をかきましょう。ただし、平均を求めるときは、小数第2位で四しゃ五入しましょう。
①(**7.9**)　②(**1.1**)　③(**1.3**)

(4) この実験からわかることは何ですか。次の文の(　)にあてはまる言葉をかきましょう。

ふりこの1往復する時間は、ふりこの(① **長さ**)によって変わる。ふりこの長さが(② **長い**)ほど、ふりこの1往復する時間は長くなる。

ヒント　1 (1) ふりこの1往復する時間は、右のはしから出発するとしたら、再《ふたた》び右のはしにもどるまでの時間となります。

おうちのかたへ　10. ふりこのきまり
ふりこが1往復する時間の規則性について学習します。ふりこが1往復する時間が何によって変わるのか・変わらないのかを理解しているか、などがポイントです。

67ページ　てびき

1 (1)右のはしから左のはしにいくまでに0.4秒かかっていますから、右のはしから出て、再《ふたた》び右のはしまでもどってくるのには、その2倍の0.8秒かかります。
(2)おもりをつるす糸の長さが同じでも、おもりの形や大きさによって、ふりこの長さは変わります。

2 (1)、(2)ふりこの長さの条件《じょうけん》を変えて調べるときは、そのほかの条件は変えずに同じにします。
(3)①23.6÷3=7.86…
小数第2位で四しゃ五入して、7.9秒。
②11.0÷10=1.1
よって、1.1秒。
③13.4÷10=1.34
小数第2位で四しゃ五入して、1.3秒。

ぴったり1
準備

10. ふりこのきまり
①ふりこの1往復《おうふく》する時間2

学習 68ページ

重さやふれはばを変えて、ふりこの1往復する時間を確認しよう。

教科書 144～148ページ　答え 35ページ

次の(　)にあてはまる言葉をかこう。

1 ふりこの1往復する時間は、何によって変わるのだろうか。　教科書 144～148ページ

▶おもりの重さとふりこの｜往復する時間
- 変える条件《じょうけん》は、おもりの重さ(10g、20g、30g)である。
- 変えない条件は、ふりこの長さ(30cm)と、ふれはば(20°)である。
- 複数《ふくすう》のおもりをつるすときは、すべてのおもりを(① 糸)の同じところにかけるようにして、上下につるさない。

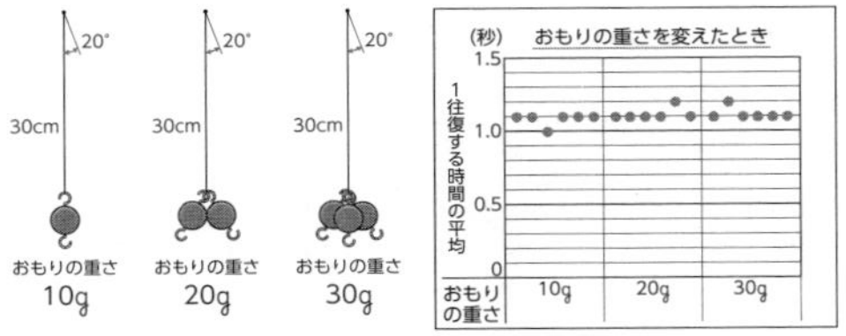

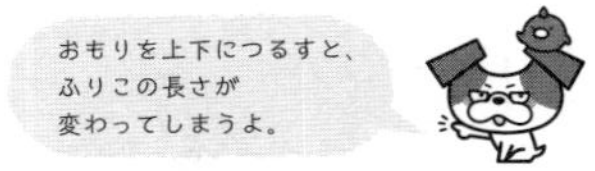

▶ふりこの｜往復する時間は、おもりの重さによっては(② 変わらない)。

▶ふれはばとふりこの｜往復する時間
- 変える条件は、ふれはば(10°、20°、30°)である。
- 変えない条件は、ふりこの長さ(30cm)と、おもりの重さ(10g)である。

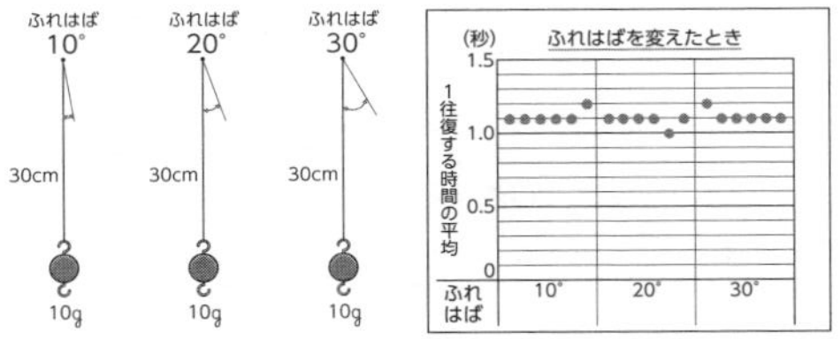

▶ふりこの｜往復する時間は、ふれはばによっては(③ 変わらない)。

ここがだいじ！ ①ふりこの1往復《おうふく》する時間は、おもりの重さやふれはばによっては変わらない。

ぴたトリビア 同じ長さのふりこの1往復《おうふく》する時間が、ふりこの重さやふれはばを変えても変わらないことを「ふりこの等時性《とうじせい》」といいます。

ぴったり2
練習

10. ふりこのきまり
①ふりこの1往復《おうふく》する時間2

学習 69ページ

教科書 144～148ページ　答え 35ページ

1 おもりの重さを変えて、ふりこの10往復する時間を3回調べました。

おもりの重さ	10往復する時間(秒) 1回目	2回目	3回目	合計	10往復する時間の平均《へいきん》(秒)	1往復する時間の平均(秒)
10 g	11.0	10.9	10.9	32.8	(①)	1.1
20 g	10.9	11.0	10.8	32.7	10.9	(②)
30 g	11.1	11.0	11.1	33.2	11.1	(③)

(1) この実験で、変える条件《じょうけん》は何ですか。正しいものに○をつけましょう。
ア(　)ふりこの長さ　イ(○)おもりの重さ　ウ(　)ふれはば

(2) この実験で、変えない条件は何ですか。正しいもの2つに○をつけましょう。
ア(○)ふりこの長さ　イ(　)おもりの重さ　ウ(○)ふれはば

(3) 表の①～③にあてはまる数字をかきましょう。ただし、平均を求めるときは、小数第2位で四しゃ五入しましょう。
①(10.9)　②(1.1)　③(1.1)

(4) ふりこの｜往復する時間は、おもりの重さによって変わりますか、変わりませんか。
(変わらない。)

2 ふれはばを変えて、ふりこの10往復する時間を3回調べました。

ふれはば	10往復する時間(秒) 1回目	2回目	3回目	合計	10往復する時間の平均(秒)	1往復する時間の平均(秒)
10°	11.2	11.0	10.9	33.1	(①)	1.1
20°	11.0	11.0	10.9	32.9	(②)	1.1
30°	11.1	10.8	11.1	33.0	11.0	(③)

(1) この実験で、変える条件は何ですか。正しいものに○をつけましょう。
ア(　)ふりこの長さ　イ(　)おもりの重さ　ウ(○)ふれはば

(2) この実験で、変えない条件は何ですか。正しいもの2つに○をつけましょう。
ア(○)ふりこの長さ　イ(○)おもりの重さ　ウ(　)ふれはば

(3) 表の①～③にあてはまる数字をかきましょう。ただし、平均を求めるときは、小数第2位で四しゃ五入しましょう。
①(11.0)　②(11.0)　③(1.1)

(4) ふりこの｜往復する時間は、ふれはばによって変わりますか、変わりませんか。
(変わらない。)

69ページ てびき

1 (1)、(2)おもりの重さの条件《じょうけん》を変えて調べるときは、そのほかの条件は変えずに同じにします。

(3)①32.8÷3＝10.93…
小数第2位で四しゃ五入して、10.9秒。
②10.9÷10＝1.09
小数第2位で四しゃ五入して、1.1秒。
③11.1÷10＝1.11
小数第2位で四しゃ五入して、1.1秒。

(4)ふりこの｜往復《おうふく》する時間は、おもりの重さによっては変わりません。

2 (1)、(2)ふれはばの条件を変えて調べるときは、そのほかの条件は変えずに同じにします。

(3)①33.1÷3＝11.03…
小数第2位で四しゃ五入して、11.0秒。
②32.9÷3＝10.96…
小数第2位で四しゃ五入して、11.0秒。
③11.0÷10＝1.1
よって、1.1秒。

(4)ふりこの｜往復する時間は、ふれはばによっては変わりません。

ぴったり3
確かめのテスト
10. ふりこのきまり

/100 合格70点

教科書 138～151ページ　答え 36ページ

よく出る

1 ふりこの1往復《おうふく》する時間を調べます。 1つ5点(25点)

(1) ふりこを下げた点あを何といいますか。

（　支点　）

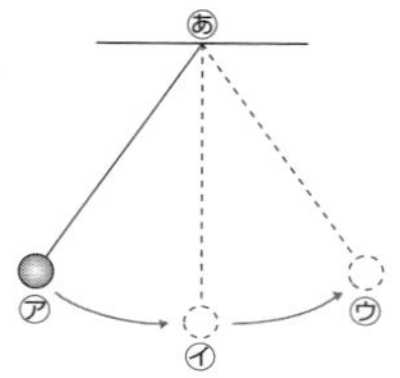

(2) アからふれ始めたふりこの1往復を表しているのはどれですか。正しいものに○をつけましょう。

ア(　)ア→イ→ウ
イ(　)ア→イ→ウ→イ
ウ(　)ウ→イ→ア
エ(○)ア→イ→ウ→イ→ア

(3) ふりこの1往復する時間の求め方について、次の(　)にあてはまる言葉をかきましょう。 技能

ふりこの1往復する時間を正確《せいかく》にはかるのはむずかしいので、実験では、ふりこの10往復する時間を3回はかり、その合計を3でわり、10往復する時間の(①　平均　)を求める。
そして、(②　10　)でわり、ふりこの1往復する時間の(①)を求める。
表に記録するときは、小数第2位で(③四しゃ五入)する。

2 ふりこの長さを変えて、ふりこの1往復する時間を調べました。 1つ5点、(1)は全部できて5点(15点)

(1) この実験で、変えない条件《じょうけん》は何ですか。2つかきましょう。

(おもりの重さ)　(　ふれはば　)

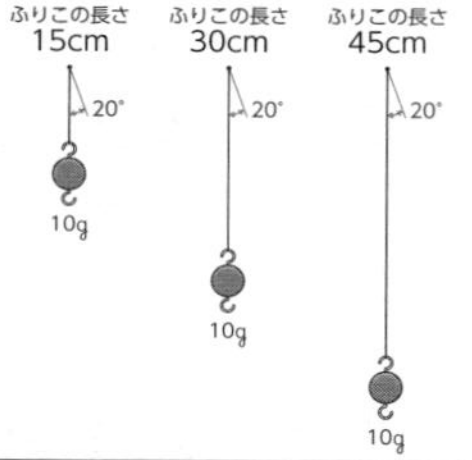

(2) 表の①にあてはまる数字として、正しいものに○をつけましょう。

ア(　)0.7秒　イ(　)1.0秒
ウ(　)1.2秒　エ(○)1.4秒

ふりこの長さ	1往復する時間の平均《へいきん》
15 cm	0.7秒
30 cm	1.2秒
45 cm	(　①　)秒

(3) 記述 ふりこの1往復する時間と、ふりこの長さにはどのような関係があるか、説明しましょう。 思考・表現

(ふりこの1往復する時間は、ふりこの長さが長いほど、長くなる。)

3 おもりの重さを変えて、ふりこの1往復する時間を調べました。 1つ5点(10点)

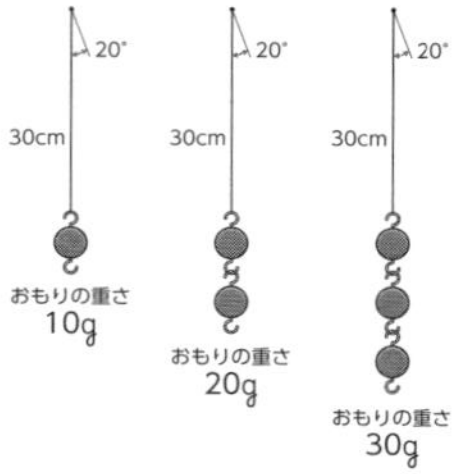

(1) 記述 この実験で複数《ふくすう》のおもりをつるすときは、図のように上下におもりをつるさないようにしますが、それはなぜでしょうか。 思考・表現

(　ふりこの長さが変わってしまうから。　)

(2) ふりこの1往復する時間と、おもりの重さにはどのような関係がありますか。次の文の(　)にあてはまる言葉をかきましょう。

ふりこの1往復する時間は、おもりの重さによって(　変わらない　)。

4 ふれはばを変えて、ふりこの1往復する時間を3回調べました。 1つ4点(12点)

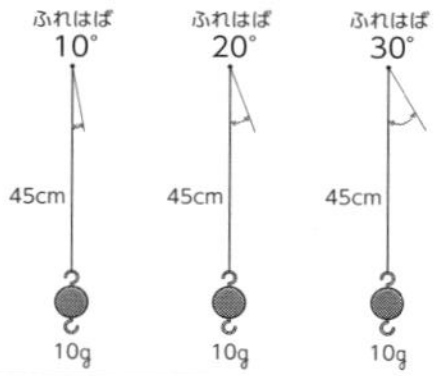

ふれはば	10往復する時間(秒)				10往復する時間の平均(秒)	1往復する時間の平均(秒)
	1回目	2回目	3回目	合計		
10°	14.1	14.2	14.1	42.4	14.1	(①)
20°	14.1	14.3	14.2	42.6	14.2	1.4
30°	14.2	14.3	14.3	42.8	(②)	(③)

表の①～③にあてはまる数字をかきましょう。ただし、平均を求めるときは、小数第2位で四しゃ五入しましょう。

①(　1.4　)　②(　14.3　)　③(　1.4　)

72ページに続きます。

70～71ページ　てびき

1 (2)ふりこの1往復《おうふく》する時間は、おもりが一方のはしからふれ始め、またもどってくるまでの時間です。
(3)ふりこが1往復する時間を正確《せいかく》にはかる(読みとる)のがむずかしいので、10往復する時間を3回はかって、その合計を3でわります。それを10でわって、1往復する時間の平均《へいきん》を求めます。

2 (1)ふりこの長さの条件《じょうけん》を変えて調べるときは、そのほかの条件は変えずに同じにします。
(3)ふりこの1往復する時間は、ふりこの長さによって変わります。

3 (1)おもりの重さの条件を変えて調べるときは、そのほかの条件は変えずに同じになるようにします。上下につるすと、糸の長さは変わらなくても、ふりこの長さは変わってしまいます。

4 ①14.1÷10＝1.41
よって、1.4秒。
②42.8÷3＝14.26…
よって、14.3秒。
③14.3÷10＝1.43
よって、1.4秒。

72ページ

5 図のような条件で、ふりこの 1 往復する時間を調べました。 1つ5点(10点)

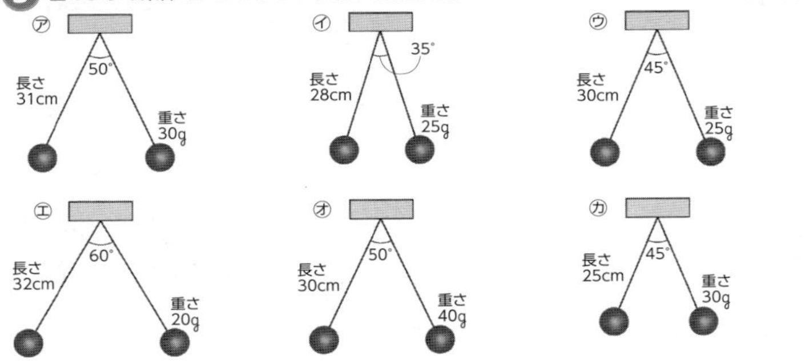

㋐ 長さ 31cm 50° 重さ 30g
㋑ 長さ 28cm 35° 重さ 25g
㋒ 長さ 30cm 45° 重さ 25g
㋓ 長さ 32cm 60° 重さ 20g
㋔ 長さ 30cm 50° 重さ 40g
㋕ 長さ 25cm 45° 重さ 30g

(1) 1 往復する時間が同じふりこは、㋐～㋕のうちでは、どれとどれですか。

(㋒ と ㋔)

(2) 1 往復する時間がいちばん長いふりこは、㋐～㋕のどれですか。

(㋓)

できたらスゴイ！

6 ふりこ時計は、ふりこの 1 往復する時間をもとにしてはりが進みます。 思考・表現 1つ7点(28点)

ふりこ

(1) 金属《きんぞく》でできたふりこの長さは、温度が高くなると長くなり、温度が低くなると短くなります。ふりこ時計は、その季節によってはりの進み方が変わります。それはなぜですか。正しいものに○をつけましょう。

ア(　)季節によって、日光の強さが変わるから。
イ(　)季節によって、昼の長さが変わるから。
ウ(◯)季節によって、気温が変わるから。

(2) 季節によって、ふりこの 1 往復する時間が変わるのは、ふりこの何が変わるからですか。

((ふりこの)長さ)(が変わるから。)

(3) 夏は、冬と比《くら》べて、ふりこ時計のはりの進み方が、速くなりますか。それともおそくなりますか。

(おそくなる。)

(4) 記述 夏になって、ふりこ時計のはりの進み方が変わってしまったのを正しくするには、どうすればよいですか。

((ふりこのおもりをずらして、)ふりこの長さを短くすればよい。)

この本の終わりにある「春のチャレンジテスト」をやってみよう！

この本の終わりにある「学力診断《しんだん》テスト」をやってみよう！

72ページ　てびき

5 (1)ふりこの長さが同じふりこを選びます。
(2)ふりこの長さがいちばん長いふりこを選びます。

6 (1)、(2)季節によって、気温が変化します。ふりこ時計のふりこは金属《きんぞく》でできているので、気温によってその長さが変化します。
(3)夏は、気温が高いので、ふりこの長さが長くなり、1往復《おうふく》する時間が長くなります。そのため、同じ時間にふりこがふれる回数が少なくなるので、ふりこ時計のはりの進み方がおそくなります。
(4)夏に長くなった分だけ、ふりこの長さを短くすれば、ふりこ時計のはりの進み方はもとにもどります。

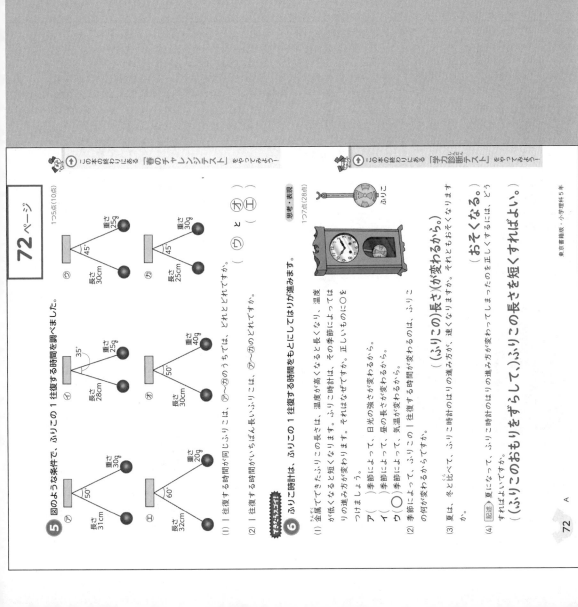

夏のチャレンジテスト

教科書 6〜49ページ

名前　　月　日

時間 40分

知識・技能	思考・判断・表現	合格80点
/60	/40	/100

答え38ページ

知識・技能

1 雲のようすを観察しました。　1つ3点(6点)

(1) 空全体を10としたとき、天気を「晴れ」とする雲の量はどれですか。正しいものに○をつけましょう。

あ

い

ア(　)0〜1
イ(○)0〜8
ウ(　)8〜10
エ(　)1〜10

(2) 天気が「くもり」なのは、あ、いのどちらですか。　(あ)

2 インゲンマメの種子について調べました。　1つ3点(12点)

(1) インゲンマメの種子をわって開きました。

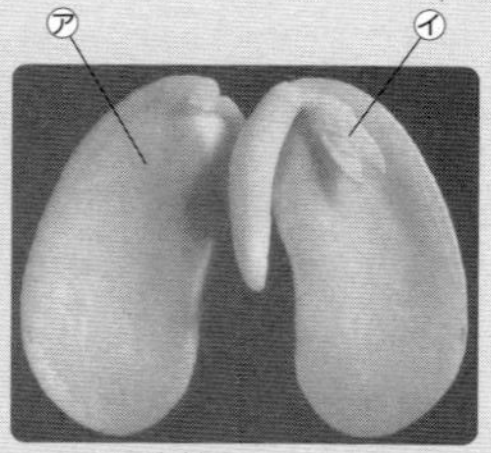

ア
イ

①葉やくきや根になる部分は、ア、イのどちらですか。　(イ)

②アの部分を何といいますか。

(子葉)

(2) 発芽する前のアとした後のアをヨウ素液《そえき》にひたしました。

発芽する前

発芽した後

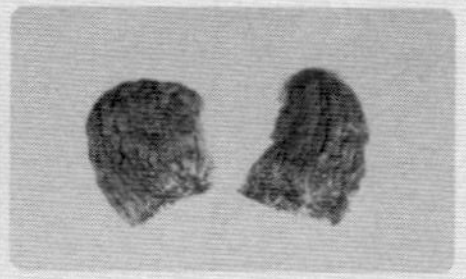

①ヨウ素液で、色が変わったところにふくまれている物は何ですか。　(でんぷん)

②発芽する前と後で、①の量はどうなりましたか。正しいものに○をつけましょう。

ア(　)多くなった。　イ(○)少なくなった。
ウ(　)変化しなかった。

3 インゲンマメの種子をバーミキュライトにまき、一方だけに水をあたえて観察しました。　1つ3点(6点)

あ 水
い
あなをあける。

(1) この実験で使ったバーミキュライトはどのような土ですか。正しいものに○をつけましょう。

ア(　)空気を通しにくい土である。
イ(○)肥料《ひりょう》をふくまない土である。
ウ(　)水はけがよい土である。

(2) 発芽したのはあだけでした。この実験の結果からわかることは何ですか。正しいものに○をつけましょう。

ア(　)発芽には水と空気が必要である。
イ(　)発芽には水も空気も必要ない。
ウ(○)発芽には水が必要である。
エ(　)発芽には水は必要ない。

4 いろいろな条件《じょうけん》で、インゲンマメの種子が芽を出すかどうかを調べました。　1つ3点(12点)

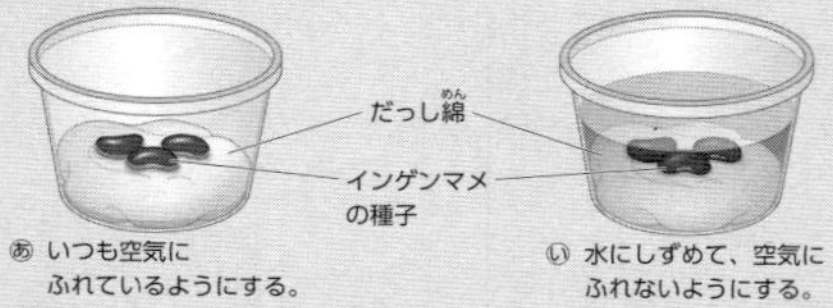

だっし綿《めん》
インゲンマメの種子
あ いつも空気にふれているようにする。
い 水にしずめて、空気にふれないようにする。

(1) あのだっし綿は、どうしておくとよいですか。正しいほうに○をつけましょう。

ア(○)いつも水でしめらせておく。
イ(　)よくかわかしておく。

(2) 発芽したのは、あ、いのどちらですか。　(あ)

(3) 温度の条件を調べるために、種子をまいた入れ物を冷ぞう庫に入れて、光が当たらない場所において箱をかぶせた物と比《くら》べました。箱をかぶせたのは、何の条件を同じにするためですか。正しいものに○をつけましょう。

ア(　)空気　イ(　)温度　ウ(○)光(日光)

(4) 種子の発芽に関係しない条件はどれですか。あてはまる組み合わせに○をつけましょう。

ア(　)肥料と適当《てきとう》な温度　イ(　)土と空気
ウ(　)光と適当な温度　エ(○)土と光

うらにも問題があります。

夏のチャレンジテスト　おもて　てびき

1 (1)晴れとくもりの天気は、およその雲の量で決めます。
(2)くもりは、空全体を10として、雲の量が9〜10のときです。

2 (1)アは子葉で、発芽に必要な養分がふくまれています。また、イは、発芽した後に葉やくきや根になります。
(2)①ヨウ素液《そえき》は、でんぷんを青むらさき色に変えます。
②でんぷんは発芽するときに使われて、少なくなります。

3 (1)バーミキュライトに肥料《ひりょう》はふくまれていません。
(2)この実験では、空気の条件《じょうけん》はどちらも同じなので、発芽に空気が必要かどうかはわかりません。

4 (1)種子の発芽には、水が必要です。
(2)いの種子は、空気にふれていません。
(3)冷ぞう庫のとびらがとじているとき、中の種子には光(日光)が当たりません。
(4)発芽に必要な条件は、水、適当《てきとう》な温度、空気です。

5 おすとめすのメダカを飼《か》ったところ、たまごをうみました。 1つ3点(12点)

(1) せびれは、あの㋐～㋔のどれですか。
（ ㋑ ）

(2) めすは、あ、いのどちらですか。
（ い ）

(3) めすがたまごをうんだとき、おすが出す物は何ですか。
（ 精子 ）

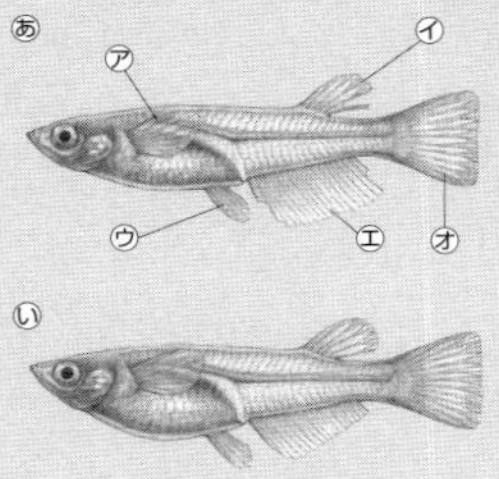

(4) メダカのたまごの変化をかいぼうけんび鏡で観察しました。受精《じゅせい》後すぐのたまごはどれですか。正しいものに○をつけましょう。

ア（ ） イ（ ） ウ（○） エ（ ）

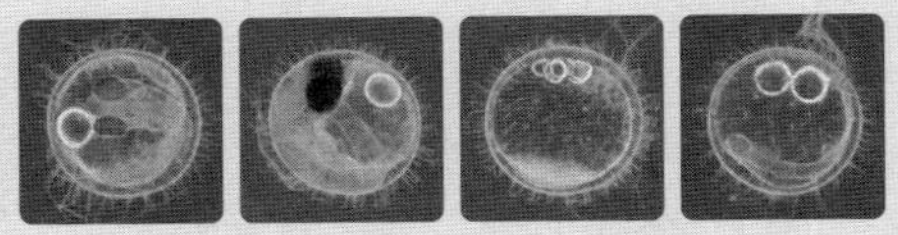

6 写真の器具を使って、メダカのたまごを観察しました。 1つ2点(12点)

(1) 写真の器具を何といいますか。
（そう眼実体けんび鏡）

(2) 写真の器具の㋐～㋓の各部分の名前は何ですか。

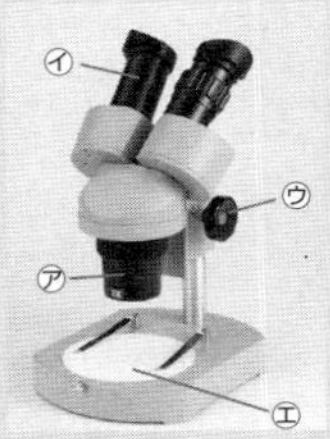

㋐（対物レンズ）
㋑（接眼レンズ）
㋒（ 調節ねじ ）
㋓（ ステージ ）

(3) 写真の器具は、どのようなところに置いて使いますか。正しいものに○をつけましょう。

ア（ ）日光が直接《ちょくせつ》当たる明るいところ
イ（○）日光が直接当たらない明るいところ
ウ（ ）日光が当たらない暗いところ

思考・判断・表現

7 春のころの日本付近の天気を調べました。 1つ5点(20点)

(1) 雲のおよその動きはどうなりますか。正しいものに○をつけましょう。

ア（ ）北から南 イ（ ）南から北
ウ（ ）東から西 エ（○）西から東

(2) 雲のおよその動きと、天気のおよその変化の向きを比《くら》べるとどうなりますか。正しいものに○をつけましょう。

ア（○）ほぼ同じになる。 イ（ ）ほぼ反対になる。
ウ（ ）雲の動きと天気の変化の間には関係がない。

(3) ある年の5月2日正午の雲画《が》像《ぞう》は、右のようでした。

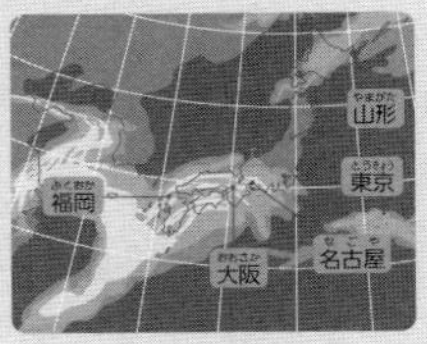

①5月2日に、1日じゅうよく晴れていたのはどこですか。正しいものに○をつけましょう。

ア（ ）福岡 イ（ ）大阪 ウ（ ）名古屋
エ（ ）東京 オ（○）山形

② 記述 5月3日の東京の天気はどうなりますか。
（雲が多くなり、くもりまたは雨になる。）

8 メダカのたまごの中が変化するようすを調べました。 1つ5点(20点)

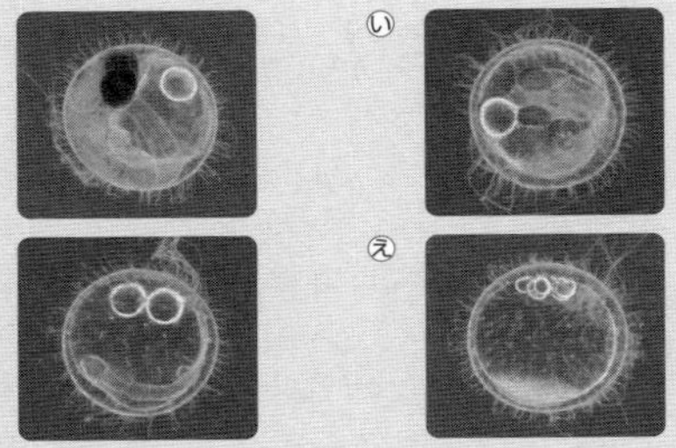

(1) たまごの中が変化していく順にならべかえたとき、3番目になるものは、あ～えのどれですか。 （ い ）

(2) あには、赤くすじのようになったものが見られます。これは何ですか。 (血液、血)（ 血管 ）

(3) メダカのたまごの中が変化していくとき、たまご全体の大きさはどうなりますか。正しいものに○をつけましょう。

ア（ ）大きくなる。 イ（ ）小さくなる。
ウ（○）ほとんど変わらない。

(4) 記述 かえったばかりのメダカは、2～3日は何も食べずに育つことができます。その理由をかきましょう。
（はらに養分の入ったふくろがあるから。）

夏のチャレンジテスト　うら　てびき

5 (1)㋐はむなびれ、㋑はせびれ、㋒ははらびれ、㋓はしりびれ、㋔はおびれです。
(2)めすは、せびれに切れこみがなく、しりびれの後ろのはばがせまくなっています。
(3)めすがうんだたまごと、おすが出した精子《せいし》が結びつく(受精《じゅせい》)と、たまごの成長が始まります。
(4)アは約4日後、イは約7日後、ウは受精後数時間、エは約2日後の写真です。

6 (3)目をいためるので、日光が直接《ちょくせつ》当たらない、明るいところで見ます。

7 (1)、(2)雲がおよそ西から東へ動くため、それにつれて、天気も西の方から変わっていきます。
(3)5月2日の東京には、雲がかかり始めていて、西側に雲が広がっています。

8 (1)え→う→い→あの順に育ちます。
(2)心ぞうが動いて、血液《けつえき》が流れています。
(3)メダカは、たまごの中にあった養分を使って育つので、たまご全体の大きさは大きくなりません。
(4)かえったメダカの子どもは、しばらくは、はらについたふくろの中にある養分を使って育ちます。

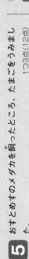

冬のチャレンジテスト

教科書 52〜113ページ

名前　　　月　　日

時間 40分

知識・技能	思考・判断・表現	合格80点
/60	/40	/100

答え40ページ

知識・技能

1 ヘチマとアサガオの花のつくりを比《くら》べました。

1つ3点(9点)

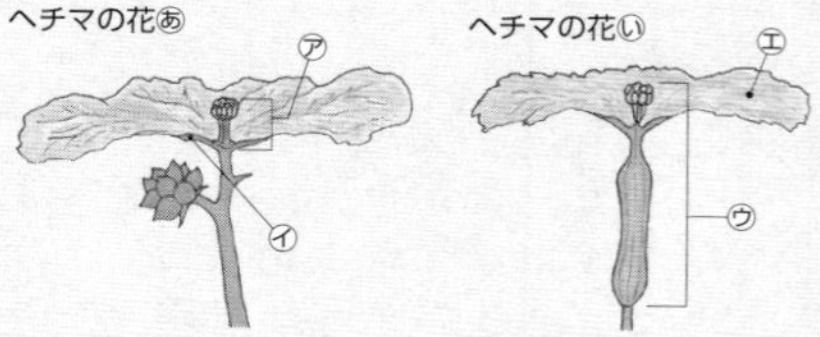
ヘチマの花あ
ア
イ
ヘチマの花い
エ
ウ

(1) ヘチマの花のおばなは、あ、いのどちらですか。

（ あ ）

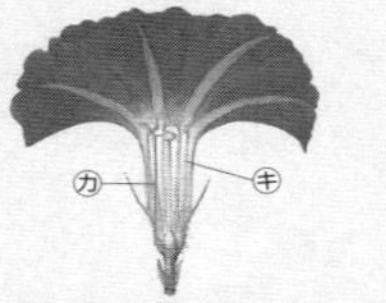
アサガオの花
カ
キ

(2) ヘチマの花粉《かふん》ができるのは、ア〜エのどこですか。

（ ア ）

(3) アサガオの花のカは、ヘチマの花のア〜エのどれにあたりますか。

（ ウ ）

2 図は、24時間ごとの3日間の台風の雲のようすを表しています。

1つ3点(9点)

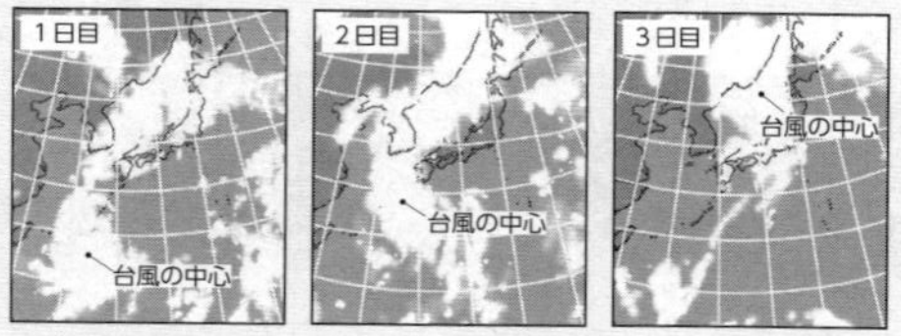
1日目
台風の中心
2日目
台風の中心
3日目
台風の中心

(1) 台風が日本に多くやってくるのはいつごろですか。正しいものに○をつけましょう。

ア（ ）春　イ（ ）春から夏にかけて
ウ（ ）夏　エ（○）夏から秋にかけて

(2) 3日間の、台風の動きの向きと速さはどうでしたか。正しいものに○をつけましょう。

ア（ ）北から南の方へ動き、しだいに速くなった。
イ（ ）北から南の方へ動き、しだいにおそくなった。
ウ（○）南から北の方へ動き、しだいに速くなった。
エ（ ）南から北の方へ動き、しだいにおそくなった。

(3) 台風が近づくと、天気はどのように変わりますか。正しいものに○をつけましょう。

ア（○）強い風がふき、短時間に大雨がふることが多い。
イ（ ）弱い雨や風が、長時間にわたり続くことが多い。

3 同じ川の3つの場所で、川原《かわら》の石を集めました。

1つ3点(12点)

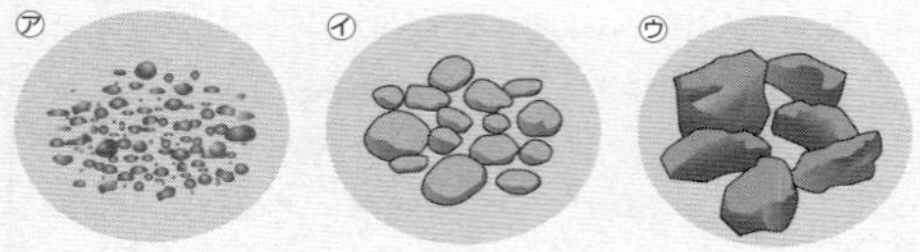
ア
イ
ウ

(1) 水の流れが速く、川はばのせまいところで集められた石はア〜ウのどれですか。

（ ウ ）

(2) 平地を流れている、川の流れがゆるやかな川原で集められた石はア〜ウのどれですか。

（ ア ）

(3) 流れる水が土や石などを運ぶはたらきを何といいますか。

（ 運ぱん ）

(4) 流れる水が土や石などを積もらせるはたらきを何といいますか。

（ たい積 ）

4 土でつくった山の上から水を流しました。

1つ3点(9点)

かたむきが大きい。
かたむきが小さい。

(1) 流れる水が地面をけずるはたらきを何といいますか。

（ しん食 ）

(2) 山のかたむきが大きいと、流れる水が地面をけずるはたらきはどうなりますか。正しいものに○をつけましょう。

ア（○）山のかたむきが大きいと、流れる水が地面をけずるはたらきも大きい。
イ（ ）山のかたむきが大きいと、流れる水が地面をけずるはたらきは小さい。
ウ（ ）山のかたむきが大きくても、流れる水が地面をけずるはたらきは変わらない。

(3) 流す水の量を多くすると、流れる水が地面をけずるはたらきは大きくなりますか。それとも小さくなりますか。

（ 大きくなる。）

●うらにも問題があります。

冬のチャレンジテスト　おもて　てびき

1 (1)アはおしべ、イはがく、ウはめしべ、エは花びらで、おしべのあるほうがおばな、めしべのあるほうがめばなです。
(2)ヘチマもアサガオも、花粉《かふん》はおしべの先にできます。
(3)カはめしべ、キはおしべです。

2 (1)台風は、夏から秋(8月から9月)にかけて、多く日本付近に近づきます。
(2)台風は、日本の南の海上で発生します。
(3)強い風や大雨によって、災害《さいがい》が起きることがあります。

3 (1)山の中を流れる川には、角ばった大きな石が多く見られます。
(2)平地を流れる川には、まるくて小さな石が多く見られます。

4 (2)かたむきが大きいと、水の流れが速いので、しん食したり、運ぱんしたりするはたらきも大きくなります。
(3)流れる水の量が多くなると、水の流れが速くなり、しん食したり、運ぱんしたりするはたらきが大きくなります。

5 100 mL の水に 20 g の食塩をとかしました。
1つ3点(12点)

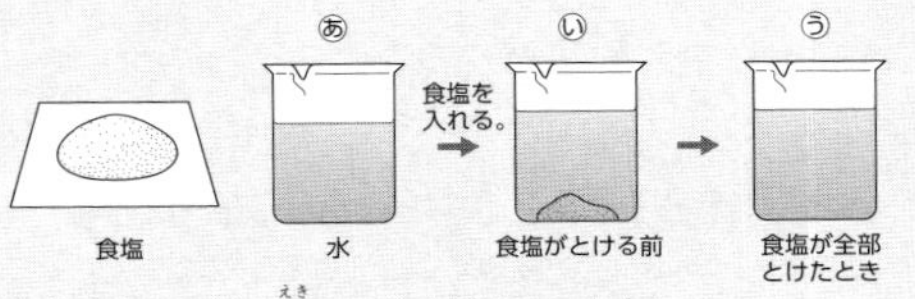
あ
い
う
食塩を入れる。
食塩
水
食塩がとける前
食塩が全部とけたとき

(1) 物が水にとけた液《えき》のことを何といいますか。
（ **水よう液** ）

(2) (あ)と(い)の重さを比《くら》べるとどうなりますか。正しいものに○をつけましょう。
ア（　）(あ)のほうが重い。　イ（○）(い)のほうが重い。
ウ（　）(あ)と(い)は同じ重さになる。

(3) (い)と(う)の重さを比べるとどうなりますか。正しいものに○をつけましょう。
ア（　）(い)のほうが重い。　イ（　）(う)のほうが重い。
ウ（○）(い)と(う)は同じ重さになる。

(4) (う)のときの食塩のようすを、図で表しました。正しいものに○をつけましょう。
ア（　）　イ（　）　ウ（○）

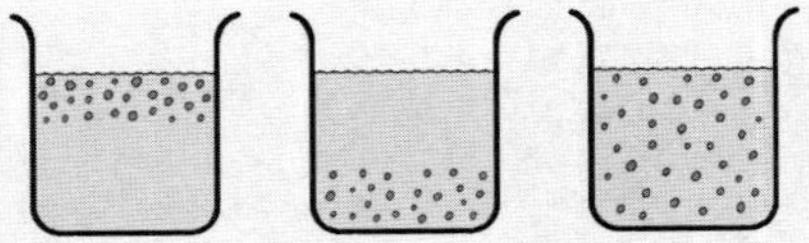

6 とけ残りが出るまで、水に物をとかしました。
1つ3点(9点)

(1) ろ紙でこして、とけ残りをとり出しました。この方法を何といいますか。（ **ろ過** ）

(2) とけ残りは、どのようにしてこしますか。正しいものに○をつけましょう。
ア（　）　イ（　）　ウ（　）　エ（○）

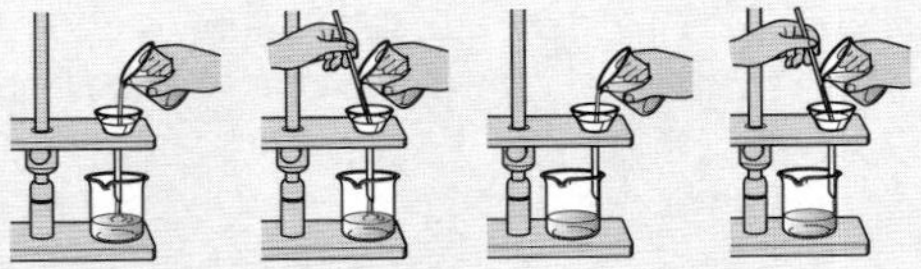

(3) 水の量をふやすと、とかすことのできる物の量はどうなりますか。正しいものに○をつけましょう。
ア（○）水にとかすことのできる量はふえる。
イ（　）水にとかすことのできる量はへる。
ウ（　）水にとかすことのできる量は変わらない。

思考・判断・表現

7 次の日にさきそうなアサガオのつぼみ(あ)、(い)を使い、花《か》粉《ふん》のはたらきを調べました。
1つ5点(25点)

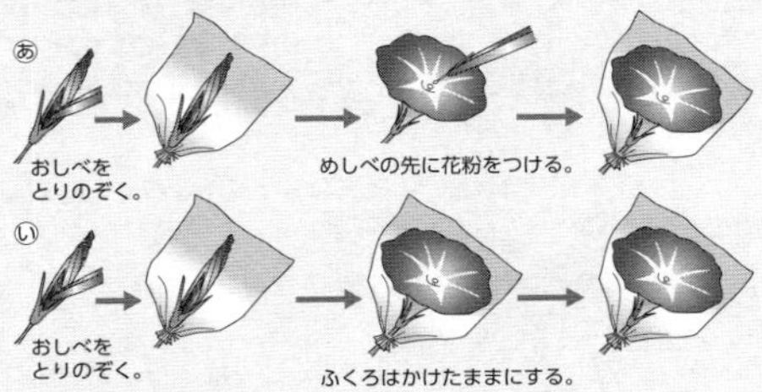
あ
い
おしべをとりのぞく。
めしべの先に花粉をつける。
おしべをとりのぞく。
ふくろはかけたままにする。

(1) めしべの先に花粉がつくことを何といいますか。
（ **受粉** ）

(2) 初めに、つぼみからおしべをすべてとりのぞきました。その理由は何ですか。正しいものに○をつけましょう。
ア（　）実ができやすくするため。
イ（　）めしべが大きく育つようにするため。
ウ（○）花粉がめしべにつかないようにするため。

(3) 記述 (あ)では、めしべに花粉をつけてから、もういちどふくろをかけ直しました。その理由をかきましょう。
（ **(あ)と(い)で実験の条件を同じにするため。** ）

(4) 種子ができたのは、(あ)、(い)のどちらですか。（ **(あ)** ）

(5) 同じ実験をヘチマの花で行います。用意するつぼみは、おばなとめばなのどちらですか。（ **めばな** ）

8 水の温度を変え、計量スプーンを使って、食塩とミョウバンのとける量をそれぞれ調べました。
1つ5点(15点)

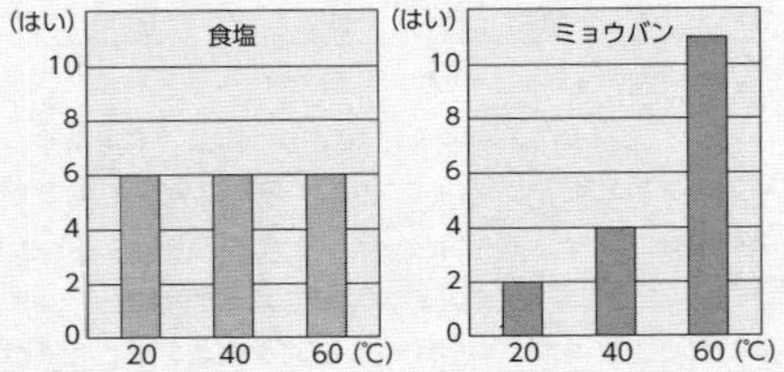
(はい)
食塩
10
8
6
4
2
0
20
40
60 (℃)
(はい)
ミョウバン
10
8
6
4
2
0
20
40
60 (℃)

(1) 40 ℃の水にとける量が多いのは、食塩とミョウバンのどちらですか。（ **食塩** ）

(2) 水にとけている食塩をとり出すのに適《てき》していないのはどちらの方法ですか。あてはまるほうに×をつけましょう。
ア（×）食塩水を冷やす。
イ（　）食塩水から水をじょう発させる。

(3) 記述 (2)で、そう判断《はんだん》した理由をかきましょう。
（ **水を冷やしても、食塩のとける量は変わらないから。** ）

冬のチャレンジテスト　うら　てびき

5 (1)物が目に見えないほど小さなつぶになるので、液《えき》がすき通って見えるようになります。
(2)(い)は、(あ)に食塩を入れた分だけ重くなります。
(3)水にとけても、物がなくなってはいないので、(い)と(う)で重さは変わりません。
(4)食塩は、目に見えないほど小さなつぶに分かれて、液全体に、どの部分も同じように広がります。

6 (1)固体はろ紙の上に残り、液体はろ紙を通りぬけるので、固体と液体を分けることができます。
(2)液をガラスぼうに伝わらせて、ろうとの先の長い方を、ビーカーの内側につけます。
(3)決まった量の水に物がとける量には、限《かぎ》りがあります。温度が変わらなければ、物がとける量は、水の量に比例《ひれい》します。

7 (1)めしべのもとの部分が実になるためには、受粉《じゅふん》することが必要です。
(2)つぼみの中で受粉するのを防《ふせ》ぎます。
(3)どんな実験でも、調べること以外の条件《じょうけん》は、すべて同じにします。
(4)(い)の花は受粉していません。
(5)めばなにめしべ、おばなにおしべがあります。

8 (1)40 ℃では、ミョウバンは4はい、食塩は6はいとけています。
(2)、(3)水にとける量の温度による変化は、とかす物によってちがいます。

春のチャレンジテスト

教科書　114～151ページ

名前　　　月　　日

時間 40分

知識・技能	思考・判断・表現	合格80点
／60	／40	／100

答え42ページ

知識・技能

1 図の㋐と㋑が結びつくと、人の生命がたんじょうします。 1つ3点(9点)

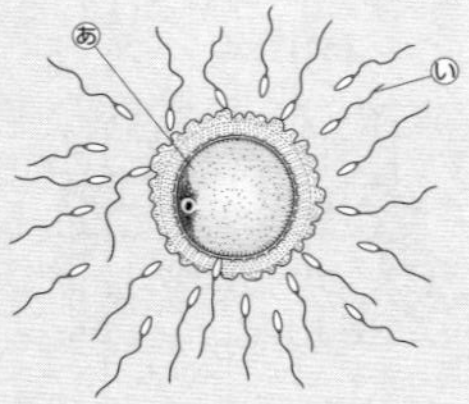

(1) 女性《じょせい》の体内でつくられるのは、㋐、㋑のどちらですか。
(㋐)

(2) ㋑を何といいますか。
(精子)

(3) ㋐と㋑が結びつくことを何といいますか。
(受精)

2 図は、女性の体内の子どものようすを表しています。 1つ3点(12点)

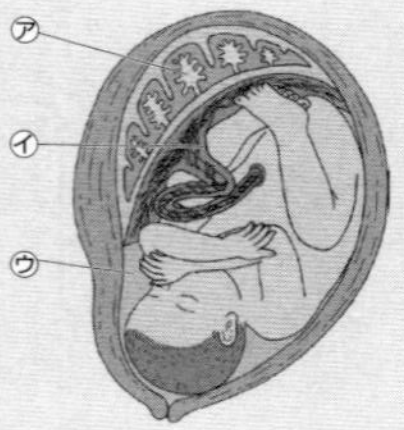

(1) 図のように、女性の体内にある、子どもがうまれるまで育つところを何といいますか。
(子宮)

(2) 図の㋐のことを何といいますか。
(たいばん)

(3) 図の㋑のはたらきは何ですか。正しいものに○をつけましょう。

ア(○)ここを通して、母親から養分などをとり入れ、いらなくなったものを返す。
イ(　)ここを通して、母親から血液《けつえき》が流れこみ、養分などをもらっている。
ウ(　)母親から運ばれてきた養分と、子どもから運ばれてきたいらなくなった物を交かんする。
エ(　)子どもができるだけ動かないように、母親のからだにつなぎとめている。

(4) 記述 ㋒は、子どもをかこんでいる液体です。これは、どのようなはたらきをしていますか。
(外部からの力をやわらげて、子どもを守るはたらき。)

3 エナメル線をまいてつくったコイルに、鉄のくぎを入れました。 1つ3点(9点)

(1) エナメル線は、銅線《どうせん》にエナメルをぬった物です。銅とエナメルは、それぞれ電気を通しますか。正しいものに○をつけましょう。

ア(　)銅もエナメルも電気を通す。
イ(○)銅は電気を通すが、エナメルは電気を通さない。
ウ(　)銅は電気を通さないが、エナメルは電気を通す。
エ(　)銅もエナメルも電気を通さない。

(2) コイルに電流を流して、電磁石《でんじしゃく》にしました。これを鉄のゼムクリップの上に近づけると、ゼムクリップはどのようにつきますか。正しいものに○をつけましょう。

ア(　)　イ(○)　ウ(　)　エ(　)

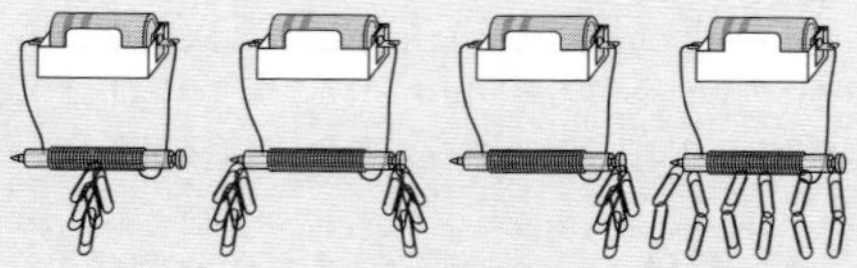

(3) かん電池のつなぎ方を反対にすると、電磁石のN極《エヌきょく》とS極《エスきょく》はどうなりますか。正しいものに○をつけましょう。

ア(　)どちらもN極になる。
イ(　)どちらもS極になる。
ウ(○)N極とS極が反対になる。
エ(　)N極とS極は変わらない。

4 図のような電流計で、電流の大きさをはかりました。 1つ5点(15点)

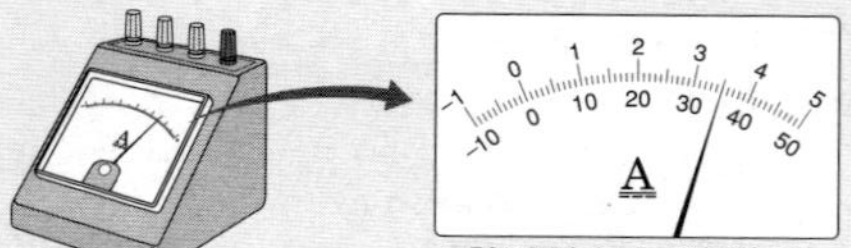

50mAのたんしにつないだとき

(1) 初めにつなぐー《マイナス》たんしは、5Aと50mAのどちらですか。
(5A)

(2) 図のはりがさす目もりは、何mAですか。
(35 mA)

(3) 記述 電流計にかん電池だけをつないではいけません。その理由をかきましょう。
(電流計がこわれてしまうから。)

●うらにも問題があります。

春のチャレンジテスト　おもて　てびき

1 (1)㋐は卵《らん》(卵子《らんし》)で、女性《じょせい》の体内でつくられます。
(2)㋑は男性《だんせい》の体内でつくられ、卵と結びつきます。
(3)卵と精子《せいし》が結びつくことを受精《じゅせい》といい、受精した卵を受精卵《じゅせいらん》といいます。

2 (1)人の子どもは母親の子宮《しきゅう》の中で育ち、およそ38週たつと、母親からうまれ出てきます。
(2)㋐はたいばんで、子宮のかべにあり、母親から運ばれてきた養分と、子どもから運ばれてきたいらなくなった物を交かんします。
(3)㋑はへそのおで、養分やいらなくなった物の通り道になっています。
(4)㋒は羊水《ようすい》です。

3 (1)エナメルを紙やすりでけずると、電気を通す銅《どう》がむき出しになります。
(2)電磁石《でんじしゃく》の両はしの極が、鉄を強く引きつけます。
(3)かん電池のつなぎ方を反対にすると、コイルに流れる電流の向きが反対になります。電流の向きが反対になると、電磁石のN極《エヌきょく》とS《エス》極《きょく》も反対になります。

4 (1)電流計のはりがふり切らないようにします。
(2)30 mAと40 mAの目もりの真ん中をさしています。
(3)かん電池だけをつなぐと、回路に大きい電流が流れて、電流計がこわれることがあります。

5 かん電池の数(直列)と導線《どうせん》のまき数を変えて、電磁石《でんじしゃく》の強さを調べました。　1つ5点(15点)

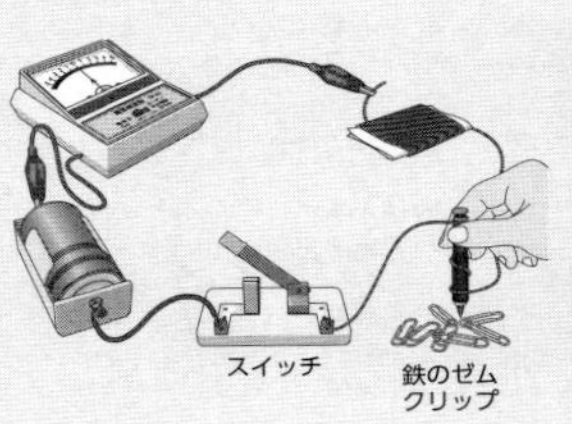

スイッチ
鉄のゼムクリップ

導線のまき数100回

かん電池	クリップ
1個	14個
2個(直列)	20個

かん電池の数1個

まき数	クリップ
100回	14個
200回	20個

(1) 表は、条件《じょうけん》を変えたときに、電磁石についた鉄のゼムクリップの数をまとめたものです。

①かん電池を直列につないで数をふやすと、電磁石の強さはどうなりますか。　(強くなる。)

②導線のまき数を多くすると、電磁石の強さはどうなりますか。　(強くなる。)

(2) 電磁石がいちばん強くなるのはどれですか。正しい組み合わせに○をつけましょう。

ア(　)かん電池1個、導線のまき数100回
イ(　)かん電池1個、導線のまき数200回
ウ(　)かん電池2個(直列)、導線のまき数100回
エ(○)かん電池2個(直列)、導線のまき数200回

思考・判断・表現

6 使用ずみの空きかんなどは、回しゅうされ、電磁石を使って分別《ぶんべつ》されます。　1つ5点(10点)

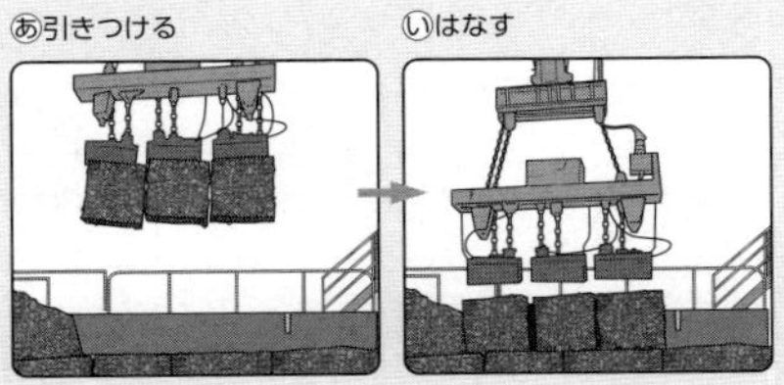

あ引きつける
いはなす

(1) 電磁石につく物は何ですか。正しいものに○をつけましょう。

ア(　)アルミニウム　イ(　)プラスチック
ウ(○)鉄　エ(　)銅《どう》

(2) コイルに電流が流れているのはいつですか。正しいものに○をつけましょう。

ア(○)あのときだけ
イ(　)いのときだけ
ウ(　)あといの両方
エ(　)あといのどちらも流れない。

7 図のような条件で、ふりこの1往復《おうふく》する時間を調べました。　1つ6点(12点)

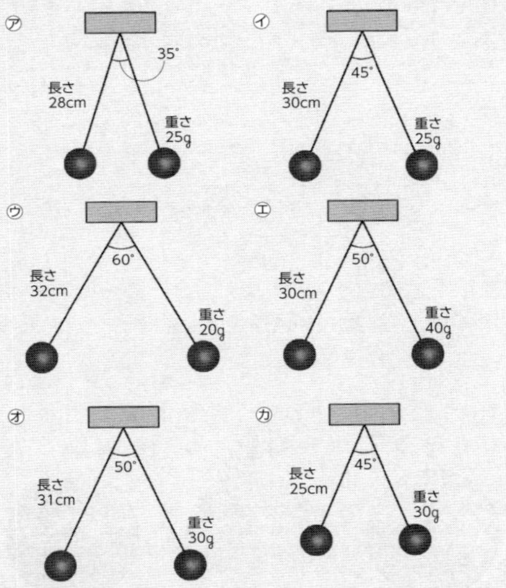

ア
35°
長さ28cm
重さ25g
イ
45°
長さ30cm
重さ25g
ウ
60°
長さ32cm
重さ20g
エ
50°
長さ30cm
重さ40g
オ
50°
長さ31cm
重さ30g
カ
45°
長さ25cm
重さ30g

(1) 1往復する時間がいちばん長いのは、ア～カのどれですか。　(ウ)

(2) おもりがいちばん低いところを通過《つうか》するときの速さは、イとエではどちらが速いですか。　(エ)

8 ふりこ時計は、ふりこの1往復する時間に合わせて、はりが進みます。　1つ6点(18点)

ふりこ

(1) ふりこの部分は金属《きんぞく》でできています。ふりこの長さがいちばん長くなるのは、どの季節ですか。正しいものに○をつけましょう。

ア(　)冬　イ(○)夏
ウ(　)春と秋

(2) ふりこの長さが長くなると、1往復する時間はどうなりますか。正しいものに○をつけましょう。

ア(○)長くなる。　イ(　)短くなる。
ウ(　)変わらない。

(3) ふりこ時計のはりの進み方は、季節によってどうなりますか。正しいものに○をつけましょう。

ア(　)春と秋に速く進む。
イ(　)春と秋におそく進む。
ウ(　)夏に速くなり、冬はおそく進む。
エ(○)夏におそくなり、冬は速く進む。

春のチャレンジテスト　うら　てびき

5 (1)引きつけたゼムクリップの数が多いほど、電磁石は強くなっているとわかります。
(2)コイルに流れる電流を大きくしたり、導線《どうせん》のまき数を多くしたりすると、電磁石は強くなります。

6 (1)磁石に引きつけられるのは、鉄の性質《せいしつ》です。
(2)磁石の性質をもつようになるのは、電流が流れているときだけです。

7 (1)ふりこの1往復《おうふく》する時間は、ふりこの長さによって変わり(長いほど時間も長くなる)、おもりの重さやふれはばによっては変わりません。
(2)イとエでは、ふりこの長さが同じなので、ふりこの1往復する時間は同じですが、おもりの動くきょりは、エのほうが長いです。同じ時間に動くきょりが長いので、エのおもりのほうが速くなります。

8 (1)あたためられると、金属《きんぞく》の体積は大きくなるので、ふりこ時計のふりこの長さは夏がいちばん長くなります。
(2)ふりこの長さが長くなると、1往復する時間は長くなります。
(3)夏に、ふりこの1往復する時間が長くなるので、時計のはりの進み方はおそくなります。

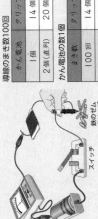

5年 理科のまとめ

学力診断《しんだん》テスト

月　日
名前

時間 40分　合格80点　／100

答え44ページ

1 条件《じょうけん》を変えてインゲンマメを育てて、植物の成長の条件を調べました。　1つ3点、(1)、(2)は全部できて3点(9点)

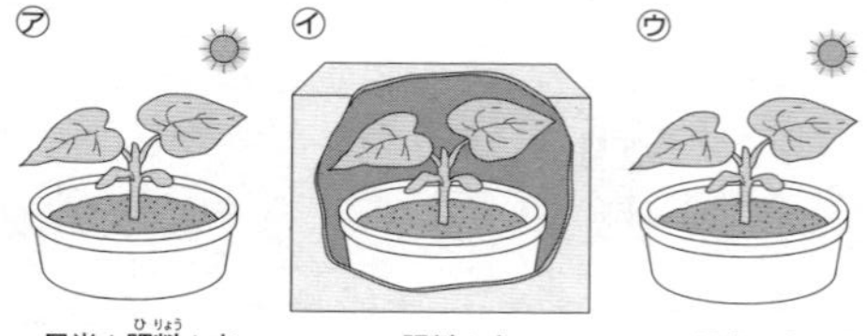
㋐
㋑
㋒
・日光＋肥料《ひりょう》＋水
・肥料＋水
・日光＋水

(1) 日光と成長の関係を調べるには、㋐～㋒のどれとどれを比《くら》べるとよいですか。　(㋐)と(㋑)

(2) 肥料と成長の関係を調べるには、㋐～㋒のどれとどれを比べるとよいですか。　(㋐)と(㋒)

(3) 最もよく成長するのは、㋐～㋒のどれですか。　(㋐)

2 メダカを観察しました。　1つ3点(9点)

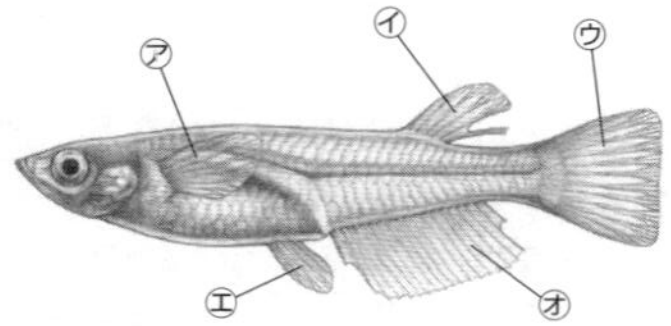
㋐
㋑
㋒
㋓
㋔

(1) 図のメダカは、めすですか、おすですか。　(おす)

(2) めすとおすを見分けるには、㋐～㋔のどのひれに注目するとよいですか。2つ選び、記号で答えましょう。　(㋑)と(㋔)

3 図は、母親の体内で成長する人の子どもです。　1つ3点(9点)

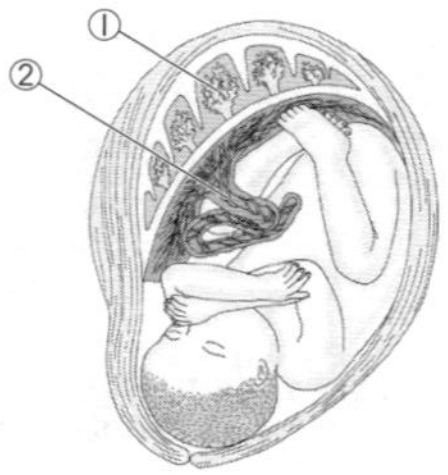
①
②

(1) ①、②の部分を、それぞれ何といいますか。
①(たいばん)
②(へそのお)

(2) 人の子どもが、母親の体内で育つ期間は約何週間ですか。　約(38)週間

4 アサガオの花のつくりを観察しました。　1つ2点(14点)

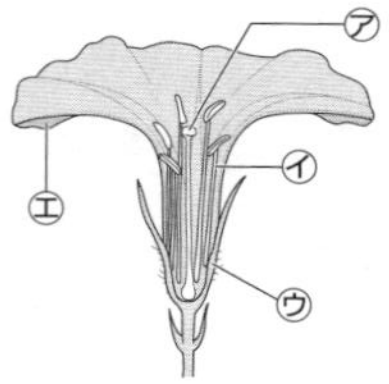
㋐
㋑
㋒
㋓

(1) ㋐～㋓の部分を、それぞれ何といいますか。
㋐(めしべ)
㋑(おしべ)
㋒(がく)
㋓(花びら)

(2) おしべの先にある粉《こな》を、何といいますか。　(花粉)

(3) めしべの先に(2)がつくことを、何といいますか。　(受粉)

(4) 実ができると、その中には何ができていますか。　(種子)

5 天気の変化を観察しました。　1つ2点、(2)は全部できて2点(10点)

(1) 下の雲のようすは、それぞれ晴れとくもりのどちらの天気ですか。

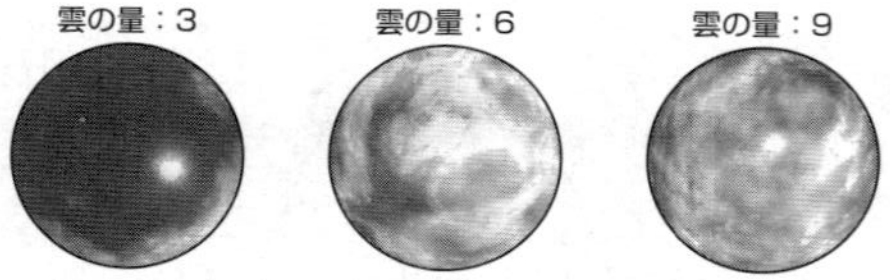
雲の量：3
雲の量：6
雲の量：9

㋐(晴れ)　㋑(晴れ)　㋒(くもり)

(2) 下の図は、台風の動きを表しています。①～③を、日づけの順にならべましょう。

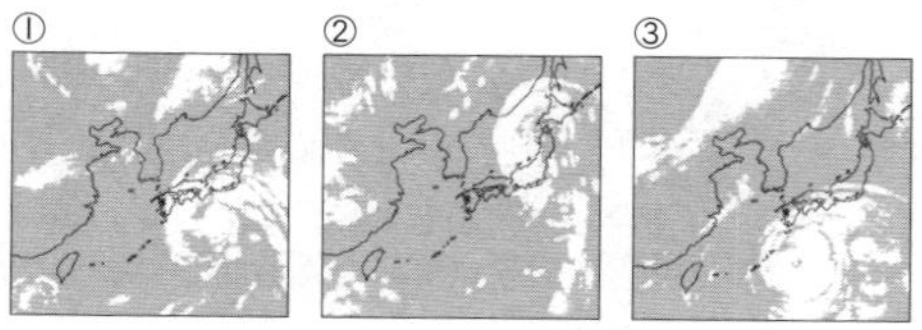
①
②
③

(③ → ① → ②)

(3) 台風はどこで発生しますか。㋐～㋓から選んで、記号で答えましょう。　(㋓)

㋐日本の北の方の陸上　㋑日本の北の方の海上
㋒日本の南の方の陸上　㋓日本の南の方の海上

➡うらにも問題があります。

学力診断《しんだん》テスト　おもて　てびき

1 (1)、(2)１つの条件《じょうけん》について調べるときには、調べる条件だけを変えて、それ以外の条件はすべて同じにします。
(3)植物は、日光と肥料《ひりょう》があると、よく成長します。

2 メダカのめすとおすを見分けるときは、せびれ(㋑)としりびれ(㋔)に注目します。おすのせびれには切れこみがありますが、めすにはありません。おすのしりびれはめすに比《くら》べて大きく平行四辺形に近く、めすは後ろのはばがせまいです。

3 (1)おなかの中の子どもは、たいばんとへそのおを通して、母親から養分を受けとったり、いらなくなった物をわたしたりします。
(2)人は、受精《じゅせい》してから約38週間でうまれ出てきます。

4 (1)アサガオは１つの花にめしべとおしべがあり、中心にあるものがめしべです。
(4)受粉《じゅふん》すると、やがて実ができ、中に種子ができます。

5 (1)空全体を10として、空をおおっている雲の量が0～8のときを「晴れ」、9～10のときを「くもり」とします。
(2)、(3)台風は、日本のはるか南の海上で発生し、日本付近では、北や東に進むことが多いです。

6 流れる水のはたらきについて調べました。

1つ2点(14点)

(1) 図のように、川が曲がっているところについて、①～③にあてはまるのは、㋐、㋑のどちらですか。記号で答えましょう。

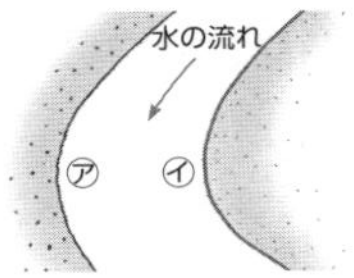

①水の流れが速い。　(㋐)
②小石やすなかたまりやすい。　(㋑)
③川岸にてい防《ぼう》をつくるほうがよい。　(㋐)

(2) 流れる水が、土地をけずるはたらきを何といいますか。

(しん食)

(3) 川のようすや川原《かわら》の石について、①～③にあてはまるのは、㋤、㋑のどちらですか。記号で答えましょう。

①水の流れがゆるやか。　(㋑)
②大きく角ばった石が多い。　(㋤)
③川はばが広い。　(㋑)

㋤山の中を流れる川
㋑海の近くを流れる川

7 ふりこのきまりについて調べました。

1つ3点(12点)

(1) ふりこの１往復《おうふく》は、㋐～㋒のどれですか。記号で答えましょう。

(㋒)

㋐ ①→②
㋑ ①→②→③
㋒ ①→②→③→②→①

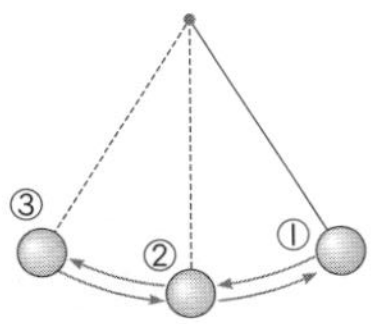

(2) ふりこの１往復する時間は、ふりこの１０往復する時間をはかって求めます。このようにして求めるのはなぜですか。

(**１回だけはかって正確に調べるのがむずかしいから。**)
(**（はかり方のちがいで結果が同じにならないことがあるから。）**)

(3) ふりこの１０往復する時間の平均《へいきん》は、16.08秒でした。ふりこの１往復する時間の平均を、小数第２位で四しゃ五入して求めましょう。

(**1.6秒**)

(4) ふりこが１往復する時間は、ふりこの何によって変わりますか。

(**(ふりこの)長さ**)

活用力をみる

8 イチゴとさとうを使って、イチゴシロップを作りました。

1つ4点(8点)

イチゴシロップの作り方

① イチゴとさとうをびんに入れる。
② １日に数回びんをゆらしてよく混《ま》ぜる。
③ ２週間後、イチゴシロップの完成。

(1) さとうがとける前のびん全体の重さと、とけきった後のびん全体の重さは、同じですか、ちがいますか。

(**同じ。**)

(2) 完成したイチゴシロップの味見をします。イチゴシロップにとけているさとうのこさを正しく説明しているものに、○をつけましょう。

ア(　)さとうのこさは、上のほうが下のほうよりこい。
イ(　)さとうのこさは、下のほうが上のほうよりこい。
ウ(○)さとうのこさは、びんの中ですべて同じ。

9 鉄しんを入れたコイルにかん電池をつなぎ、図のような魚つりのおもちゃを作りました。

1つ5点(15点)

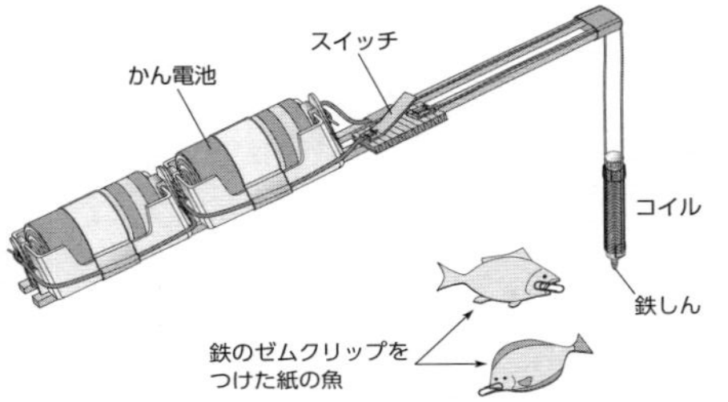

(1) スイッチを入れてコイルに電流を流すと、ゼムクリップのついた紙の魚は鉄しんに引きつけられますか、引きつけられませんか。

(**引きつけられる。**)

(2) (1)のように、電流を流したコイルに入れた鉄しんが磁石《じしゃく》になるしくみを何といいますか。

(**電磁石**)

(3) ゼムクリップを引きつける力を強くするためには、どうすればよいですか。正しいものに○をつけましょう。

ア(　)とちゅうの導線《どうせん》の長さを長くする。
イ(○)導線のまき数を多くする。
ウ(　)かん電池の数を少なくする。

学力診断テスト　うら　てびき

6 (1)川が曲がって流れているところでは、外側は流れが速く、けずるはたらきが大きいです。一方、内側は流れがおそく、積もらせるはたらきが大きいです。
(3)山の中を流れる川は、流れが速く、大きくて角ばった石が多く見られます。一方、海の近くを流れる川は、流れがゆるやかで、川はばは広くてすなやどろがたい積します。

7 (2)ふりこのふらせ方やストップウォッチのおし方などにより、実際《じっさい》にかかった時間と、はかった時間にずれが生じます(このずれを誤《ご》差《さ》といいます)。誤差があるため、はかった時間にもばらつきがあり、これをならすために平均《へいきん》を使って、１往復《おうふく》する時間を求めます。
(3)16.08÷10＝1.608
小数第２位で四しゃ五入するので、1.6秒となります。

8 (1)物をとかす前の全体の重さと、物をとかした後の全体の重さは変わりません。
(2)さとうはとけて全体に広がっているので、さとうのこさは、びんの中ですべて同じです。

9 (1)、(2)コイルの中に鉄しんを入れ、電流を流すと、鉄しんが鉄を引きつけます。これを電磁石《でんじしゃく》といいます。
(3)導線《どうせん》のまき数を多くしたり、電流を大きくしたりすると、電磁石は強くなります。

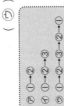

メモ

メモ

付録　取りはずしてお使いください。

理科 スタートアップドリル

5年

このドリルを使って
４年生で学習した
ことをふり返ろう。

年　　組

1 季節と生き物

1 季節と生き物のようすについて、調べました。

(1) （　　）にあてはまる言葉を、あとの □ からえらんで書きましょう。

①あたたかい季節には、植物は大きく（　　　　）し、
　動物は活動が（　　　　）なる。

②寒い季節には、植物は（　　　　）を残してかれたり、
　えだに（　　　　）をつけたりして、冬をこす。
　動物は活動が（　　　　）なる。

活発に	成長	たね	にぶく	花	芽

(2) オオカマキリのようすについて、㋐～㋒が見られる季節はいつですか。
春、夏、秋、冬のうち、あてはまるものを答えましょう。

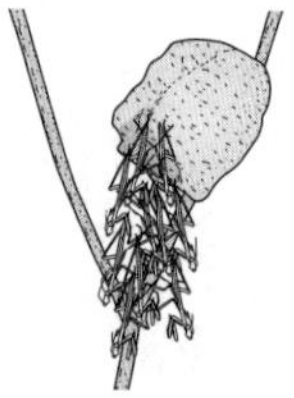

㋐たまごから、よう虫がたくさん出てきた。
（　　　　）

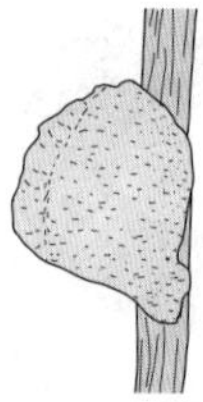

㋑たまごだけが見られた。成虫は見られなかった。
（　　　　）

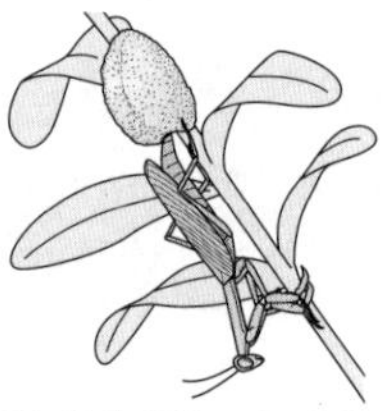

㋒成虫がたまごを産んでいた。
（　　　　）

(3) サクラのようすについて、㋐～㋓が見られる季節はいつですか。
春、夏、秋、冬のうち、あてはまるものを答えましょう。

㋐葉の色が赤く変わった。
（　　　　）

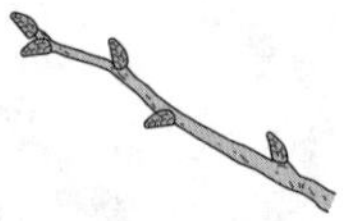

㋑葉がすべて落ちていた。
（　　　　）

㋒花がたくさんさいていた。
（　　　　）

㋓たくさんの葉がついていた。
（　　　　）

2 天気と１日の気温

1 天気の調べ方や気温のはかり方について、（　　）にあてはまる言葉を書きましょう。

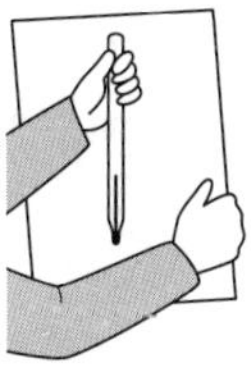

①雲があっても、青空が見えているときを（　　　　　）、
雲が広がって、青空がほとんど見えないときを
くもりとする。
②気温は、風通しのよい場所で、（　　　　　）から
1.2～1.5 m の高さのところではかる。
このとき、温度計に（　　　　　）が
ちょくせつ当たらないようにする。

2 一日中晴れていた日と、一日中雨がふっていた日にそれぞれ気温をはかって、グラフにしました。

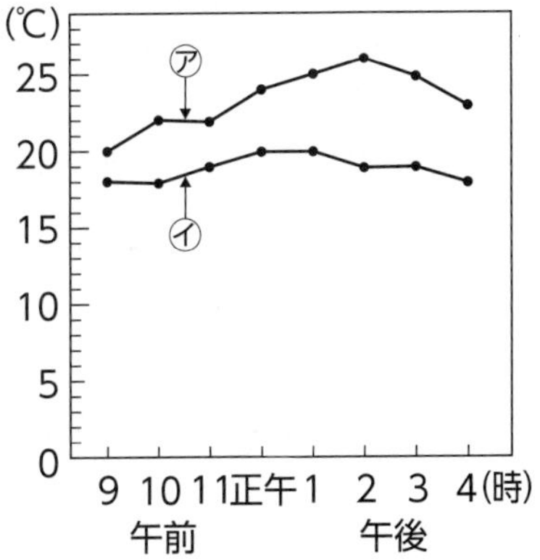

(1) このようなグラフを何グラフといいますか。

（　　　　　グラフ）

(2) 一日中雨がふっていた日のグラフは、
㋐、㋑のどちらですか。

（　　　　　）

(3) 一日中晴れていた日で、いちばん気温が
高いのは何時ですか。
また、そのときの気温は何℃ですか。

時こく（　　　　　時）
気温（　　　　　℃）

(4) 天気による１日の気温の変化のしかたのちがいについて、
（　　）にあてはまる言葉を書きましょう

○（　　　　　）の日は気温の変化が大きく
（　　　　　）や雨の日は気温の変化が小さい。

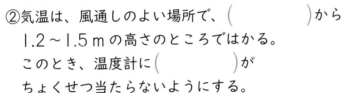

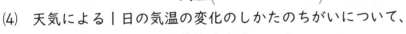

3 地面を流れる水のゆくえ

1 雨がふった日に、地面を流れる水のようすを調べました。

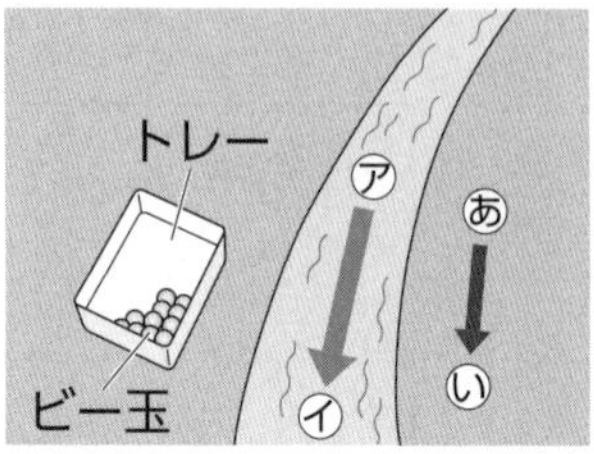

(1) ビー玉を入れたトレーを、地面においたところ、図のようになりました。

①あといでは、地面はどちらが低いですか。

(　　　)

②地面を流れる水は、ア→イ、イ→アのどちら向きに流れていますか。

(　　　→　　　)

(2) (　　)にあてはまる言葉を書きましょう。

①雨がふるなどして、水が地面を流れるとき、
(　　　)ところから(　　　)ところに向かって流れる。
②水たまりは、まわりの地面より(　　　)なっていて、
くぼんでいるところに水が集まってできている。

2 図のようなそうちを作って、水のしみこみ方と土のようすを調べました。

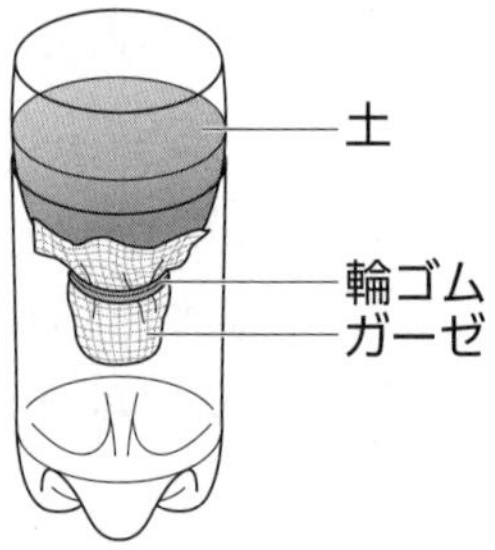

(1) 校庭の土とすな場のすなを使って、それぞれそうちに同じ量の土を入れて、同じ量の水を注いだところ、校庭の土のほうがしみこむのに時間がかかりました。つぶの大きさが大きいのは、どちらですか。

(　　　)

(2) (　　)にあてはまる言葉を書きましょう。

○水のしみこみ方は地面の土のつぶの大きさによってちがいがある。
土のつぶが大きさが(　　　)ほど、水がしみこみやすく、
土のつぶが大きさが(　　　)ほど、水がしみこみにくい。

4 電気のはたらき

1 電流のはたらきについて、調べました。

(1) （　）にあてはまる言葉を書きましょう。

> ○かん電池の＋極と－極にモーターのどう線をつなぐと、
> 回路に電流が流れて、モーターが回る。
> かん電池をつなぐ向きを逆にすると、回路に流れる電流の向きが
> （　　　　）になり、モーターの回る向きが（　　　　）になる。

(2) 電流の大きさと向きを調べることができるけん流計を使って、モーターの回り方を調べました。

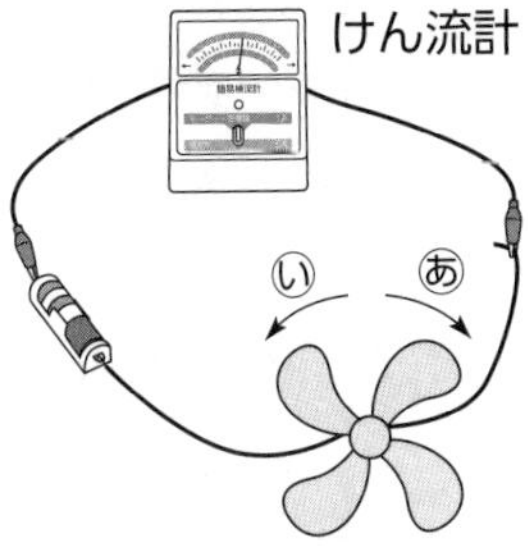

①はじめ、けん流計のはりは右にふれていました。
かん電池のつなぐ向きを逆にすると、
けん流計のはりはどちらにふれますか。

（　　　　）

②はじめ、モーターは[あ]の向きに回っていました。かん電池のつなぐ向きを逆にすると、モーターは[あ]、[い]のどちら向きに回りますか。

（　　　）

2 電流の大きさとモーターの回り方について、調べました。

(1) （　）にあてはまる言葉を書きましょう。

> ①かん電池２こを直列つなぎにすると、かん電池１このときよりも
> 回路に流れる電流の大きさが（　　　　）なり、
> モーターの回る速さも（　　　　）なる。
> ②かん電池を２こへい列つなぎにすると、かん電池１このときと
> 回路に流れる電流の大きさは（　　　　）。
> また、モーターの回る速さも（　　　　）。

(2) ㋐、㋑のかん電池２このつなぎ方をそれぞれ何といいますか。

㋐

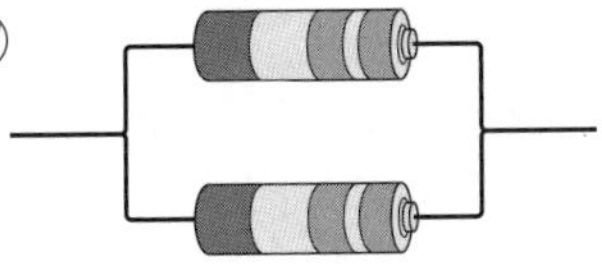

㋑

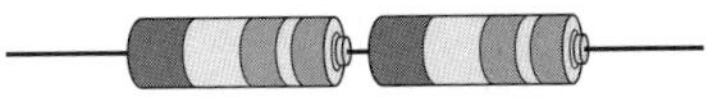

㋐（　　　　）　㋑（　　　　）

5 月や星の動き

1 月の動きや形について、調べました。

(1) ㋐、㋑の月の形を何といいますか。
（　　）にあてはまる言葉を書きましょう。

㋐（　　　　　）
㋑（　　　　　）

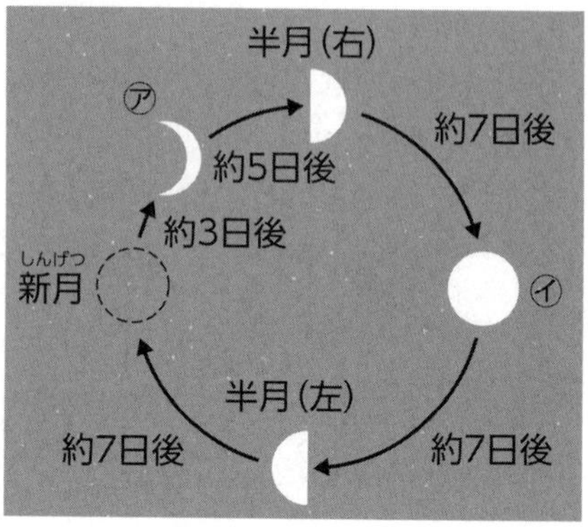

(2) （　　）にあてはまる言葉を書きましょう。

①月の位置は、太陽と同じように、
時こくとともに（　　　　　）から
南の空の高いところを通り、
（　　　　　）へと変わる。
②月の形はちがっても、
位置の変わり方は（　　　　　）である。

2 星の動きや色、明るさについて、調べました。

(1) （　　）にあてはまる言葉を書きましょう。

①星の集まりを動物や道具などに見立てて名前をつけたものを
（　　　　　）という。
②時こくとともに、星の見える（　　　　　）は変わるが、
星の（　　　　　）は変わらない。

(2) こと座《さ》のベガ、わし座のアルタイル、はくちょう座のデネブの
3つの星をつないでできる三角形を何といいますか。

（　　　　　　）

(3) 夜空に見える星の明るさは、どれも同じですか。ちがいますか。

（　　　　　　）

(4) はくちょう座のデネブ、さそり座のアンタレスは、それぞれ何色の星ですか。
白、黄、赤からあてはまる色を書きましょう。

デネブ（　　　　　）
アンタレス（　　　　　）

6 とじこめた空気や水

1 空気や水のせいしつを調べました。（　　）にあてはまる言葉を書きましょう。

①とじこめた空気をおすと、体積は（　　　　　　）なる。
　このとき、もとの体積にもどろうとして、
　おし返す力(手ごたえ)は（　　　　　　）なる。
②とじこめた水をおしても、体積は（　　　　　　　）。

2 プラスチックのちゅうしゃ器に空気や水をそれぞれ入れて、ピストンをおしました。

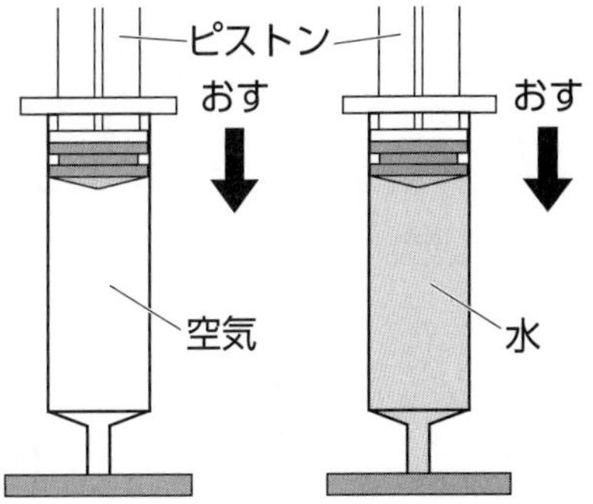

(1) 空気をとじこめたちゅうしゃ器のピストンを手でおしました。
このとき、ピストンをおし下げることはできますか、できませんか。
（　　　　　　　　）

(2) (1)のとき、ピストンから手をはなすと、ピストンはどうなりますか。
正しいものに○をつけましょう。
①（　　　）ピストンは下がって止まる。
②（　　　）ピストンの位置は変わらない。
③（　　　）ピストンはもとの位置にもどる。

(3) 水をとじこめたちゅうしゃ器のピストンを手でおしました。
このとき、ピストンをおし下げることはできますか、できませんか。
（　　　　　　　　）

(4) とじこめた空気や水をおしたときの体積の変化について、正しいものに○をつけましょう。
①（　　　）空気も水も、おして体積を小さくすることができる。
②（　　　）空気だけは、おして体積を小さくすることができる。
③（　　　）水だけは、おして体積を小さくすることができる。
④（　　　）空気も水も、おして体積を小さくすることができない。

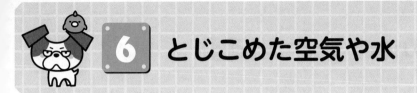

7 ヒトの体のつくりと運動

1 ヒトの体のつくりや体のしくみについて、調べました。
（　　）にあてはまる言葉を書きましょう。

①ヒトの体には、かたくてじょうぶな
（　　　　　）と、やわらかい
（　　　　　　）がある。
②ほねとほねのつなぎ目を（　　　　　）と
いい、ここで体を曲げることができる。
③（　　　　　　）がちぢんだりゆるんだり
することで、体を動かすことができる。

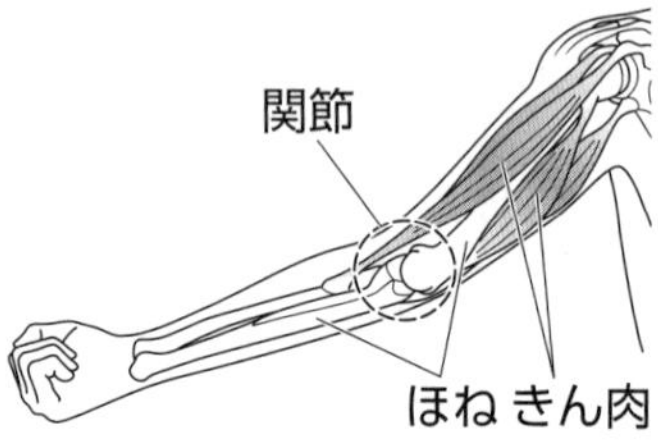

2 体を動かすときにどうなっているのか、調べました。

(1) ㋐、㋑を何といいますか。名前を答えましょう。

㋐（　　　　　）
㋑（　　　　　）

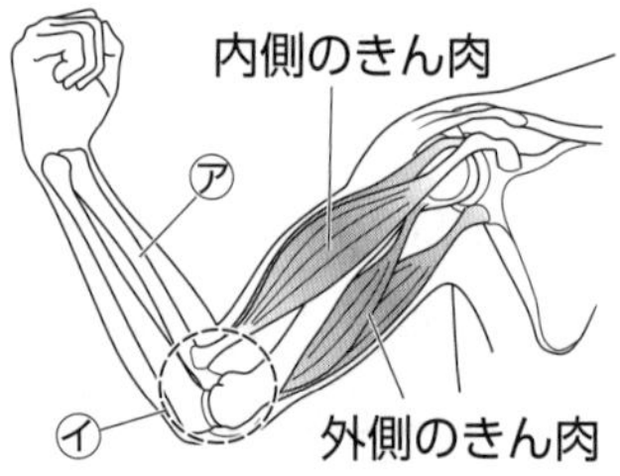

(2) ①～④の文章は、それぞれ[あ]内側のきん肉、[い]外側の筋肉のどちらに関係するものですか。
[あ]、[い]で答えましょう。

①うでをのばすとゆるむ。
（　　　　）

②うでをのばすとちぢむ。
（　　　　）

③うでを曲げるとちぢむ。
（　　　　）

④うでを曲げるとゆるむ。
（　　　　）

8 ものの温度と体積

1 ものの温度と体積の変化について、調べました。
（　　）にあてはまる言葉をえらんで、○でかこみましょう。

①空気は、あたためると体積は（　大きく　・　小さく　）なる。
また、冷やすと体積は（　大きく　・　小さく　）なる。
②水は、あたためると体積は（　大きく　・　小さく　）なる。
また、冷やすと体積は（　大きく　・　小さく　）なる。
空気とくらべると、その変化は（　大きい　・　小さい　）。
③金ぞくは、あたためると体積は（　大きく　・　小さく　）なる。
また、冷やすと体積は（　大きく　・　小さく　）なる。
空気や水とくらべると、その変化はとても（　大きい　・　小さい　）。

2 ものの温度と体積の変化を調べて、表にまとめました。

	空気	水	金ぞく
（　㋐　）	体積が小さくなった。	体積が小さくなった。	体積が小さくなった。
（　㋑　）	体積が大きくなった。	体積が大きくなった。	体積が大きくなった。

(1)　㋐、㋑には「温度を高くしたとき」または「温度を低くしたとき」が入ります。
あてはまるものを書きましょう。

㋐（　　　　　　　　　　）
㋑（　　　　　　　　　　）

(2)　空気の入っているポリエチレンのふくろを氷水につけたり湯につけたりして、体積の変化を調べました。
㋐、㋑には「あたためたとき」または「冷やしたとき」が入ります。
あてはまるものを書きましょう。

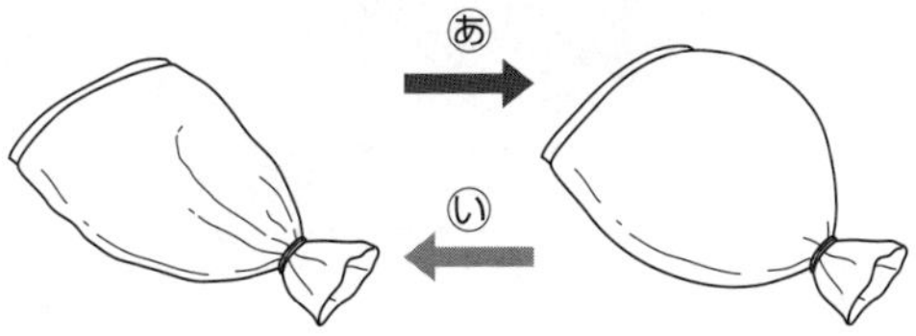

あ（　　　　　　　　　　）
い（　　　　　　　　　　）

9 もののあたたまり方

1 もののあたたまり方について、調べました。
（　　）にあてはまる言葉を書きましょう。

①金ぞくは、熱した部分から（　　　　　）に熱がつたわって、
全体があたたまる。
②水や空気はあたためられた部分が（　　　　　）に動いて、
全体があたたまる。

2 金ぞくぼうを使って、金ぞくのあたたまり方を調べました。
①、②のように熱したとき、㋐～㋔があたたまっていく順を
それぞれ答えましょう。

①
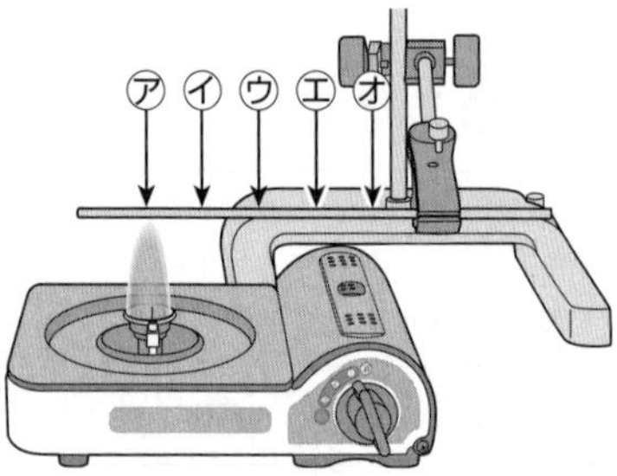

②
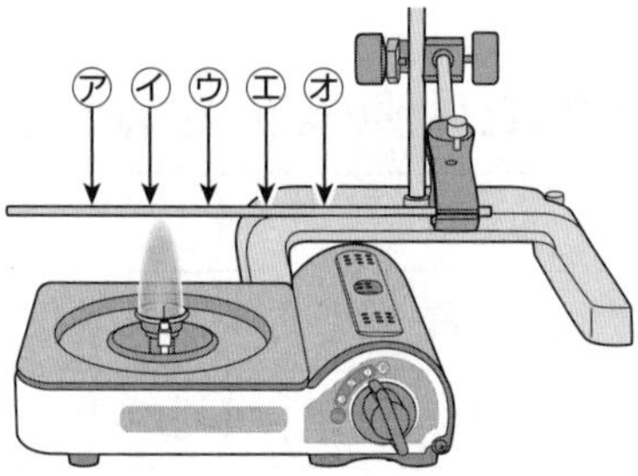

①（　　　→　　　→　　　→　　　→　　　）
②（　　　→　　　→　　　→　　　→　　　）

3 水を入れたビーカーの底のはしを熱して、水のあたたまり方を調べました。
㋐～㋒があたたまっていく順を答えましょう。

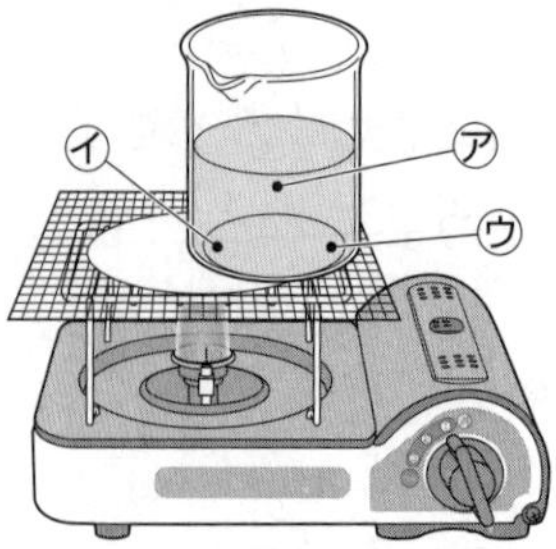

（　　　→　　　→　　　）

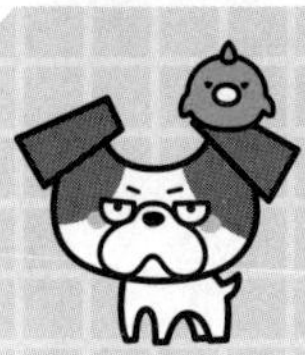

10 水のすがた

1 水のすがたの変化について、調べました。

(1) 水は、熱したり冷やしたりすることで、すがたを変えます。
㋐、㋑にあてはまる言葉を書きましょう。

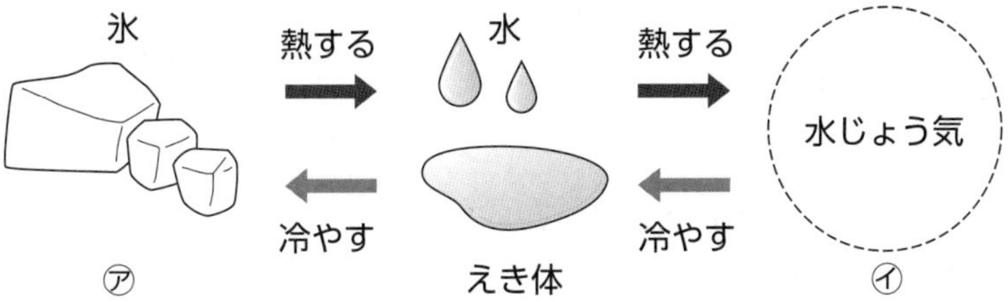

㋐（　　　　　）
㋑（　　　　　）

(2) （　　）にあてはまる言葉を書きましょう。

①水を熱し続けると、（　　　　　℃）近くでさかんにあわを出しながらわき立つ。これを（　　　　　）という。
②水を冷やし続けると、（　　　　　℃）でこおる。
③水が水じょう気や氷になると、体積は（　　　　　）なる。

2 水を熱したときの変化について、調べました。

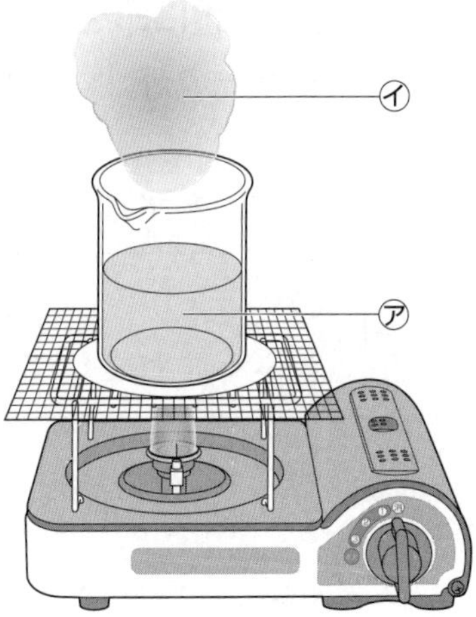

(1) 水を熱し続けたとき、水の中からさかんに出てくるあわ㋐は何ですか。

（　　　　　）

(2) ㋐は空気中で冷やされて、目に見える水のつぶ㋑になります。㋑は何ですか。

（　　　　　）

(3) 水が㋐になることを、何といいますか。

（　　　　　）

11 水のゆくえ

1 **2つの同じコップに同じ量の水を入れて、1つにだけラップシートをかけました。水面の位置に印をつけて、日なたに置いておくと、2日後にはどちらも、水の量がへっていました。**

⑴ 2日後、水の量が多くへっているのは、㋐、㋑のどちらですか。

（　　　）

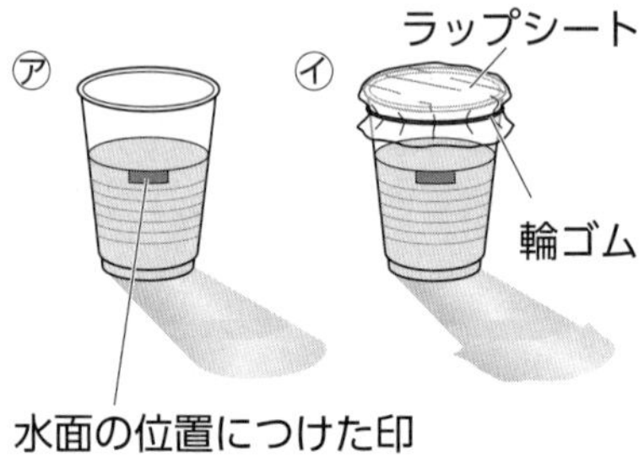

⑵ ㋑には、どのような変化が見られましたか。正しいものに○をつけましょう。

①（　　　）何も変化は見られなかった。

②（　　　）ラップシートの内側に水てきがついていた。

③（　　　）コップの外側に水てきがついていた。

⑶ （　　）にあてはまる言葉を書きましょう。

①水はふっとうしなくても（　　　　　　）し、水じょう気に変わる。 ②水じょう気に変わった水は、（　　　　　　）に出ていく。

2 **コップに氷水を入れて、ラップシートをかけました。水面の位置に印をつけて、しばらく置いておきました。**

⑴ ビーカーの外側には何がつきますか。

（　　　　　　）

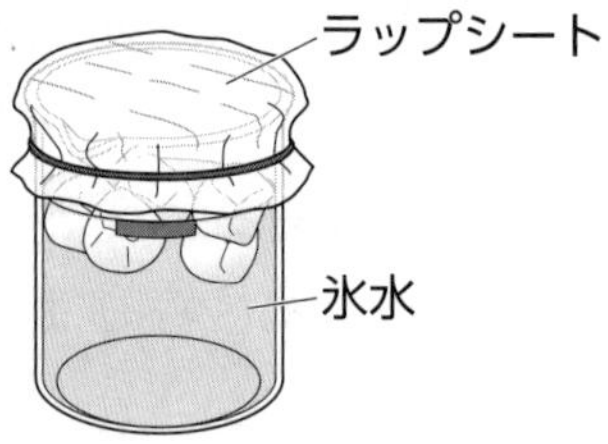

⑵ （　　）にあてはまる言葉を書きましょう。

○（　　　　　）には水じょう気が ふくまれていて、（　　　　　）と水になる。

答え

1 季節と生き物

1 ⑴①成長、活発に
②たね、芽、にぶく
⑵㋐春　㋑冬　㋒秋
⑶㋐秋　㋑冬　㋒春　㋓夏

2 天気と１日の気温

1 ①晴れ
②地面、日光
★気温をはかるとき、温度計に日光がちょくせつ当たらないように、紙などで日かげをつくってはかる。

2 ⑴折れ線(グラフ)
⑵㋑
★気温の変化が大きいほうが晴れの日。気温の変化が小さいほうが雨の日。
⑶時こく　午後２(時)
気温　26(℃)
★一日中晴れていた日のグラフは㋐なので、㋐のグラフから読み取る。
⑷晴れ、くもり

3 地面を流れる水のゆくえ

1 ⑴①Ⓘ
②㋐(→)㋑
★ビー玉が集まっているほうが地面が低い。
⑵①高い、低い
②低く

2 ⑴すな場のすな
⑵大きい、小さい

4 電気のはたらき

1 ⑴逆、逆
⑵①左
②Ⓘ
★けん流計のはりのふれる大きさで電流の大きさがわかり、ふれる向きで電流の向きがわかる。

2 ⑴①大きく、速く
②変わらない、変わらない
⑵㋐へい列つなぎ
㋑直列つなぎ

5 月や星の動き

1 ⑴㋐三日月
㋑満月
⑵①東、西
②同じ

2 ⑴①星座《せいざ》
②位置、ならび方
⑵夏の大三角
⑶ちがう。
⑷デネブ　白
アンタレス　赤

6 とじこめた空気や水

1 ①小さく、大きく
②変わらない

2 ⑴できる。
⑵③
⑶できない。
⑷②

7 ヒトの体のつくりと運動

1 (1)①ほね、きん肉
②関節
③きん肉

2 (1)㋐ほね　㋑関節
(2)①㋐
②㋑
③㋐
④㋑

8 ものの温度と体積

1 ①大きく、小さく
②大きく、小さく、小さい
③大きく、小さく、小さい

2 (1)㋐温度を低くしたとき
㋑温度を高くしたとき
(2)㋐あたためたとき
㋑冷やしたとき

9 もののあたたまり方

1 ①順
②上

2 ①㋐→㋑→㋒→㋓→㋔
②㋑→㋒→㋐→㋓→㋔
★金ぞくは熱した部分から順に熱がつたわるので、熱しているところから近い順に記号を選ぶ。

3 ㋑→㋐→㋒

10 水のすがた

1 (1)㋐固体
㋑気体
(2)①100（℃）、ふっとう
②0（℃）
③大きく

2 (1)水じょう気
(2)湯気
(3)じょう発

11 水のゆくえ

1 (1)㋐
(2)②
(3)①じょう発
②空気中

2 (1)水てき（水）
(2)空気中、冷やす